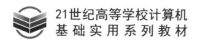21世纪高等学校计算机
基础实用系列教材

C++语言程序设计教程与实验
（第4版）

◎ 温秀梅 祁爱华 孙皓月 主编

清华大学出版社

北京

内 容 简 介

本书在体系结构的安排上,将C++语言的基础知识和一般的编程思想有机地结合起来,对于典型例题进行了详细的分析和解释,除在每章后附有习题外,还在附录中整合了实验设计。

本书第1～8章是对C++语言基本特性的介绍,有些特性和C语言有类似的地方。第9～12章是关于C++语言面向对象的基本思想及设计方法,这些是C语言所没有的。正是这一部分,使得许多人认为C++语言太复杂,为了使普通读者易于理解,作者力争把这些内容写得简明扼要,通俗易懂,而又比较完整。本书附录包括重要的实验内容设计及Visual C++ 2010集成开发环境介绍,这些是掌握一种程序设计语言的重要环节。

本着少而精的原则,全书版面清晰、结构紧凑、知识信息含量高,适合作为非计算机专业本科生教学或计算机应用培训班的教材,同时,还可以作为自学者或函授学习者的参考书。

图书在版编目(CIP)数据

C++语言程序设计教程与实验/温秀梅,祁爱华,孙皓月主编. —4 版. —北京: 清华大学出版社,2021.11(2024.1重印)

21世纪高等学校计算机基础实用系列教材

ISBN 978-7-302-59267-9

Ⅰ.①C… Ⅱ.①温… ②祁… ③孙… Ⅲ.①C++语言—程序设计—高等学校—教材 Ⅳ.①TP312.8

中国版本图书馆CIP数据核字(2021)第192863号

责任编辑:黄 芝
封面设计:刘 键
责任校对:徐俊伟
责任印制:沈 露
出版发行:清华大学出版社
    网   址:https://www.tup.com.cn,https://www.wqxuetang.com
    地   址:北京清华大学学研大厦A座   邮   编:100084
    社 总 机:010-83470000   邮   购:010-62786544
    投稿与读者服务:010-62776969,c-service@tup.tsinghua.edu.cn
    质 量 反 馈:010-62772015,zhiliang@tup.tsinghua.edu.cn
    课 件 下 载:https://www.tup.com.cn,010-83470236
印 装 者:小森印刷霸州有限公司
经   销:全国新华书店
开   本:185mm×260mm   印 张:19.75   字 数:493千字
版   次:2004年3月第1版 2021年11月第4版   印 次:2024年1月第4次印刷
印   数:5001～6500
定   价:59.80元

产品编号:087629-01

前　言

作为一种程序设计语言，C++语言有很多优点。它既可以进行结构化程序设计，又可以进行面向对象程序设计，很多复杂的算法和设计可以比较容易地通过 C++语言来实现。当前，C++语言已被普遍地应用于科学技术和日常生活的诸多领域。

编写本书之前，作者已在高校从事多年的 C 语言及 C++语言程序设计教学及研究工作，对于这些语言的概念、功能及应用有着较深入的理解和丰富的实践经验。在教学过程中，作者感到现有的一些教材已不能很好地适应当前教学需求，故组织编写了本书，旨在通过本书进一步规范本科非计算机专业的"C++语言程序设计"课程的教与学。

作为一本教程，本书有以下特点。

（1）本书在体系结构的安排上将 C++语言基础知识和一般的编程思想有机结合，对于典型例题进行了详细的分析与解释，除在每章后附有习题外，还在附录中整合了实验设计。全书结构严谨，通俗易懂，兼有普及与提高的双重功能。

（2）计算机等级考试是面向社会推出的一种客观、公正和科学的水平测试，用以考核非计算机专业人员的计算机应用知识和技能。本书参考全国计算机等级考试二级 C++语言程序设计考试大纲的要求编写而成，覆盖大纲的大部分内容，编排上由浅入深，重点、难点突出。

（3）本书对于语言的描述是与平台无关的，只要有标准 C++编译器的支持即可，可适合于不同的操作系统。本书尽量使用一些常用的计算方法及其 C++源程序，特别适合各类非计算机专业的本科生使用。

（4）本书在编写过程中遵循"少而精"的原则，力求版面清晰、结构紧凑，特别适合作为非计算机专业本科生教学或计算机应用培训班的教材。同时，本书还可以作为自学者或函授学习者的参考书。

本书第 1 版于 2004 年 3 月出版，第 2 版于 2009 年 3 月出版，第 3 版于 2012 年 4 月出版，在此基础上，作者听取了诸多专家、同行和读者的意见，并结合自己的教学实践，适当调整了本书写作、教学、编程等方面的风格及相关的配套材料，对各章内容和表述方式进行了细致的修改，更新了部分内容和例题，使读者更容易理解与接受。

作为教材，使用者可以根据教学大纲和学时安排，选取相应的内容进行教学。如果课时不足，第 9~12 章面向对象的内容可以不予讲授，而只讲授结构化程序设计部分即可；12.2节的内容可以提前到前面的任一章节中讲授。

本书由河北建筑工程学院温秀梅、祁爱华、孙皓月任主编，岳杰、李建华、孟凡兴任副主编。参与编写的有范晶晶、杜春梅、付江龙、杨阳、甄同妙、张建芳、穆莹雪、刘雅军，全书由温秀梅统稿和审校。

感谢您选择本书，由于作者水平有限，书中难免有疏漏和不妥之处，恳请读者提出批评和修改意见，作者将不胜感激。

作　者

2021 年 7 月

目 录

第1章 绪论 ·· 1

1.1 程序设计概述 ·· 1

1.1.1 计算机程序设计语言的发展 ··· 1

1.1.2 程序设计的发展历程 ··· 2

1.1.3 结构化程序设计 ·· 3

1.1.4 面向对象程序设计 ·· 4

1.2 C++语言发展史简介 ·· 6

1.3 C++语言的基本语法成分 ··· 7

1.3.1 字符集 ··· 7

1.3.2 标识符 ··· 8

1.3.3 关键字 ··· 8

1.3.4 运算符 ··· 9

1.3.5 分隔符 ··· 9

1.3.6 空白符 ··· 9

1.4 C++程序的开发步骤和结构 ··· 10

1.4.1 C++程序开发步骤 ··· 10

1.4.2 C++程序的结构 ·· 10

习题 ··· 14

第2章 基本数据类型、运算符与表达式 ·· 15

2.1 数据类型概述 ·· 15

2.2 常量与变量 ··· 16

2.2.1 常量 ··· 16

2.2.2 变量 ··· 17

2.3 基本数据类型 ·· 18

2.3.1 整型 ··· 18

2.3.2 实型 ··· 20

      2.3.3 字符型 ································· 21

      2.3.4 布尔类型 ······························· 23

      2.3.5 void 类型 ······························ 24

  2.4 运算符和表达式 ································ 24

      2.4.1 赋值运算符和赋值表达式 ··················· 24

      2.4.2 算术运算符和算术表达式 ··················· 26

      2.4.3 关系运算符和关系表达式 ··················· 28

      2.4.4 逻辑运算符和逻辑表达式 ··················· 29

      2.4.5 条件运算符和条件表达式 ··················· 30

      2.4.6 逗号运算符和逗号表达式 ··················· 31

      2.4.7 位运算符 ······························· 31

  2.5 类型转换 ······································· 32

      2.5.1 自动类型转换 ··························· 32

      2.5.2 强制类型转换 ··························· 34

  习题 ··· 34

第 3 章 结构化程序设计 ······················ 36

  3.1 C++语言输入输出流 ························· 36

      3.1.1 C++语言无格式输入输出 ················· 36

      3.1.2 C++语言格式输入输出 ··················· 38

  3.2 结构化程序设计概述 ························· 44

  3.3 顺序结构程序设计 ··························· 45

      3.3.1 顺序结构 ······························· 45

      3.3.2 程序举例 ······························· 46

  3.4 选择结构程序设计 ··························· 48

      3.4.1 用 if 语句实现选择结构设计 ··············· 48

      3.4.2 用 switch 语句实现选择结构设计 ··········· 52

  3.5 循环结构程序设计 ··························· 56

      3.5.1 while 语句 ····························· 57

      3.5.2 do-while 语句 ·························· 58

      3.5.3 for 语句 ······························· 59

      3.5.4 跳转语句 break 和 continue ··············· 62

      3.5.5 循环的嵌套 ···························· 64

  3.6 程序设计举例 ······························· 66

习题···69

第4章 数组···72

4.1 一维数组··72

4.1.1 一维数组的定义···72

4.1.2 一维数组元素的引用···73

4.1.3 一维数组的初始化··74

4.1.4 一维数组程序设计举例···75

4.2 二维数组··78

4.2.1 二维数组的定义···78

4.2.2 二维数组元素的引用···79

4.2.3 二维数组的初始化··80

4.2.4 二维数组程序设计举例···82

4.3 字符数组··83

4.3.1 字符数组的定义···83

4.3.2 字符数组的初始化··83

4.3.3 字符数组的使用···85

4.3.4 字符数组程序设计举例···87

4.3.5 字符串处理函数··88

4.3.6 字符串程序设计举例···90

习题···91

第5章 函数···92

5.1 函数的定义··92

5.1.1 定义函数···92

5.1.2 函数原型···94

5.2 函数的调用··96

5.2.1 调用函数···96

5.2.2 参数传递机制··98

5.2.3 函数返回值···102

5.2.4 函数调用中的数据流···103

5.3 函数的嵌套调用···104

5.4 递归函数··108

5.5 作用域与生命期···111

5.5.1　作用域 ·· 111

5.5.2　全局变量和局部变量 ·· 114

5.5.3　生命期 ·· 118

5.6　函数的其他特性 ··· 123

5.6.1　内联（inline）函数 ··· 123

5.6.2　带默认参数的函数 ·· 124

5.6.3　函数重载 ·· 125

5.6.4　函数模板 ·· 127

习题 ·· 130

第 6 章　指针 ·· 133

6.1　指针的基本概念 ··· 133

6.1.1　指针的概念 ·· 133

6.1.2　指针变量的定义 ·· 134

6.1.3　指针变量运算符 ·· 135

6.1.4　指针变量的初始化与赋值 ·· 137

6.1.5　指针的运算 ·· 140

6.2　指针与数组 ··· 143

6.2.1　指向数组的指针 ·· 143

6.2.2　指针与字符数组 ·· 146

6.2.3　多级指针与指针数组 ··· 149

6.2.4　指针与多维数组 ·· 153

6.2.5　数组指针 ·· 156

6.3　指针与函数 ··· 157

6.3.1　指针作为函数参数 ·· 157

6.3.2　函数调用中数组的传递 ·· 160

6.3.3　函数指针 ·· 161

习题 ·· 164

第 7 章　编译预处理命令 ·· 165

7.1　宏定义 ··· 165

7.1.1　不带参数的宏定义 ·· 165

7.1.2　带参数的宏定义 ·· 167

7.2　文件包含 ·· 168

7.3 条件编译 ·· 170

习题 ·· 172

第8章 结构体、共用体和枚举类型 ······························· 173

8.1 结构体类型 ·· 173

8.2 定义结构体类型变量 ··· 174

    8.2.1 先定义结构体类型再定义变量 ··································· 174

    8.2.2 定义结构体类型的同时定义变量 ································ 175

    8.2.3 直接定义结构体类型变量 ··· 175

    8.2.4 结构体类型变量的初始化 ··· 177

8.3 结构体类型变量成员的引用 ·· 178

8.4 结构体数组 ·· 180

    8.4.1 结构体数组的定义 ·· 180

    8.4.2 结构体数组的初始化 ··· 180

    8.4.3 结构体数组应用举例 ··· 181

8.5 结构体指针 ·· 182

    8.5.1 指向结构体类型变量的指针 ······································ 182

    8.5.2 指向结构体数组的指针 ·· 183

    8.5.3 用结构体变量和结构体指针作为函数参数 ··············· 184

8.6 用指针处理链表 ··· 185

    8.6.1 链表的概述 ··· 185

    8.6.2 动态内存分配 ·· 185

    8.6.3 建立单向动态链表 ·· 187

    8.6.4 输出链表 ·· 189

    8.6.5 对链表的删除操作 ·· 189

    8.6.6 对链表的插入操作 ·· 190

8.7 共用体 ·· 193

    8.7.1 共用体的概念 ·· 193

    8.7.2 共用体类型和共用体类型变量的定义 ······················ 193

    8.7.3 共用体成员的引用方式 ·· 194

    8.7.4 共用体类型的特点 ·· 194

8.8 枚举类型 ··· 195

    8.8.1 枚举类型及枚举变量的定义 ······································ 195

    8.8.2 枚举元素的引用 ··· 196

8.8.3 用 typedef 声明类型 ································ 197

习题 ·· 197

第 9 章 面向对象程序设计基础 ·· 199

9.1 面向对象程序设计概述 ·· 199

9.1.1 面向对象方法是软件方法学的返璞归真 ········· 199

9.1.2 面向对象程序设计语言的四大家族 ·············· 199

9.1.3 面向对象程序分析（OOA）与设计（OOD）的基本步骤 ········· 200

9.2 类和对象 ··· 201

9.2.1 类 ·· 201

9.2.2 对象 ··· 205

9.2.3 名字解析和 this 指针 ····························· 207

9.3 带默认参数的成员函数和重载成员函数 ················· 207

9.4 构造函数和析构函数 ··· 209

9.4.1 构造函数 ··· 209

9.4.2 析构函数 ··· 217

9.5 对象成员和静态成员 ··· 219

9.5.1 对象成员 ··· 219

9.5.2 静态成员 ··· 220

9.6 友元 ·· 222

9.7 类模板 ·· 226

习题 ·· 229

第 10 章 继承与派生 ·· 230

10.1 单一继承 ·· 230

10.1.1 继承与派生 ······································· 230

10.1.2 派生类的定义 ···································· 230

10.1.3 类的继承方式 ···································· 232

10.1.4 派生类的构造函数和析构函数 ·············· 238

10.2 多重继承 ·· 241

10.2.1 多重继承的概念和定义 ······················ 241

10.2.2 二义性和支配规则 ···························· 241

10.2.3 赋值兼容规则 ···································· 243

10.3 虚基类 ·· 243

        10.3.1   虚基类的概念 ··· 243

        10.3.2   多重继承的构造函数和析构函数 ····························· 245

   习题 ·· 247

第 11 章　多态性与虚函数 ··· 249

   11.1   运算符重载 ··· 249

        11.1.1   什么是运算符重载 ··· 249

        11.1.2   用成员函数重载运算符 ······································ 250

        11.1.3   用友元函数重载运算符 ······································ 251

        11.1.4   几个常用运算符的重载 ······································ 255

   11.2   虚函数 ··· 258

        11.2.1   为什么要引入虚函数 ··· 258

        11.2.2   虚函数的定义与使用 ··· 260

   11.3   纯虚函数和抽象类 ··· 263

        11.3.1   纯虚函数的概念 ·· 263

        11.3.2   抽象类的概念 ·· 263

   11.4   虚析构函数 ··· 265

   习题 ·· 266

第 12 章　输入输出流 ··· 268

   12.1   标准输入输出流 ··· 268

        12.1.1   输入输出流的概念 ··· 268

        12.1.2   C++语言所有输入输出类的继承关系 ··············· 268

   12.2   文件输入输出流 ··· 272

        12.2.1   文件的打开与关闭 ··· 272

        12.2.2   文件的读写操作 ·· 275

   习题 ·· 279

附录 A　程序的调试与运行 ··· 280

   A.1   程序的编辑、编译、连接、运行和调试 ································· 280

   A.2   Visual C++ 2010 学习版集成开发环境 ··································· 280

        A.2.1   Visual C++ 2010 学习版的安装 ························· 281

        A.2.2   Visual Studio 2010 的首次使用及选项设置 ······· 284

        A.2.3   Win32 控制台应用程序的创建与执行 ··············· 288

IX

A.2.4 调试程序 ·· 292

附录 B 标准字符 ASCII 表 ·· 294

附录 C 实验 ·· 296

实验 1 顺序结构程序设计 ·· 296

实验 2 选择结构程序设计 ·· 296

实验 3 循环结构程序设计 ·· 297

实验 4 结构化程序设计综合实验 ·· 297

实验 5 数组 ··· 298

实验 6 函数 ··· 298

实验 7 指针、指针数组 ·· 299

实验 8 指针、数组与函数 ··· 299

实验 9 结构体 ··· 300

实验 10 面向对象程序设计 ·· 300

参考文献 ·· 301

第 1 章　绪　论

1.1　程序设计概述

程序（program）是为实现特定目标或解决特定问题而用计算机语言编写的命令序列的集合。程序设计（programming）是给出解决特定问题程序的过程，是软件构造活动中的重要组成部分，是设计和编写计算机程序的科学和艺术。

1.1.1　计算机程序设计语言的发展

一个完整的计算机系统是由硬件系统和软件系统两部分构成的，硬件系统是看得见、摸得着的物理实体，是物质基础；而软件系统是计算机的灵魂，没有软件系统计算机就不能完成任何工作。所有的软件都是用计算机程序设计语言编写的。**计算机程序设计语言**简称为编程语言，是人与计算机之间传递信息的媒介，具有特定的词法和语法规则，用于描述解决问题的方法，供计算机阅读和执行。

计算机程序设计语言的发展经历了从机器语言、汇编语言到高级语言的历程。

1. 机器语言

机器语言（machine language）是计算机自身的语言，是计算机唯一能够直接理解执行的语言。机器语言程序是由一系列指令组成的，指令是计算机可识别的逐条执行的基本命令。一条指令包括操作码和地址码两部分，由二进制的 0 和 1 组成。虽然机器语言程序的执行速度快，但对于人类来说却十分晦涩难懂，难以理解、记忆与编程。软件开发难度大、周期长，修改维护困难。由于机器语言是面向机器的语言，而每台计算机的指令系统各不相同，因此，在一台计算机上能够执行的程序，却不能在另一台计算机上执行，必须重新编程。由于机器语言程序的可移植性不好，因此造成了大量的重复工作。

2. 汇编语言

在**汇编语言**（assembly language）中，用助记符代替操作码，用地址符号或标号代替地址码。这样用符号代替机器语言的二进制码就把机器语言变成了汇编语言。如用助记符 ADD 代表加法指令，SUB 代表减法指令，MOV 代表数据传递指令等。汇编语言比机器语言易于读写、调试和修改，同时具有机器语言的全部优点。

用计算机语言编写的程序称为**源程序**。计算机不能直接识别汇编语言源程序，需要由一种程序将汇编语言翻译成机器语言，这种起翻译作用的程序叫作**汇编程序**。汇编程序把汇编语言翻译成机器语言的过程称为**汇编**。汇编的结果是生成**目标程序**，目标程序经过连接后生成可执行文件，由计算机执行。

汇编语言和机器语言一样，都是面向机器的语言，是**低级语言**，使用起来比较烦琐、费时，通用性和可移植性较差。但是，用汇编语言编制的系统软件和过程控制软件，其目标程序占用内存空间少，运行速度快，能准确发挥计算机硬件的功能和特长，程序精炼而质量高，所以至今仍然是一种常用而强有力的软件开发工具。

3. 高级语言

由于汇编语言依赖于硬件体系，且助记符量大、难记，因此人们又发明了更加容易使用的高级语言。**高级语言**接近数学语言或人的自然语言，同时又不依赖计算机硬件，编出的程序能在所有机器上使用。较为著名的高级语言有 BASIC、Pascal、FORTRAN、COBOL、C/C++、Java、Python 等。

计算机不能直接识别高级语言源程序，源程序在输入计算机时，通过"**翻译程序**"翻译成机器语言形式的目标程序，计算机才能识别和执行。高级语言源程序的"翻译"通常有两种方式，即编译方式和解释方式。**编译方式**是指利用事先编好的一个称为**编译程序**的机器语言程序，作为系统软件存放在计算机内，当用户将高级语言源程序输入计算机后，编译程序便把源程序整个地翻译成用机器语言表示的与之等价的目标程序，然后计算机再执行该目标程序，以完成源程序要处理的运算并取得结果。**解释方式**是指源程序输入计算机后，解释程序对源程序边扫描边解释，解释一句，计算机执行一句，并不产生目标程序。如 Pascal、FORTRAN、COBOL 等高级语言使用编译方式；BASIC 语言则既可以使用解释方式，也可以使用编译方式。

1.1.2　程序设计的发展历程

回顾程序设计的发展史，大体上可划分为以下几个不同的时期。

20 世纪 50 年代的程序都是用指令代码或汇编语言编写的，这种程序的设计相当复杂，编制和调试一个稍大一点的程序常常要花费很长时间，培养一个熟练的程序员更需经过长期训练和实习，这种局面严重影响了计算机的普及应用。

20 世纪 60 年代高级语言的出现大大简化了程序设计，缩短了解题周期，因此显示出强大的生命力。此后，编制程序已不再是只有软件专业人员才能做的事了，一般工程技术人员花上较短的时间学习，也可以使用计算机解题。高级语言的蓬勃兴起，使得编译和形式语言理论日趋完善，这是该时期的主要特征。但就整个程序设计方法而言，并无实质性改进。

早期的计算机用于数学计算，为了完成计算必须设计出一个计算方法或解决问题的过程，因此早期的高级语言是一种面向过程的语言，程序的执行是流水线似的。在一个模块被执行完成前，人们不能干其他事情，也无法动态地改变程序的执行方向。20 世纪 60 年代末到 70 年代初，出现了大型软件系统，如操作系统、数据库，这给程序设计带来了新的问题。大型系统的研制需要花费大量的资金和人力，可是研制出来的产品却可靠性差、错误多，并且不易维护和修改。一个大型操作系统有时需要几千人一年的工作量，而所获得的系统又常常会隐藏着几百甚至几千个错误。当时，人们称这种现象为"**软件危机**"。

为了克服软件危机，1968 年，北约组织提出"软件工程"的概念。对程序设计语言的认识从强调表达能力为重点转向以结构化和简明性为重点，将程序从语句序列转向相互作用的模块集合。1969 年，E. W. Dijkstra 首先提出了结构化程序设计的概念，他强调了从程序结构和风格上来研究程序设计。1970 年第一个结构化程序设计语言——Pascal 语言的出现，标志着结构化程序设计时期的开始。在软件工程的迫切要求下，20 世纪 70 年代结构化语言获得蓬勃发展并得到广泛应用。使用结构化程序设计方法可显著地减少软件的复杂性，提高软件的可靠性、可测试性和可维护性。经过几年的探索和实践，结构化程序设计的应用确实取得了成效，用**结构化程序设计**的方法编写出来的程序不仅结构良好，易写易读，而且易于证明其正确性。

进入 20 世纪 80 年代，一系列高新技术（如第五代计算机、CAM 和知识工程等）的研究都迫切要求大型的软件系统作为支撑。在这些技术研究中所用的数据类型也超出了常规的结构化数据类型的范畴，提出了对图像、声音及规则等非结构化信息进行管理的要求。为了适应这些应用领域的需要，迫切要求软件模块具有更强的独立自治性，以便于大型软件的管理、维护和重用。由于结构化语言的数据类型较为简单，所以不能胜任对非结构化数据的定义与管理，采用过程中调用机制也不够灵活，独立性较差。

为了适应高新技术发展的需要，消除结构化编程语言的局限，自 20 世纪 80 年代以来，出现了面向对象程序设计流派，研制出了多种**面向对象程序设计**语言（object oriented programming language，OOPL），如 Ada、Smalltalk、C++和当前使用在 Internet 上与平台无关的 Java 语言等。

由于 OOPL 的对象、类具有高度的抽象性，所以它能很好地表达任何复杂的数据类型，也允许程序员灵活地定义自己所需要的数据类型；类本身具有很完整的封装性，可以使用它作为编程中的模块单元，满足模块独立自治的需求；再加上继承性和多态性，更有助于简化大型软件和大量重复定义的模块，增强了模块的可重用性，提高了软件的可靠性，缩短了软件的开发周期。

1.1.3 结构化程序设计

采取以下一些方法就可以得到结构化的程序。

1. 自顶向下，逐步求精

结构化程序设计的主要思想是功能分解并逐步求精。当一些任务复杂以至无法描述时，可以将它拆分为一系列较小的功能部件，直到这些完备的子任务小到易于理解的程度。这种方法称为"自顶向下，逐步求精"。

2. 模块化设计

在程序设计中常采用模块化设计的方法，尤其是当程序比较复杂时，更有必要。在拿到一个程序模块（实际上是程序模块的任务书）以后，根据程序模块的功能将它划分为若干个子模块，如果嫌这些子模块的规模大，还可以划分为更小的模块。这些模块形成调用的层次结构，各模块的功能相对独立，模块间的关联尽可能简单，即模块的内聚性强，耦合度低。这个过程采用自顶向下方法来实现。结构化程序设计方法可以解决人脑思维能力局限性和所处理问题复杂性之间的矛盾。

3. 结构化编码

每个功能模块均由顺序、选择和循环三种基本结构组成。在设计好一个结构化的算法之后，还要善于进行结构化编码，即用高级语言的语句正确地实现顺序、**选择**和**循环**三种基本结构。

程序的任务是描述问题并解决问题，在结构化程序设计中可以用下面的式子表示程序：

程序 = 数据结构 + 算法 + 程序设计语言 + 语言环境

结构化程序设计中的程序结构如图 1.1 所示。

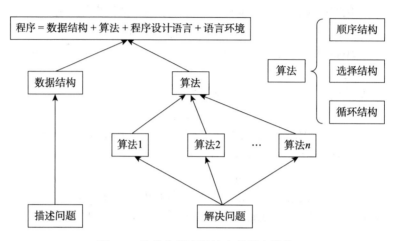

图 1.1　结构化程序设计中的程序结构

数据结构涉及数据之间的逻辑关系、数据在计算机中的存储方式和在这种结构上的一组操作三个方面。**算法**是为了求解问题而给出的指令序列，是求解问题的方法和步骤，程序是算法的一种实现。

1.1.4　面向对象程序设计

面向对象方法是从系统的组成上来进行分解的，对问题进行自然分割，以更接近人类思维的方式简化问题域模型，从而使设计出的软件尽可能直接地描述现实世界。

面向对象程序设计将数据及对数据的操作放在一起，作为一个相互依存、不可分割的整体来处理，它采用了数据抽象和信息隐藏技术。在面向对象程序设计中可以用下面的式子表示程序：

程序 = 对象 + 对象 + ⋯ + 对象

对象 = 算法 + 数据结构 + 程序设计语言 + 语言环境

面向对象程序设计中的程序结构如图 1.2 所示。

1. 对象

对象是计算机内存中的一块区域，通过将内存分块，每个模块（即对象）在功能上保持相对独立。当对象的一个成员函数被调用时，对象便执行其内部的代码来响应这个调用，这使对象呈现出一定的行为，行为及其结果就是该对象的功能。

2. 面向对象

面向对象是一种认识世界的方法，也是一种程序设计方法。面向对象的观点认为，客观世界是由各种各样的实体，也就是对象组成的。每种对象都有自己的内部状态和运动规律，不同对象间的相互联系和相互作用就构成了各种不同的系统，进而构成整个客观世界。按照这样的思想设计程序，就是面向对象程序设计。"面向对象"不仅仅作为一种技术，更作为一种方法贯穿于软件设计的各个阶段。

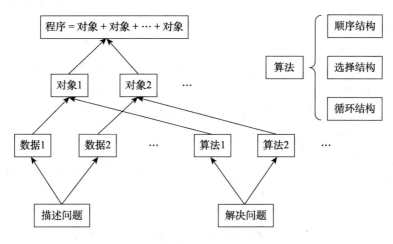

图 1.2　面向对象程序设计中的程序结构

3. 面向对象程序设计

面向对象程序设计是在面向过程程序设计基础上的质的飞跃。面向对象方法的产生，是计算机科学发展的要求。面向对象技术在系统程序设计、数据库及多媒体应用等领域都得到了广泛应用。

4. 面向对象程序设计的特点

面向对象程序设计具有以下四大特点。

1）抽象性

面向对象鼓励程序员以**抽象**的观点看待程序，即程序是由一组对象组成的。我们可以将一组对象的共同特征进一步抽象出来，从而形成"类"的概念。抽象是一种从一般的观点看待事物的方法，它要求程序员集中于事物的本质特征，而不是具体细节或具体实现。类的概念来自人们认识自然和认识社会的过程。在这一过程中，人们主要使用两种方法：从特殊到一般的归纳法和从一般到特殊的演绎法。在归纳的过程中，从一个个具体的事物中把共同的特征抽取出来，形成一个一般的概念，这就是"归类"。在演绎的过程中，又把同类的事物，根据不同的特征分成不同的小类，这就是"分类"。对于一个具体的类，它有许多具体的个体，我们称这些个体为"对象"。

2）封装性

所谓**数据封装**就是指一组数据和与这组数据有关的操作集合组装在一起，形成一个能动的实体，也就是对象。数据封装就是给数据提供了与外界联系的标准接口。无论是谁，只有通过这些接口，使用规范的方式，才能访问这些数据。数据封装是软件工程发展的必然产物，使得程序员在设计程序时可以专注于自己的对象，同时也切断了不同模块之间数据的非法使用，减少了出错的可能性。

3）继承性

从已有的对象类型出发建立一种新的对象类型，使它**继承**原对象的特点和功能，这种思想是面向对象设计方法的主要贡献。继承是对许多问题中分层特性的一种自然描述，因而也是类的具体化和被重新利用的一种手段，它所表达的就是一种对象类之间的相交关系。它使得某类对象可以继承另外一类对象的特征和能力。继承的作用有两个方面：一方面可以减少代码冗余，另一方面可以通过协调性来减少相互之间的接口和界面。

4）多态性

不同的对象可以调用相同名称的函数，并可导致完全不同的行为的现象称为**多态性**。利用多态性，程序中只需进行一般形式的函数调用，而函数的实现细节留给接受函数调用的对象，这样就在很大程度上提高了解决复杂问题的能力。

本书的第 1～8 章主要介绍程序设计语言基础、程序结构和结构化程序设计方法。第 9～12 章介绍面向对象程序设计的方法。如果读者已经掌握了以 C 语言为基础的结构化程序设计，可以快速阅读第 1～8 章的内容，主要学习 C++语言和 C 语言的不同点，如输入输出、动态内存分配和引用等，然后学习面向对象程序设计。

1.2 C++语言发展史简介

C++语言是从 C 语言发展演变而来的，在介绍 C++语言之前，首先介绍一下 C 语言。1972—1973 年，美国贝尔实验室的 Denis. M. Ritchie 在一台 DEC PDP-11 计算机上实现了基于 B 语言的最初的 C 语言。C 语言的产生基于两个方面的需要：一是满足 UNIX 操作系统开发的需要，二是拉近高级语言与硬件之间距离的需要。1988 年美国国家标准协会 ANSI 对 C 语言进行了标准化，产生了 ANSI C。目前，比较流行的 C 语言版本基本上都是以 ANSI C 为基础的。

C 语言具有以下特点。

（1）语言简洁、紧凑，使用方便、灵活。

（2）运算符和数据结构丰富，具有结构化的控制语句，生成的目标代码质量高，程序执行效率高。

（3）语法限制不太严格，程序设计自由度大。

（4）与其他高级语言相比，具有可以直接访问物理地址，能进行位运算的优点，适合解决有实时要求的问题。

（5）与汇编语言相比，具有良好的可读性和可移植性。

（6）以函数为基础实现程序的结构化设计，支持大型程序的多文件构成及单个文件独立编译。

C 语言盛行的同时，其局限性也逐渐暴露出来。

（1）C 语言类型检查机制相对较弱，这使得程序中的一些错误不能在编译时被发现，这些错误若是遗留到程序的运行阶段由程序员来检查，将是很困难的。

（2）C 语言本身几乎没有支持代码重用的语言结构，因此一个程序员精心设计的程序，很难为其他程序所用。

（3）C 语言不适合开发大型程序，当程序的规模达到一定程度时，程序员很难控制程序的复杂性。

C 语言毕竟是一个面向过程的编程语言，因此与其他面向过程的编程语言一样，已经不能满足目前运用面向对象方法开发软件的需要。为解决上述问题，并保持 C 语言的简洁、高效和接近汇编语言的特点，1980 年，贝尔实验室的 Bjarne Stroustrup 博士及其同事开始对 C 语言进行改进和扩充，最初称为“带类的 C”，1983 年取名为 C++，以后又经过不断完善和发展成为目前的 C++语言。

C++语言具有如下特点。

（1）支持面向对象程序设计。

C++语言添加了对面向对象程序设计（OOP）的完全支持，通过类和对象的概念把数据和对数据的操作封装在一起，通过继承、重载和多态性等特征实现了软件重用和程序自动生成，使得大型复杂软件的构造和维护变得更加有效和容易。

（2）支持泛型程序设计。

泛型是指向程序中的数据类型中加入类型参数的一种能力，也称为参数化的类型或参数多态性。**泛型程序设计**（generic programming）是指在程序设计时，将数据类型参数化，编写具有通用性和可重用的程序。对泛型程序设计的支持是 C++的一个明确、独立的设计目标。C++通过函数模板和类模板实现了类型和函数定义的参数化，保证了面向对象程序设计和泛型程序设计的有机统一。

（3）C++语言提供了功能强大的标准模板库。

C++的**标准模板库**（standard template library，STL）不仅提供了丰富标准的数据结构和算法，而且通过泛型思想组织软件结构，提高了 C++语言的抽象能力。

（4）C++语言是一种更好的“C 语言”。

C++语言已被应用于程序设计的众多应用领域，尤其适用于中等和大型程序开发项目。C++语言是 C 语言发展的新阶段，是 C 语言的超集，是一种更好的“C 语言”。C++语言引入内联（inline）函数的概念取代了 C 语言的宏定义；引入引用（reference）的概念，部分取代 C 语言中过于灵活而影响安全性的指针；引入动态内存运算符 new 和 delete，分别取代 C 语言中比较低级的内存分配函数；引入数据输入输出的 I/O 流，取代了 C 语言中烦琐的格式化输入输出函数。C++语言包含了 C 语言的全部特征、属性和优点，又对数据类型做了扩充，使得编译系统可以进行更好的类型检查和编译时的分析，改善了 C 语言的安全性。C 语言是建立 C++语言的基础，这就使得许多 C 语言代码稍加修改甚至不经修改就可以为 C++语言所用，用 C 语言编写的众多的库函数和实用软件可以用于 C++语言中。另外，用 C++语言编写的程序，可读性更好且代码结构更为合理，可以更直接地在程序中映射问题空间的结构。更重要的是，C 语言程序员仅需学习 C++语言的新特征就可以很快地用 C++语言编写程序。

1.3　C++语言的基本语法成分

1.3.1　字符集

字符是可以区分的最小符号，是构成程序的基础。**字符集**是构成程序语句的最小元素，C++语言字符集是 ASCII 字符集的一个子集，由下列字符组成。

（1）大小写英文字母：A～Z 和 a～z。

（2）十个数字：0～9。

（3）特殊字符：如表 1.1 所示。

表 1.1　特殊字符表

空格	!	#	%	^	&	*	_
-	+	=	～	<	>	/	\
|	,	:	.	;	?	'	"
(	)	[	]	{	}		

字符集中的字符可以构成 C++语言的各种语法符号，如标识符、关键字、特殊的运算符等。

1.3.2　标识符

标识符在程序中用来标识各种程序成分，是由程序员定义的名字，用作变量名、函数名和类型名等。标识符由大小写字符、0～9 的数字和下画线组成，标识符的命名规则如下。

（1）以字母或下画线打头。

（2）打头的字母或下画线后可跟零个或多个字母、数字或下画线。

标识符的长度可以是任意的，但不同的 C++编译器能识别的最大长度是有限的，编译器会忽略掉多余的字符，而不认为是错误。

以下是合法的标识符：

x、c、a1、a2、op、y_1、zhou_ prg、radius、prime、program、prg_1、sun、day。

以下是不合法的标识符：

a-1、1computer、x+y、!abc、$100、π、3c。

请思考，上述标识符为什么不合法。

注意：

（1）在 C++语言中，大小写字母不等价。如 MAX、Max 和 max 是不同的标识符。习惯上符号常量用大写字母表示，变量名用小写字母表示。

（2）最好不要定义以下画线打头的标识符，以免和 C++系统库中的符号冲突，因为在 C++系统库中保存的符号信息都是以下画线开始的。

（3）不要在标识符内部使用连续的两个下画线。

（4）标识符取名时不能与 C++的关键字同名，也不能与系统预先定义的标准标识符（如标准函数）同名。

（5）标识符要有意义、见名知义、简洁、易区分，以便程序易读，编程时不易犯错误。如 max 表示最大值，date 表示日期等，以便提高程序的可读性。一般选用相应英文单词或拼音的缩写形式，尽量不要使用简单的符号，如 a、b、c、x、y 和 z 等。

（6）标识符的有效长度随系统而异，如果超长，则超长部分被舍弃。

1.3.3　关键字

关键字（keyword）又称保留字，由系统提供，在程序中表示特定的含义，它们不能被重新定义，不能另作他用，是构成 C++语言的语法基础。如类型名称 int、float，语句特征 if、switch、while，运算符号 sizeof 等。

C++语言中的关键字如表 1.2 所示，其中 ANSI C 规定有 32 个关键字，表 1.2 中用斜体字表示。ANSI C++在此基础上又补充了 29 个关键字，表 1.2 中用加粗字表示。

表 1.2　C++关键字表

auto	break	case	char	const	continue
default	do	double	else	enum	extern
float	for	goto	if	int	long
register	return	short	signed	sizeof	static
struct	switch	typedef	union	unsigned	void
volatile	while	**bool**	**catch**	**class**	**const_cast**
delete	**dynamic_cast**	**explicit**	**false**	**friend**	**inline**
mutable	**namespace**	**new**	**operator**	**private**	**protected**
public	**reinterpret_cast**	**static_cast**	**template**	**this**	**throw**
true	**try**	**typeid**	**typename**	**using**	**virtual**
wchar_t					

注意：C++语言中的大小写字母不等价，关键字全部由小写字母组成；不允许使用关键字为变量、数组和函数等操作对象命名。

1.3.4　运算符

运算符即操作符，是用于实现各种运算的符号，用来处理数据，例如 + 、– 、*和／等。在第 2 章中将详细介绍各种运算符。

1.3.5　分隔符

分隔符用于分隔各个词法记号或程序正文。分隔符不表示任何实际的操作，仅用于构造程序，表示某个程序实体的结束和另一个程序实体的开始。C++语言有以下几个常用的分隔符。

（1）花括号"{ }"用来为函数体、复合语句等定界。

（2）分号"；"作为语句的分隔符。

（3）逗号"，"用作变量之间或对象之间的分隔符，或用作函数的多个参数之间的分隔符。

（4）空格用作单词之间的分隔符。

1.3.6　空白符

在程序编译时的词法分析阶段将程序正文分解为词法记号和空白符。空白符是空格、制表符（Tab 键产生的字符）、换行符（Enter 键产生的字符）和注释的总称。空白符用于指示词法记号的开始和结束位置，但除了这一功能之外，其余的空白符将被忽略。因此，C++程序可以不必严格地按行书写，凡是可以出现空格的地方，都可以出现换行。但是尽管如此，在书写程序时，仍要力求清晰、易读。因为一个程序不仅要让机器执行，还要让人阅读，同时便于修改和维护。

注释是对程序的注解和说明，目的是便于程序的阅读和分析。

1.4　C++程序的开发步骤和结构

1.4.1　C++程序开发步骤

C++程序开发通常要经过 5 个步骤：编辑、编译预处理、编译、连接、运行与调试。

编辑阶段的任务是使用编辑器编辑 C++源程序。在不同的操作系统与编译器环境下，可以使用不同的编辑器。在 Microsoft Windows 操作系统中，可以使用 Visual C++集成开发环境包含的编辑器，也可以使用其他的文字处理软件进行编辑。

编辑好源程序之后，就可以使用**预处理器**对源程序进行编译预处理。预处理器会自动执行源程序中的预处理命令，编译预处理命令主要包括文件包含、宏定义和条件编译，具体参见第 7 章。

编译器负责将源程序翻译为机器语言代码（**目标程序**），生成目标程序文件，目标文件的扩展名为 obj。编译过程分为词法分析、语法分析和代码生成 3 个步骤。目前集成开发环境的编译器已经集成了预处理器。在编译阶段出现的错误称为**编译错误**，若编译没错，则生成目标文件。

虽然目标程序可以是由可执行的机器指令组成的，但并不能由计算机直接执行。因为 C++程序通常包含了对其他模块定义的函数和数据的引用，如标准库、自定义库或模块。C++编译器生成目标文件时，这些地方通常是"漏洞"，**连接器**的功能是将目标文件同缺失函数的代码连接起来，将这个"漏洞"补上，生成可执行代码，存储成可执行文件。Windows 系统下可执行文件的扩展名为 exe。连接阶段出现的错误称为**连接错误**，若连接无误，则生成可执行文件。

运行时，可执行文件由操作系统装入内存，然后 CPU 从内存中读出程序并执行。在程序运行过程中出现的错误称为**运行时错误**，也称作**逻辑错误**。可通过 C++系统提供的调试工具 debug 帮助发现程序的逻辑错误，然后修改源程序，改正错误。

1.4.2　C++程序的结构

下面介绍两个简单的 C++程序，然后从中分析 C++程序的结构。

【例 1.1】 编写程序，输出 "Hello World!" 字符串。

```
/*********************************************
**  功能：显示输出"Hello World!"字符串    **
*********************************************/
#include<iostream>          // 编译预处理命令
using namespace std;        // 使用标准名空间 std

/*以下是主函数*/
int main()                  // 主函数
 {
    cout<<"Hello World!"<<endl;
    return 0;
 }
```

程序的运行结果如图 1.3 所示。

程序解析:

C++源程序(扩展名为 cpp)包括编译预处理、注释和函数,下面简要介绍编译预处理、注释、函数、名字空间以及 C++程序的书写格式。

图 1.3　例 1.1 的运行结果

1. 编译预处理

编译预处理命令的功能是使编译程序在对源程序进行通常的编译之前,先对这些命令进行预处理,然后将预处理的结果和源程序一起进行通常的编译处理,以得到目标代码。在第 7 章中会具体讲解 C++语言提供的三种编译预处理命令。

注意: C++语言中的编译预处理命令都是以#打头的,在一行中只能写一条编译预处理命令;编译预处理命令不是 C++语句,不能以分号结尾,而是以换行结尾。

程序中的#include<iostream>是编译预处理命令,作用是在编译之前,将文件 iostream 中的代码嵌入到程序中该命令所在的地方,作为程序的一部分,iostream 文件中声明了程序所需要的输入和输出操作的有关信息。cin、cout、>>和<<操作的有关信息就是在该文件中声明的。

注意:

(1)cout 是 C++系统定义的标准输出流对象,通常代表显示设备。可以输出常量的值、变量的值、表达式的值、函数的返回值以及字符串等,结果输出到显示器上。

(2)endl 表示换行输出。

(3)"<<"是插入运算符,也称为输出运算符。程序中输出语句的功能是将字符串"Hello World!"和 endl 依次插入输出流中,结果在屏幕上显示"Hello World!"字符串并换行。

为了使程序的结构清晰,一般将数据类型及类的定义、函数的说明等放在一个源代码文件中,称为头文件,头文件的扩展名一般为 h(head)或 hpp(head plus plus)。头文件可以由系统提供,也可以由用户根据功能需要自己编写。由于这类文件通常被嵌入在程序的开始处,所以称为头文件。系统提供的头文件用"<>"括起来,如<iostream>,而用户自己定义的头文件用双引号""括起来。

2. 注释

在程序中适当的位置加注释,可以提高程序的可读性。应该培养给程序写注释的好习惯。C++语言中采用了下面两种注释方法。

(1)使用"/*"和"*/"括起来进行注释,在"/*"和"*/"之间的所有字符都为注释信息。此法适用于注释多行信息的情况。

(2)使用"//",从"//"后面字符开始直到它所在行的行尾,所有字符都为注释信息。这种方法适用于注释一行信息的情况。

3. 函数

C++程序是由函数驱动的,一个 C++程序可由一个 main 函数和若干个其他函数组成,其中必须有且仅有一个主函数 main(),主函数可位于程序中的任意位置,C++程序总是从主函数开始执行,主函数执行完毕,则整个 C++程序执行完毕。主函数是由操作系统调用的。

函数是 C++程序的基本单位。

函数由函数说明部分和函数体两部分组成。

1）函数说明

函数说明部分包括函数名、函数返回值类型、函数的形式参数。上例中主函数的函数说明部分为：

```
int main()
```

其中：int 为函数返回值类型；main 为函数名，main 函数没有形式参数。

函数名后必须有一对圆括号"()"，定义函数时圆括号"()"中的参数为形式参数。函数的参数可有可无，没有参数的函数称为**无参函数**，有参数的函数称为**有参函数**。

注意：若函数有多个形式参数时，参数间须用逗号隔开，各个参数应分别说明其数据类型。

2）函数体

"{}"表示函数体的开始和结束位置，函数体给出函数功能实现的数据描述和操作描述，其中每一条语句都是以分号";"结束的。

若函数体为空则称该函数为**空函数**，空函数不完成任何功能，一般是程序员为以后开发系统及完善程序功能预留的。函数体中也可以没有数据描述部分而只有操作描述。

4. 名字空间（名空间，namespace）

程序设计语言中，大型应用程序由许多人来完成，各自为自己的模块命名，命名冲突是一种潜在的危险。C++提供名字空间将相同的名字放在不同空间中来防止命名冲突。

标准 C++提供的所有组件都放在**标准名字空间 std** 中，使用名字空间 std 有以下三种方法。

（1）利用 using namespace 使用名字空间。

```
using namespace std;
```

表示此后程序中所有对象若没有特别声明，均来自名字空间 std。此种方法最简单。

（2）用域运算符"::"为对象分别指定名字空间 std，如：

```
std::cout<<"Hello World!"<<std::endl;
```

分别指明此处 cout 和 endl 的名字空间为 std。

（3）用 using 与域运算符指定名字空间，如：

```
using std::cout;
```

表明此后的 cout 对象若没有特别声明，均取自名字空间 std。

注意：早期的 C++标准不支持名字空间，因此，程序中不需要声明使用名字空间。C 语言与早期的 C++头文件都带扩展名 h，新版本的 C++为了支持 C 语言及老版本 C++程序，附带了这些头文件。但是，如果使用不带 h 扩展名的标准 C++头文件，必须同时声明名字空间，并且包含头文件在前，声明使用的名字空间在后。

（1）如果使用了名字空间 std，则在使用#include 编译预处理命令包含头文件时，不能包含扩展名为 h 的头文件，否则可能会出错。

（2）文件 iostream 和 iostream.h 是两个不同的头文件，iostream 包含了一系列模板化的 I/O 类，相反地 iostream.h 只支持字符流。另外，输入输出流的 C++标准规范接口在一些微妙的细节上都已改进，因此，iostream 和 iostream.h 在接口和执行上都是不同的。在 C++中一般包含 iostream 头文件，并且使用标准名空间。

5. C++程序的书写格式

（1）一般一行写一条语句。当然一行可以写多条语句，一条语句也可以写在多行上。

（2）整个程序采用紧缩格式书写。表示同一层次的语句行对齐，缩进同样多的字符位置。如循环体中的语句要缩进对齐，选择体中的语句要缩进对齐。

（3）花括号"{}"的书写方法较多，常用的是每个花括号占一行，并与使用花括号的语句对齐，花括号内的语句采用缩格书写的方式。

【例 1.2】 从键盘上输入两个数，求这两个数的最大值。

```cpp
/**********************************************
**          功能：求两个数的最大值          **
**********************************************/
#include<iostream>              // 编译预处理命令
using namespace std;

int max(int x,int y)            // 求两个数的最大值函数
{
    int t;
    if(x > y)
        t = x;
    else
        t = y;
    return t;                   // return 语句将 t 的值返回给主调主函数 main()
}

/*以下是主函数*/
int main()                      // 主函数
{
    int number1, number2;       // 定义两个基本整型变量
    cout<<"请输入两个数：";
    cin>>number1>>number2;      // 从键盘上输入两个变量的值
    int maxValue;
    maxValue = max(number1, number2);
                                // 调用求最大值的函数 max 并赋值给变量 maxValue
    cout<<"最大值 = "<<maxValue<<endl;
    return 0;
}
```

程序的运行结果如图 1.4 所示。

程序解析：

（1）该程序中包含了两个函数的定义，分别是 max 函数和 main 函数。其中，求两个数的最大值函数的函数说明部分为：

图 1.4 例 1.2 的运行结果

```
int max(int x,int y)
```

其中：int 为函数返回值类型；max 为函数名，max 函数有两个形式参数 x 和 y，均为 int 类型的变量。

（2）在一个函数中可调用其他函数，它们分别称为**主调函数**和**被调函数**。该例中，main 函数调用了 max 函数，max 函数是被调函数。函数可以由系统提供（称为库函数），也可由用户自己定义（称为自定义函数）。用户根据特定的功能可调用系统提供的库函数。所有函数之间是平行的关系。

（3）cin 为 C++系统定义的标准输入流对象，通常代表键盘，表示从键盘输入变量的值。从键盘上输入变量的值时，以 Tab 键、空格和回车键作为分隔符，回车键也表示输入结束。

（4）>>是提取运算符，也称为输入运算符。cin 与提取运算符连用。程序中的语句 cin>>number1>>number2;的功能是从键盘上提取两个数据分别给对象 number1 和 number2。

（5）主函数 main()中的第一条语句定义了两个基本整型变量 number1 和 number2。

注意：在 C++语言中，一个变量必须先定义后使用，但变量的定义可出现在第一次使用之前的任意位置。

习　　题

思考若 max 函数的函数说明部分改为：

```
int max(int x,y)
```

正确吗？为什么？

第2章 基本数据类型、运算符与表达式

2.1 数据类型概述

程序设计语言中"数据类型"的概念类似于日常生活中的度量单位，如一杯水、两打铅笔或一斤水果，"杯""打"或"斤"这些度量单位就是数据类型。

确定**数据类型**的作用有两个：其一，在生成数据时，它指出应为数据分配多大的存储空间；其二，它规定了数据所能进行的操作。

数据类型是程序中最基本的元素，确定了数据类型，才能确定变量的空间大小和对其进行的操作，例如：

```
int a;  // 定义一个基本整型变量 a
```

这样编译器就会为 a 分配 4 字节（32 位）的内存空间（不同的编译器为 int 变量分配的内存大小不同，Visual C++为 int 型变量分配 4 字节的内存空间）。数据被定义了类型后，它们可以受到类型保护，确保程序处理不对其进行非法操作。

数据是程序处理的对象，C++语言在处理数据之前，要求数据具有明确的数据类型，以便满足程序处理的需求。C++语言的数据类型如图 2.1 所示。

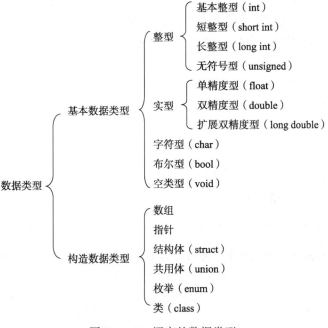

图 2.1　C++语言的数据类型

C++语言中的数据类型分为两大类：一类是基本数据类型，如整型、实型（也称为浮点型）、字符型、布尔型和空类型；另一类是构造数据类型，如数组、指针、结构体和类等类型。基本数据类型是 C++内建的数据类型，它是构造数据类型（也称为用户自定义数据类型）的基础。本章只对基本数据类型进行讨论。

2.2 常量与变量

C++语言中存在着两种表征数据的形式：常量与变量。常量用来表示数据的值，变量不但可以用来表示数据的值，也可以用来存放数据。

2.2.1 常量

常量是指在程序运行过程中，其值不能被改变的量，如圆周率 π、重力加速度 g 等。

常量有两种类型：一种为**值常量**（也称为直接常量），如 12、–33、15.6；另一种为符号常量，符号常量需要明确定义。C 语言用#define 来定义**符号常量**（此种方式定义的符号常量也称为**宏**）。C++语言除了使用#define 定义符号常量外，还可以使用 const 来定义符号常量（此种方式定义的符号常量也称为 **const 常量**）。

1. 使用 const 定义符号常量

使用 const 定义符号常量的格式如下：

```
const 数据类型 符号常量名 = 初始值;
```

例如，以下语句用来声明一个符号常量 PRICE，其初始值为 850。

```
const int PRICE = 850;
```

其中：const 为关键字，如果在程序中有许多地方用到 PRICE 这个常量，则会用 850 代替 PRICE，编译程序不会让任何语句改变 PRICE 的值。

注意：

（1）关键字 const 可以与数据类型互换位置。

（2）在定义 const 常量时一定要赋初值，若未赋初值，则编译时出错。

（3）常量在程序中不能更改其初始值。

（4）符号常量最好用大写字母来命名，以区别于一般的变量。

2. 使用#define 命令定义符号常量

使用#define 定义符号常量的格式如下：

```
define 符号常量名 初始值
```

#define 是一条编译预处理命令，可通过以下方式建立一个名为 PI 的符号常量，其初始值为 3.1415926。

```
#define PI 3.1415926
```

上述定义符号常量的方法与使用语句"const double PI=3.1415926;"的结果相同。需要注意的是使用#define 语句定义符号常量时 PI 和 3.1415926 之间没有赋值号 "="。

使用#define 命令的缺点是无法指定常量的数据类型，在使用上可能会出现一些问题，因此建议在 C++程序中只使用 const 常量而不使用宏常量，即 const 常量完全取代宏。

注意：

（1）定义宏时使用的是编译预处理命令，而不是 C++语言的语句，所以不能以分号结尾。

（2）与直接使用值常量相比，使用符号常量增强了程序的可读性。

（3）值常量和宏代表的值在程序的指令中不占内存空间。而 const 常量是有数据类型的，与普通变量一样，占据特定的内存空间。

2.2.2 变量

用来存放数据且其值可以改变的量称为**变量**。每个变量对应一个内存单元，它代表程序要处理的数据。每个变量都要有一个名字，变量名必须是合法的标识符，并且最好具有一定的意义，有意义的变量名可以提高程序的可读性。例如，要定义一个表示学生数量的变量，用 student_num 作为变量名要比 k 更合适。此外要注意不能用 C++语言的关键字作为变量名。

1. 变量的定义

变量的定义是一种指定变量名称与数据类型的程序语句。变量定义的格式如下：

数据类型 变量名 1[,变量名 2，… ,变量名 n];

其中，"数据类型"可以是基本数据类型也可以是构造数据类型，如图 2.1 所示。一条语句中可以定义一个变量，也可以定义同一类型的多个变量。例如以下变量定义：

```
int x;                    // x 为基本整型
float y;                  // y 为单精度浮点数
long area,width,length;   // 定义了三个 long 类型的变量
```

建议：变量最好在使用时再定义，这样可以增加程序的可读性，避免发生混淆。

注意：

（1）所有变量必须先定义后使用。

（2）可以在一条语句中同时定义同一类型的多个变量，各个变量之间要用半角的逗号隔开。

（3）与 C 语言不同，C++语言中的变量定义不必位于程序的开始，可以穿插在其他语句中间。

（4）不同的变量用不同的数据类型指定。

（5）当变量被定义后，系统就自动为其在内存中开辟一个空间。不同类型的变量占用的内存空间大小是不同的。

2. 变量的初始化

在 C++语言中，每一个变量对应一个内存单元，如果没有为变量设置初始值，那么变量的内容将是不确定的。**变量的初始化**是指在定义变量的同时，给变量赋以一定的初始值。变量的初始化有以下两种格式。

格式一：

数据类型 变量名 1 = 初值 1，变量名 2 = 初值 2，…，变量名 n = 初值 n；

例如：

```
int x = 3, y = 4, z = 5;
                        // 定义了 3 个基本整型变量 x、y 和 z，其初始值分别为 3、4 和 5
char ch1 = 'A', ch2, ch3 = 'a';
                        /* 定义了 3 个字符型变量 ch1、ch2 和 ch3，变量 ch1 和 ch3 的初
                        始值分别为'A'和'a'，变量 ch2 没有初始化*/
```

格式二：

数据类型 变量名 1(初值 1)，变量名 2(初值 2)，…，变量名 n(初值 n)；

这种方式称为"函数表示法"，是 C++语言中一种特殊的变量初始化方法。例如以下变量初始化语句：

```
double length(6.3);             // 定义了 double 类型的变量 length，其初始值为 6.3
```

2.3　基本数据类型

2.3.1　整　型

1. 整型常量的表示形式

整型常量可以用十进制、八进制和十六进制来表示。整型常量均没有小数部分，但有正负之分。

（1）十进制整型常量由 0~9 的数字组成，没有前缀，不能以 0 开始，例如 124、–36 等。

（2）八进制整型常量，以 0 为前缀，其后由 0~7 的数字组成，例如 0332、–0122 等。

（3）十六进制整型常量，用 0x 或 0X 为前缀，其后由 0~9 的数字和 A~F（大小写均可）的字母组成，例如 0x3A、~0x43f 等。

注意：各种进制数只能使用其规定的数字和字母，否则会出错；八进制整数前不能省略 0。

2. 整型变量的分类

为了更加准确地适应各种情况的要求，基本数据类型前面还可以加上修饰符，用来改变原来的含义。如以下修饰符。

（1）signed：表示有符号数（若省略 signed，也表示有符号数）。

（2）unsigned：表示无符号数。

（3）long：表示长整型。

（4）short：表示短整型。

基本整型 int 型是在给定机器上具有一定长度的整数，int 型变量在计算机内存中通常占用一个机器字。目前大多数计算机的一个机器字为 4 字节，有的为 8 字节。int、long int 通常占用较多的字节数（如 4 字节），因此表示的数值范围比较大；而 short int 占用较少的字

节数（如2字节），因此表示的数值范围比较小（见表2.1）。

表 2.1　C++中的整型数据描述

数据类型关键字	内存空间字节数	数值范围	
[signed] short [int]	2	−32 768～32 767	即−2^{15}～(2^{15}−1)
unsigned short [int]	2	0～65 535	即 0～(2^{16}−1)
[signed] int 或 signed [int]	4	−2 147 483 648～2 147 483 647	即−2^{31}～(2^{31}−1)
unsigned int	4	0～4 294 967 295	即 0～(2^{32}−1)
[signed] long [int]	4	−2 147 483 648～2 147 483 647	即−2^{31}～(2^{31}−1)
unsigned long [int]	4	0～4 294 967 295	即 0～(2^{32}−1)

注意：即使是同一台机器，在不同的编译环境下，同一种数据类型的变量所占的内存大小也可能是不同的。

C++语言提供了 **sizeof 运算符**来确定某数据类型的变量所占内存的大小，使用格式如下：

sizeof(数据类型) 或 sizeof(变量)

例如，如果想知道自己机器上整数变量所占内存单元的大小，可以编译并运行如下程序：

```
/*******************************************
**   功能：显示输出各种整型变量所占的字节数  **
*******************************************/
#include<iostream>          // 编译预处理命令
using namespace std;        // 使用标准名空间 std

int main()                  // 主函数
{
    cout<<"number of bytes in int is: "<<sizeof(int)<<endl;
    cout<<"number of bytes in long int is: "<<sizeof(long)<<endl;
    cout<<"number of bytes in short int is: "<<sizeof(short)<<endl;
    return 0;
}
```

在 Visual C++的 32 位版本中（如 Visual C++ 6.0），使用 int 或 long int 都表示长整型。但在其他的 C++编译器如 Turbo C++中，int 的意义与 long int 并不相同，而是等价于 short int。

以下是上述程序分别在 Visual C++环境和 Turbo C++环境中的运行结果。

Visual C++ 6.0 环境的运行结果为：

```
number of bytes in int is: 4
number of bytes in long int is: 4
number of bytes in short int is: 2
```

Turbo C++环境的运行结果为：

```
number of bytes in int is: 2
number of bytes in long int is: 4
number of bytes in short int is: 2
```

如果希望程序可以在所有的编译器中编译、运行，最好加上 int 或 long，明确定义整数的类型，防止因为编译器不同而导致程序发生错误。编写程序时，若不能确定数值的范围，最好采用长整型，避免因为数值过大而造成错误，影响程序的执行结果。

整数以二进制形式被保存在计算机内存中，首位为符号位：0 代表非负整数；1 代表负整数。例如，非负整数 15 可能占用 4 字节，以二进制形式逐位保存为：

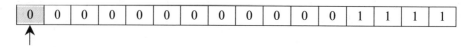

这样 long int 变量的取值范围是 $-2^{31} \sim 2^{31}-1$，即 $-2\ 147\ 483\ 648 \sim 2\ 147\ 483\ 647$。

无符号整型如 unsigned long 可以用来保存非负数，这种无符号类型没有符号位，因此可以表示整数的范围比一般整型变量中正数的范围扩大一倍。

整型常量的后缀 U 或 u 用来表示**无符号整数**；L 或 l 用来表示**长整数**；若整型常量数字后同时跟有 L（或 l）和 U（或 u），表示**无符号长整型**，其中 U 和 L 的位置可以互换。例如：

```
unsigned int i = 5U;            // 5U 表示无符号整数 5
long int j = 5L;                // 5L 表示长整数 5
unsigned long k = 5UL;          // 5UL 表示无符号长整数 5
```

说明：在 C++程序中包含 limits 头文件，可以使用 INT_MIN、INT_MAX、FLT_MIN、FLT_MAX、DBL_MIN、DBL_MAX 等分别表示 int 型、float 型和 double 型数值的最小值和最大值。

2.3.2 实型

实数（real number）又称为浮点数（floating point number），因此实型又称为**浮点型**。

1. 实型常量表示法

实型常量是由整数部分和小数部分组成的，只用十进制表示。

实型常量有两种表示方式。

（1）**小数表示法**，它是由整数部分和小数部分组成的。如 4.0、–33.32 等。

注意：

小数表示法可以省去整数部分，只保留小数部分，小数点不能省略，比如 .87、.25 等。

（2）**科学表示法**，它常用来表示很大或很小的数，其表示方法如下所示：

十进制整数 ｜ 十进制小数 e 基本整型数

其中：符号"｜"表示或，十进制整数和十进制小数任选其一；e 也可以写成大写字母 E。例如 4.2E–5 表示 4.2×10^{-5}。

注意：

（1）e（或 E）前面必须有数字，指数部分可正可负，但都是整数。

（2）浮点数在计算机内存中表示一个实数的近似值。

思考：下列数值哪些是正确的实数表示法，哪些是错误的？为什么？

.6　　–.98　　2.3e8　　2.3e2.5　　e5　　.5e–3

2. 实型变量的分类

实型变量的定义格式同整型变量一样，只不过数据类型关键字不同。

实型变量有三类：**单精度 float、双精度 double 和扩展双精度（也称为长双精度）long double**。这些类型所占的字节数可以通过运算符号 sizeof 得到。在大多数机器上，这三种类型分别占用 4 字节、8 字节和 16 字节。

一个浮点数可能的取值由其精度和值域描述。精度描述了一个浮点数最多可以有几个十进制位有效数字，而值域描述了该类型变量的最大可能取值和最小可能取值。C++中的实型数据描述如表 2.2 所示。

表 2.2　C++中的实型数据描述

数据类型关键字	内存空间字节数	数值范围	有效位数
float	4	$10^{-38} \sim 10^{38}$	7
double	8	$10^{-308} \sim 10^{308}$	15
long double	8（或 10）	$10^{-4932} \sim 10^{4932}$	19

在 C++语言中，一个实型常量如果没有任何说明，表示 double 型。要表示 float 型，则必须在实数后加上 f 或 F；表示 long double 型，则必须在实数后加 l 或 L。例如：

```
34.6f          // float 型
34.6           // double 型（默认表示）
34.6L          // long double 型
34.6e23        // double 型（默认表示）
34.6e23L       // long double 型
```

2.3.3　字符型

对一般的数学计算而言，只需要整型和实型数据就可以了。但计算机除了具有数学计算的功能外，还应具有输入和显示文本的功能。程序要处理文本信息，必须依靠字符型数据。字符型数据就是那些用来表示英文字母、符号、汉字的数据。

字符型数据类型关键字是 char（character 的前 4 个字母）。字符型数据在内存中存储的是它的 ASCII 值，占用 1 字节（8 位）的内存单元。所以，一共只有 128 个字符型数值。在一般的计算机系统中，128 个字符就已经足够表示所有的基本符号。

1. 字符型常量

字符常量是用单引号括起来的一个字符。字符常量有以下两种表示方法。

（1）对于那些可以直接输入的字符，比如 a、b、C、D、*、#、5、6 等，可以用单引号将其括起来表示其常量。例如，'A'是代表字母 A 的常量。

（2）对于那些无法直接输入的字符以及某些特殊字符，还可以用字符的 ASCII 码表示，即用反斜符"\"开头，后跟字符的 ASCII 码值或助记符，这种方法也称为**转义序列**表示法，其表示的字符称为**转义字符**。具体方法是：

①用字符的八进制 ASCII 码，表示为\ddd，这里 ddd 是八进制值。

②用字符的十六进制 ASCII 码，表示为\xhh，这里 hh 是两位十六进制值。如'A'、'\101'和'x41'都表示同一个字符常量。

③转义序列表示法还可以用来表示一些特殊字符，用来显示特殊符号或控制输出格式。

常用的转义字符如表 2.3 所示。

表 2.3　转义字符

转义字符	ASCII 码值	含义
\0	0x00	NULL
\a	0x07	响铃
\b	0x08	退格（Backspace）
\t	0x09	水平制表（Tab）
\f	0x0c	换页，只对打印有效
\n	0x0a	回车换行
\v	0x0b	竖向跳格
\r	0x0d	回车（不换行）
\\	0x5c	反斜杠字符
\'	0x27	单引号字符
\"	0x22	双引号字符
\ddd	0ddd	1～3 位八进制数所代表的字符
\xhh	0xhh	1～2 位十六进制数所代表的字符

注意：特殊转义字符必须是小写字母。

2. 字符串常量

字符串常量是一对用双引号括起来的字符序列。例如，"hello world"、"akdk,a, \ n"、"b"都是字符串。在字符串中出现反斜线时应该用转义字符 '\\' 表示。字符串中可以出现空格符、转义字符或其他字符，也可以包含 C++语言以外的字符，如汉字等，只要编译器支持汉字系统就行。

字符常量与字符串常量有以下一些区别。

（1）字符串是用一个一维字符数组来存放的，而字符常量可用一个字符型变量存放。例如：

```
char ch;
ch = 'a';          // 正确
ch= "a";           // 错误，因为 ch 为字符变量，而"a"为字符串常量，数据类型不匹配
```

（2）字符型常量用单引号括起，而字符串常量用双引号括起。

（3）一个字符常量被存放在内存中只占 1 字节，而字符串常量要占多字节。

例如，'a'仅占 1 字节，用来存放字符 a 的 ASCII 码；而"a"却占 2 字节，除了用 1 字节存放字符'a'的 ASCII 码外，还有 1 字节存放字符串常量的结束符'\0'，'\0'为转义字符。

注意：在 C++语言中，凡是字符串都有一个结束符，该结束符用'\0'表示。

（4）字符常量与字符串常量的操作功能也不相同。例如，字符常量具有加法和减法运算，而字符串常量不具有这种运算。例如：

```
'a'-1              // 这是合法的，表示小写字母 a 的 ASCII 值 97 减 1，结果为 96
"a"-1              // 这是非法的
```

2.3.4　布尔类型

布尔类型也称为逻辑型。布尔（bool）是表示逻辑变量的专有名词，所代表的意义只有"真（true）"和"假（false）"两种。布尔型数值只有两个：true（真）和 false（假）。bool 类型的变量占据 1 字节的内存单元。布尔数据用来控制程序的执行方式，即用来处理程序中的判断或比较结果。例如：

```
bool flag = true;        // 定义一个布尔变量
double d = 5.32;
if(flag == false)
    d = 3.24;
```

符号"=="用来检查两个量是否相等。上述最后一条语句的含义是，如果 flag 等于 false，将变量 d 赋值为 3.24。

注意： 布尔数据类型 bool 以及布尔型的两个值 true 和 false 均为小写字母。在 C++ 中，大写的 BOOL 是微软定义的 typedef int BOOL，实质上是 int 类型。

在 C++ 的算术运算中，把布尔数据当作整型数据，true 和 false 分别当作 1 和 0。在逻辑运算中则把非 0 数据当作 true，把 0 当作 false。

【例 2.1】 布尔类型使用举例。

```
/*******************************************
**     功能：布尔类型使用举例            **
*******************************************/
#include<iostream>        // 编译预处理命令
#include<iomanip>         // 使用控制符 boolalpha 需使用此头文件
using namespace std;      // 使用标准名空间 std

int main()                // 主函数
{
    bool flag = true;     // 定义布尔型变量 flag，并初始化为 true
    cout<<flag<<endl;     // 默认情况下为非 bool 字母（noboolalpha），输出整型值 1
    cout<<boolalpha<<flag<<endl;// 使用输出格式控制符 boolalpha，输出布尔型值
    cout<<flag + 5<<endl;         // 在算术运算中，把布尔数据当作整型数据，输出 6
    flag = 0;                     // 可以给 bool 类型的变量赋任意类型的值
    cout<<"执行语句 flag=0;后 flag 的值为："<<boolalpha<<flag<<endl;
    flag = 0.0;                   // 0.0 为 double 类型的数值
    cout<<"执行语句 flag=0.0;后 flag 的值为："<<boolalpha<<flag<<endl;
    return 0;
}
```

程序的运行结果如图 2.2 所示。

程序解析：

（1）当输出布尔型变量的值时，默认是 noboolalpha 格式的，若为 true 则输出整数 1，若为 false 则输出整数 0。若要输出 true 或 false 则需使用 boolalpha 格式控制符。

（2）可以给 bool 类型的变量赋任意类型的值，但只

图 2.2　例 2.1 的运行结果

第 2 章

基本数据类型、运算符与表达式

有赋值为 0 或 NULL（不是小写的 null），结果才为 false，其他的值均表示 true。

2.3.5　void 类型

没有类型的类型，即空类型或无值型，用 void 表示。句法上，它是一种基本类型，但是只能被用作复杂类型的一部分。void 用来表示函数不返回值或者通用类型指针。

2.4　运算符和表达式

变量用来存放数据，运算符则用来处理数据。根据运算符所带的操作数的数量进行划分，运算符有三种类别：**单目运算符**、**双目运算符**和**三目运算符**。只带一个操作数的运算符是单目运算符，带两个操作数的运算符是双目运算符，带三个操作数的运算符是三目运算符。有关运算符的分类如表 2.4 所示。

表 2.4　运算符分类表

名称	运算符	名称	运算符
算术运算符	+、-、*、/、%、++、—	指针运算符	*、—
关系运算符	>、>=、<、<=、==、!=	求字节数运算符	sizeof
逻辑运算符	&&、||、!	强制类型转换运算符	类型()、(类型)
赋值运算符	=、及其=扩展的赋值运算符	下标运算符	[、]
逗号运算符	,	分量运算符	.、->
条件运算符	?:	其他运算符	如函数调用运算符()
位运算符	<<、>>、~、|、^、&		

用运算符将变量和常量连接起来的符合 C++语法规则的式子称为**表达式**。表达式的目的用来说明一个计算过程。表达式的种类很多，如赋值表达式、算术表达式、条件表达式和逻辑表达式等，每个表达式都有值。

当一个表达式中出现各种运算符时，要考虑运算符的优先级及结合性，因为运算符的优先级及结合性决定了一个表达式的求值顺序。**优先级**别高的运算符先运算，优先级别低的运算符后运算。运算符的**结合性**体现了运算符对其操作数进行运算的方向，如果一个运算符对其操作数从左向右进行规定的运算，则称此运算符的结合性为**左结合**，反之为**右结合**。

2.4.1　赋值运算符和赋值表达式

1. 赋值运算符

C++语言中，"="被称为赋值运算符，它的作用是设置变量的值，即将一个数据赋给一个变量，实际上是将特定的值写到变量所对应的内存单元中。赋值运算符是双目运算符，因为"="两边都要有操作数。"="左边是待赋值的变量，称为**左值**，右边是要赋的值，称为**右值**。所谓左值是指一个能用于赋值运算符左边的表达式，即具有对应的可以由用户访问的存储单元，并且能够由用户去改变其值的量。

注意：左值必须能够被修改，不能是常量。一般情况下，左值是一个变量。特殊情况下，左值也可以是一个复杂的表达式，如函数调用表达式。

除了"＝"基本赋值运算符外，另外还有 5 个由算术运算符和赋值运算符组成的复合赋值运算符：+=、−=、*=、/=和%=；5 个由位运算符和赋值运算符组成的复合赋值运算符：<<=、>>=、&=、|=和^=。

注意：复合赋值运算符中没有空格，如"+="而非"+ ="。

2. 赋值表达式

可以用常量对变量赋值，也可以用变量对变量赋值，还可以用任何表达式对变量赋值。用赋值运算符连接起来的式子称为**赋值表达式**。赋值表达式的值就是被赋值的变量的值。赋值表达式加上分号就构成了**赋值语句**，赋值语句是极为常用的 C++语句。

由复合赋值运算符构成**复合赋值表达式**，一般形式为：

V oper = E

其中：oper 表示算术运算符，E 是一个表达式，V 为变量。上述表达式等价于 V = V oper E。例如：

c *= a 等价于 c = c * a;

注意：d %= a + b 等价于 d = d % (a + b)，而不是 d = d % a + b。

复合赋值语句有较高的执行效率。例如，在语句"x = x − 5;"中，一般首先得到并保存中间值 x−5，然后再赋给 x。然而在语句"x −= 5;"中，这样的中间过程可以省略，x 的值只是直接减 5。这样所生产的目标代码较少，并增加可读性。C++语言中尽量采用复合赋值运算符的形式。

【例 2.2】 赋值表达式语句。

```
/*******************************************
**        功能：赋值表达式语句的使用         **
*******************************************/
#include<iostream>
using namespace std;

int main()
{
    int a, b, c, d;
    a = 4;
    b = a;
    a = 5;
    c = d = 6;
    c *= a;
    d %= a + b;
    cout<<"a = "<<a<<endl
        <<"b = "<<b<<endl
        <<"c = "<<c<<endl
        <<"d = "<<d<<endl;
    return 0;
}
```

基本数据类型、运算符与表达式

程序的运行结果如图 2.3 所示。

程序解析：

（1）有一点必须强调，"="表示赋值，不代表数学中相等的意思。赋值表达式 a=b 只是表示将 b 的值赋给 a，并不说明 a 的值永远和 b 相等。例如，上面的例子中，a 被赋值为 4，b 被赋值为 a 的值 4，接着 a 又被赋值为 5，这时 b 的值仍是 4，因为 a、b 分别对应着不同的内存单元。

图 2.3　例 2.2 的运行结果

（2）C++语言允许在一个表达式中对多个变量连续赋值，例如 c = d = 6，连续赋值的表达式的运算顺序是从右向左的，因为赋值运算符具有右结合性，因为"="右边的表达式未求值之前，无法对"="左边的变量赋值。因此，c = d = 6 的运算顺序是先对 d 赋值，得到赋值表达式 d = 6 的值是 6，然后再对 c 赋值，得到赋值表达式 c=d=6 的值是 6。

（3）左值代表一个内存地址值，通过这个内存地址，就可以对内存进行读写操作。下面的赋值表达式是非法的，因为不能对表达式 3+a 和 b+8 赋值。

```
(3 + a) = 22
a = b + 8 = 10
```

2.4.2　算术运算符和算术表达式

1. 算术运算符

C++语言提供的算术运算符包括加（+）、减（–）、乘（*）、除（/）和取余（%）。算术运算符是双目运算符。利用算术运算符连接起来的式子称为**算术表达式**。算术运算符如表 2.5 所示。

表 2.5　算术运算符

运算符	说明	结合性	适用的数据类型	表达式举例
+	将两个数值相加	左结合	整型、字符型、实型	12 + 3、3.24 + 0.5、'a' + 1
–	将两个数值相减	左结合	整型、字符型、实型	12 – 3、3.24 – 0.5、'z' – 1
*	将两个数值相乘	左结合	整型、字符型、实型	12 * 3、3.24 * 0.5、'a' * 2
/	将两个数值相除	左结合	整型、字符型、实型	12 / 3、3.24 / 0.5、'a' / 2
%	计算两数相除的余数	左结合	整型、字符型	12 % 3、'a' % 2

注意：

（1）若除法运算符"/"的两个操作数均为整型或字符型时，则运算结果为整型，如果商含有小数部分，则小数部分将被截掉；若除法运算符"/"的两个操作数中有一个操作数为浮点型，则运算结果为 double 型。

（2）求余运算符"%"即取整数除法后的余数，余数的符号和被除数的符号相同。例如，8%3 运算结果为 2；–13%5 运算结果为–3；13%(–5)的运算结果为 3。求余运算符"%"的两个操作数要求均为整型或字符型，否则编译时会出错。若操作数为字符型，则取字符的 ASCII 值参与运算。

当一个表达式中存在着多个算术运算符时，各个运算符的优先级与数学中相同，即先计算乘、除和取余，再计算加、减，同级运算符的顺序是从左向右，即先计算左边的算术表达式，再进行右边表达式的计算。可以利用圆括号改变表达式计算的先后顺序。

例如，表达式 4 + 3 * 6 – 5 / 2 的求解过程是：先计算 3*6，值为 18，再计算 5/2，值为 2，然后计算 4+18，值为 22，最后计算 22–2，值为 20。如果表达式写成：(4 + 3) * 6 – 5 / 2，那么表达式的值为 40。

任何数据类型的数据都有固定的取值范围。当表达式的值超出取值范围时，就会丢失数据，这种现象称为**数据溢出**。下面的例子说明了这一点。

【例 2.3】 数据溢出举例。

```cpp
#include<iostream>
using namespace std;

int main()
 {
    short i, j, m, n;
    i = 1000;
    j = 1000;
    m = i + j;
    n = i * j;
    cout<<"m = "<<m<<endl;
    cout<<"n = "<<n<<endl;
    return 0;
}
```

程序的运行结果如图 2.4 所示。

图 2.4　例 2.3 的运行结果

程序解析：

（1）上述程序的运行结果中 m 值正确，而 n 的值不正确，这是因为 C++语言中 short 类型的取值范围是–32768～32767，而"n = i * j;"的结果为 1000000，超出了 short 类型的取值范围，因而结果不正确。上例中，若将变量 i、j、m 和 n 的类型设为 long 或 int 类型，就不会出现这样的错误了。

（2）算术运算符中，比较容易引起溢出的是乘法运算符，但 C++语言不对溢出进行检查。因此，编写程序时，要特别注意包含有乘法的算术表达式的值，使其不要发生溢出错误。

2. 自增、自减运算符

C++语言还另外提供了两个用于算术运算的单目运算符：自增运算符++和自减运算符--。其功能是使变量的值增 1 或减 1。使用这两个运算符，可以让程序更为简化、更容易阅读。++和--运算符有一个特点，就是它们既可以位于变量名的左边（称为前自增、前自减），也可以位于变量名的右边（后自增、后自减），但结果却是不一样的。++和--运算有以下四种情况。

（1）i++：使用 i 之后，i 的值加 1，即先取值，后自加。

（2）++i：先使 i 加 1，然后再使用 i，即先自加，后取值。

（3）i--：使用 i 之后，i 的值减 1，即先取值，后自减。

（4）--i：先使 i 减 1，然后再使用 i，即先自减，后取值。

++和--运算符只能用于变量，不能用于常量和表达式，因为++和--蕴含着赋值操作。++和--运算符经常用于循环程序设计中。

注意：

（1）两个"+"或两个"-"号之间不能有空格。

（2）在程序设计中，使用"++"和"--"运算符时，应尽量避免多个"++"或"--"运算符的连续使用，否则会引起不必要的编译错误。

（3）++i是直接给i变量加1，然后返回i本身，因为i是变量，所以可以被赋值，因此是左值表达式；i++先产生一个临时变量，记录i的值，而后给i加1，接着返回临时变量，然后临时变量不存在了，所以，不能再被赋值，因此是右值表达式。

【例 2.4】 ++运算符使用举例。

```cpp
#include<iostream>
using namespace std;

int main()
{
    int i = 6, j, k;
    j = ++i;        // 先对变量i的自增，i的值变为7，之后把i的值7赋值给变量j
    k = i++;        // 先把变量i的值7赋给变量k，然后i的值自增，i的值变为8
    ++i = 1;        // ++i可以作为左值，执行完该语句后变量i的值为1
    cout<<"i = "<<i<<endl
        <<"j = "<<j<<endl
        <<"k = "<<k<<endl;

    return 0;
}
```

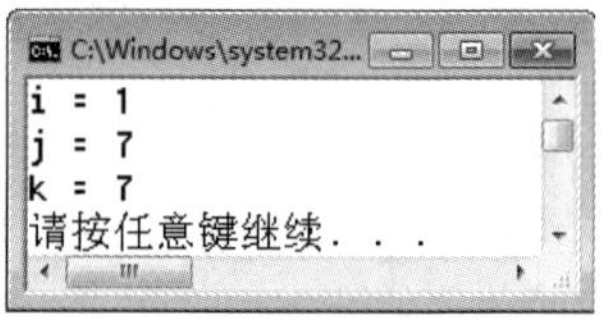

程序的运行结果如图2.5所示。

图 2.5　例 2.4 的运行结果

程序解析：

若程序中的语句"++i = 1;"改为"i++ = 1;"，则编译时会出错，提示为 error C2106 '=': left operand must be l-value，译为赋值号=的左操作数必须为左值，而i++为右值，所以会出错。

2.4.3　关系运算符和关系表达式

1. 关系运算符

关系运算符又称为比较运算符，因为关系运算实际上是比较大小的运算。C++语言提供了6种关系运算符，如表2.6所示。

表 2.6　关系运算符

运算符	说明	结合性	优先级
<	小于	左结合	这些关系运算符的优先级相同，但比下面的两个要高
<=	小于等于（注意，<和=之间没有空格）	左结合	
>	大于	左结合	
>=	大于等于（注意，>和=之间没有空格）	左结合	
==	等于（注意，=和=之间没有空格）	左结合	这些关系运算符的优先级相同，但比上面的四个要低
!=	不等于（注意，!和=之间没有空格）	左结合	

2. 关系表达式

用关系运算符连接的式子称为关系表达式。一般格式为：

表达式1　关系运算符　表达式2

关系表达式的值代表着某种关系的真假。例如，如果 x 的值是 10，那么，x > 5 的值是"真"，而 x < 1 的值是"假"。

对关系表达式，有以下几点说明。

（1）关系表达式的值是逻辑型的，即 bool 型。在 C++的算术运算中，把布尔数据当作整型数据，true 和 false 分别当作 1 和 0。如表达式 4 + (8 > 3)的值为 5。

（2）关系运算符两侧的表达式可以是算术表达式、关系表达式、逻辑表达式或赋值表达式。

（3）关系运算符的优先级低于算术运算符，而高于赋值运算符。

注意：

（1）关系运算符等于"=="与赋值运算符"="的意义完全不同，"=="是比较两个数值是否相等，而 "="则是强制将某个数值指定给变量，该变量必须无条件接受该数值（当然，数据类型不符或者发生其他错误时例外）。如果原本应该"=="的语句，误用成"=",则编译器不会将它视为错误，因为两者都是 C++语言合法的运算符，这种情况只有靠编程者自己谨慎对待了。假设基本整型变量 i 的初值为 2，则表达式 i == 3 的值为 false，而表达式 i = 3 的值为 3。

（2）由于浮点数在内存中表示一个近似值，所以一般不能直接进行比较。当需要对两个实数进行==或!=的比较时，通常的做法是指定一个极小的精度值，当两实数的差在这个精度之内时，就认为两实数相等，否则为不等。

若 x、y 均为 double 类型，则 x==y 应写成

```
fabs(x - y) < 1e - 6
```

或者

```
fabs(a - b) < FLT_EPSILON
```

其中,函数 fabs(x)的功能为求 double 型数 x 的绝对值,需要包含头文件 cmath。FLT_EPSILON 用于 float 类型，它是满足 x + 1.0 不等于 1.0 的最小的正数，需要包含头文件 cfloat。

2.4.4　逻辑运算符和逻辑表达式

1. 逻辑运算符

C++语言提供了与（&&）、或（||）、非（!）三种逻辑运算符，如表 2.7 所示。逻辑运算符实现逻辑运算，用于复杂的逻辑判断，一般以关系运算的结果作为操作数，操作数类型为 bool 型（当操作数为其他类型时，将其转换成 bool 值参与运算），返回类型也为 bool 型。

2. 逻辑表达式

用逻辑运算符连接起来的式子称为**逻辑表达式**，用于表示复杂的运算条件。而在逻辑表达式中作为参加逻辑运算的运算对象可以是 0（"假"）或任何非 0 的数值（按"真"对待）。

基本数据类型、运算符与表达式

表 2.7　逻辑运算符

运算符	说明	结合性	优先级
||	逻辑或，双目运算符（注意，两个|之间没有空格）	左结合	低
&&	逻辑与，双目运算符（注意，两个&之间没有空格）	左结合	中
!	逻辑非，单目运算符	左结合	高

对逻辑表达式，有以下几点说明：

（1）逻辑表达式的值是逻辑型的，即 bool 型。

（2）在逻辑运算中把非 0 数据当作 true，把 0 当作 false。

（3）当表达式进行"&&"运算时，只要有一个操作数为 false，表达式的值就为 false；"&&"的两个操作数均为 true 时，表达式的值才为 true。

（4）当表达式进行"\|\|"运算时，只要有一个操作数为 true，表达式的值就为 true；"\|\|"的两个操作数均为 false 时，表达式的值才为 false。

（5）若逻辑非"!"运算的操作数为 true，则逻辑非以后为 false；若逻辑非"!"运算的操作数为 false，则逻辑非以后为 true。

（6）逻辑运算符的优先级低于算术运算符和关系运算符，而高于赋值运算符。

注意：在逻辑表达式求值的过程中，并不是所有的运算都被执行。即：当一个逻辑表达式的后一部分的取值不会影响整个表达式的值时，后一部分就不会进行运算了，这种表达式称为**短路表达式**。这时采用"逻辑与"和"逻辑或"加快运算速度，因此，这两个运算符也称为**捷径运算符**。不过它们只是在某些条件下才发挥捷径作用，即"&&"运算符的左操作数为 false，或者"\|\|"运算符的左操作数为 true。

例如：

（1）在求解 a&&b&&c 的值时，只有 a 为 true 时，才会进一步计算 b 的值；只有 a 和 b 均为 true 时，才会计算 c 的值。如果 a 为 false，就不会继续计算 b 和 c 的值，因为整个表达式的值（false）已经确定了，b 和 c 的取值不会影响整个表达式的值。

（2）在求解 a\|\|b\|\|c 的值时，只有 a 为 false 时，才会进一步计算 b 的值；只有 a 和 b 均为假时，才会计算 c 的值。如果 a 为 true，就不会计算 b 和 c 的值，因为整个表达式的值（true）已经确定了，b 和 c 的取值不会影响整个表达式的值。

例如，如果有下面的逻辑表达式：

（m=a>b）&&（n=c>d）

当 a=1，b=2，c=3，d=4，m 和 n 的值为 1 时，由于 a>b 的值为 0，因此 m=0，而 n=c>d 不被执行，因此 n 的值不是 0 而仍保持原值 1。

2.4.5　条件运算符和条件表达式

条件运算符是 C++语言提供的唯一一个三目运算符，能够实现简单的选择功能。用条件运算符连接起来的式子称为**条件表达式**。条件表达式的格式如下：

表达式 1 ？表达式 2 ：表达式 3

条件表达式的运算规则为：如果表达式 1 的值为真，那么整个条件表达式的值就是表达式 2 的值，否则整个条件表达式的值是表达式 3 的值。

注意：条件表达式的返回类型是表达式 2 和表达式 3 中类型高（类型高指表示的数值范围大）的那种数据类型。

例如，有如下条件表达式：

```
4 > 6 ? 3 : 9           // 整个表达式的值为 9
4 > 6 ? 12.6 : 10       // 整个表达式的值为 double 类型的 10.0
```

思考：

（1）语句 "cout<<(4>6?12.6:10)%3<<endl;" 是否有错误？若有，为什么？如何改正？

（2）语句 "cout<< 4>6?12.6:10 <<endl;" 是否有错误？若有，为什么？如何改正？

【**例 2.5**】 程序要求用户输入一个字符，如果这个字符是小写字母，将这个字符转换成大写字母，否则字符不变。

```cpp
#include<iostream>
using namespace std;

int  main()
{
    char ch;
    cout<<"please input a character: ";
    cin>>ch;
    ch = ch >= 'a' && ch <= 'z' ? ch - 'a' + 'A' : ch;
     // 上述语句等价于 ch = ch >= 'a' && ch <= 'z' ? ch - 32 : ch;
    cout<<"The result is: "<<ch<<endl;

    return 0;
}
```

程序的运行结果如图 2.6 所示。

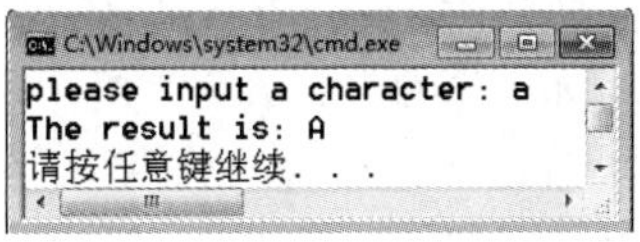

图 2.6　例 2.5 的运行结果

2.4.6　逗号运算符和逗号表达式

逗号运算符可以将多个表达式连接起来，其功能是从左向右求解各个表达式，而整个表达式的值为最后求解的表达式的值，它的类型也是最后一个表达式的类型。用逗号连接起来的表达式称为**逗号表达式**。逗号表达式的格式如下：

表达式 1，表达式 2，…，表达式 n

逗号运算符的优先级最低，并且具有左结合性。例如，逗号表达式 "3+5, 6+7" 的值是 13。逗号表达式在 C++程序中用途比较少，通常只用于 for 循环语句中。

2.4.7　位运算符

使用位运算符可以提高计算的灵活性与效率。位运算的运算分量只能是整型或字符型数据，位运算把运算对象看作是由二进位组成的位串信息，按位完成指定的运算，得到位串信息的结果。位运算分为按位逻辑运算和移位运算，如表 2.8 所示。

基本数据类型、运算符与表达式

表 2.8　逻辑运算符

运算符	含义	操作说明	结合性	优先级
~	按位取反	将操作数逐位取反	右结合	高
<<	左移	左操作数为移位数据对象，右操作数的值为移位位数。移位运算将左操作数看作由二进位组成的位串信息，对其作向左或向右移位，得到新的位串信息	左结合	
>>	右移			
&	按位与	0 & 0 = 0，0 & 1 = 0，1 & 0 = 0，1 & 1 = 1 即有 0 得 0，全 1 得 1		
^	按位异或	0 ^ 0 = 0，1 ^ 1 = 0，1 ^ 0 = 1，0 ^ 1 = 1 即相同为 0，相反为 1		
|	按位或	0 | 0 = 0，0 | 1 = 1，1 | 0 = 1，1 | 1 = 1 即有 1 得 1，全 0 得 0		低

注意：

（1）上述 6 个逻辑运算符中，只有按位取反运算符是单目运算符，其余均为双目运算符。

（2）移位运算分为算术移位和逻辑移位，算术移位是带符号数的移位，而逻辑移位是不带符号数的移位。移位运算又分为左移运算和右移运算。具体采用逻辑移位还是算术移位取决于不同的计算机系统。逻辑移位运算均补 0；而负数的补码算术左移补 0，右移补 1。

按位与运算有两种典型用法，一是取一个位串信息的某几位，如以下代码截取 x 的最低 7 位：x & 0177。二是让某变量保留某几位，其余位置 0，如以下代码让 x 只保留最低 6 位：x = x & 077。以上用法都先要设计好一个常数，该常数只有需要的位是 1，不需要的位是 0。用它与指定的位串信息进行按位与运算。

按位或运算的典型用法是将一个位串信息的某几位置成 1。取反运算常用来生成与系统实现无关的常数。

按位异或运算的典型用法是求一个位串信息的某几位信息的反。如欲求整型变量 j 的最右 4 位信息的反，用逻辑异或运算 017^j，就能求得 j 最右 4 位的信息的反，即原来为 1 的位，结果是 0，原来为 0 的位，结果是 1。

在二进制数运算中，在信息没有因移动而丢失的情况下，每左移 1 位相当于乘 2。如 4 << 2，结果为 16。与左移相反，对于小整数，每右移 1 位，相当于除以 2。

2.5　类型转换

程序中通常都会使用多种不同数据类型的变量或常量，不同的数据类型所使用的内存大小以及处理数据的方式都不相同。因为 C++语言拥有丰富的数据类型，所以程序设计可以依据需要选择不同的数据类型。如果要处理复杂的混合数据类型运算，可以使用 C++语言提供的两种数据类型转换方式：自动类型转换和强制类型转换。

2.5.1　自动类型转换

比起其他的高级编程语句，C++语言能很宽容地对待包含有不同数据类型的表达式，在大多数的情况下，C++可以自动转换数据类型。

自动转换数据类型有一定的规则，类型转换的基本原理就是将范围小的数据类型（低级别）转换成范围大的数据类型（高级别），因为范围大的数据类型才能容纳计算的结果，否则会影响数据的精度。

自动类型转换规则如图 2.7 所示。

图 2.7　数据类型转换规则示意图

图 2.7 中，纵向箭头是肯定要进行的转换，如 char 和 short 类型肯定要转换成 int 型。而横向箭头表示当运算对象为不同类型时转换的方向。此外，还有以下的自动类型转换。

（1）在赋值运算中，赋值号两边的数据类型不同时，赋值号右边量的类型将转换为左边量的类型。这样可能丢失一部分数据，或降低精度。

（2）逻辑运算符要求参与运算的操作数必须是 bool 型，如果操作数是其他类型，编译系统会自动将非 0 数据转换为 true，0 转换为 false。

（3）位运算的操作数必须是整数，当二元位运算的操作数是不同类型的整数时，也会自动进行类型转换。

（4）将 unsigned 型和同长度的 signed 型互变时，其值根据自身所属范围发生适当的变化。例如：

```
unsigned int a = -32;
cout<<"a = "<<a<<endl;
```

上述两条语句的执行结果为：

```
a = 4294967264
```

【例 2.6】　指出下面程序代码段中每条语句的执行结果。

```
char ch = 'c';        // 定义字符型变量 ch，并进行初始化
int a, b = 13;        // 定义基本整型变量 a 和 b，并对变量 b 进行初始化
float x, y;           // 定义 float 型变量 x 和 y
x = y = 2.0;          /*变量 x 和 y 均均赋值为 float 型的 2.0,此处把 double 类型的 2.0
                         自动转换成 float 型的 2.0,编译时会有警告信息*/
a = ch + 5;           /* a 赋值为 104，ch 先转化为 int 型（即取字符 c 的 ASCII 值），再
                         参与运算*/
x = b / 2 / x;        // x 赋值为 3.0，先做整除运算，然后再转换成 double 与 x 运算
y = b / y / 2;        /* y 赋值为 3.25，b 和 y 先转换成 double 型再做除法，同时 2 也转
                         化成 double 型，然后做除法运算*/
```

基本数据类型、运算符与表达式

2.5.2 强制类型转换

有时想有意识地改变某个表达式的数据类型，就需要强制类型转换。强制类型转换可以使用下列两种格式：

(数据类型)表达式

或

数据类型(表达式)

第一种是 C 语言使用的格式，第二种是 C++语言使用的格式。

【例 2.7】 强制类型转换示例。

```cpp
#include<iostream>
using namespace std;
int main()
{
    int ab, ac;
    double b = 3.14;
    char c = 'A';
    ab = int(b);
    ac = int(c);
    cout<<"b = "<<b<<endl;
    cout<<"ab = "<<ab<<endl;
    cout<<"c = "<<c<<endl;
    cout<<"ac = "<<ac<<endl;

    return 0;
}
```

程序的运行结果如图 2.8 所示。　　　　　　　　　图 2.8　例 2.7 的运行结果

注意：

（1）通过强制类型转换，得到一个所需类型的中间值，原来变量的类型并未改变。

（2）采用强制类型转换转换为低类型数据时，数据精度可能会受到损失。

如例 2.7 中，"ab = int(b);"语句将变量 b 从 double 类型的 3.14 转换为 int 类型的中间值 3，并将其赋给变量 ab，而变量 b 本身的类型不变，仍为 double，因此输出 b = 3.14。

变量 c 原本为字符型，转换成中间值 int 类型时，其值为字符 A 的 ASCII 码值 65，输出 ac = 65，而变量 c 本身的类型不变，仍为 char，输出 c = A。

习　　题

1. 判断下面哪些是不合法的标识符，请指出错误。

A_var 2_test char# total_book.c

2. 举例说明字符常量和字符串常量有何区别。

3. 求下列表达式的值。

（1） int e=1, f=4, g=2;

```
float m=10.5, n=4.0, k;
k=（e+f）/g+sqrt（（double）n）*1.2/g+m
```
（提示：sqrt 是一个开平方数学函数）

（2）
```
float x=2.5, y=4.7;
int a=7;
x+a%3*（int（x+y）%2)/4
```

基本数据类型、运算符与表达式

第 3 章 结构化程序设计

3.1 C++语言输入输出流

在 C++语言中，将数据从一个对象到另一个对象的流动抽象为"流"。从流中获取数据的操作称为提取操作，向流中添加数据的操作称为插入操作。数据的输入输出是通过输入输出（I/O）流来实现的。

C++语言提供了输入输出流机制，完成对输入输出的操作管理，包括流输入和流输出。cin 和 cout 是预定义的流对象。cin 用来处理标准输入，即键盘输入；cout 用来处理标准输出，即屏幕输出。由于 cin 和 cout 被定义在 iostream 头文件中，在使用它们之前，要用编译预处理命令#include 将 iostream（即所使用的头文件）包括到用户的源程序中，即源文件中须有：

```
#include<iostream>
using namespace std;
```

3.1.1 C++语言无格式输入输出

1. 无格式输出 cout

"<<"是预定义的**插入运算符**，也称为**输出运算符**，使用"<<"向 cout 输出流中插入数据，便可实现在屏幕上显示输出。格式如下：

cout<<表达式 1<<表达式 2 … <<表达式 n;

或分成多行：

```
cout<<表达式 1
    <<表达式 2
    …
    <<表达式 n;     // 输出效果同单行格式
```

在输出语句中，可以连续使用多个插入运算符，输出多个数据项。

【例 3.1】 无格式输出 cout 举例一。

```
#include<iostream>
using namespace std;

int main()
{
    cout<<"This is a program.\n";
    cout<<"This"<<"is"<<"a"<<"program.\n";  // 连续使用多个插入操作符
    cout<<"This"
```

```
        <<"is"
        <<"a"
        <<"program.\n";

        return 0;
}
```

图 3.1 例 3.1 的运行结果

程序的运行结果如图 3.1 所示。

在插入运算符后面可以写任意复杂的表达式，系统会自动计算出它们的值，并传递给插入运算符。

【例 3.2】 无格式输出 cout 举例二。

```
#include<iostream>
using namespace std;

int main()
{
    int a=10;
    int b=20;
    int c=30;
    cout<<"a = "<<a<<"\n"
        <<"b = "<<b<<"\n"
        <<"c = "<<c<<"\n"
        <<"(a + c) / (2 * b) = "<<(a + c) /(2 * b)<<"\n";

    return 0;
}
```

程序的运行结果如图 3.2 所示。

2. 无格式输入 cin

"＞＞"是预定义的提取运算符，使用"＞＞"从 cin 输入流中提取数据，便可实现键盘输入。格式如下：

图 3.2 例 3.2 的运行结果

cin>>数据 1>>数据 2 … >>数据 n;

也可写成多行：

cin>>数据 1
    >>数据 2
    …
    >>数据 n;

cin 在用于输入数据时，能自动识别变量位置和类型。例如：

float f; long l;
cin>>f>>l;

cin 能知道提取变量的数据类型，它将对 f、l 分别给出一个浮点型和长整型数。

【例 3.3】 无格式的输入输出 cin、cout 使用示例（输入两个数，求这两个数的平均值）。

```
#include<iostream>
using namespace std;
```

```
int main()
{
    int n1, n2;
    cout<<"Please input two numbers: ";
    cin>>n1>>n2;       // 键入数据，两数之间用空格或回车键或 Tab 键分隔
    cout<<"The average of the two numbers is "<<(n1 + n2) / 2.0<<"\n";

    return 0;
}
```

程序的运行结果如图 3.3 所示。

程序解析：

该程序最后输出两个数的平均值，使用的是表达式 (n1 + n2) / 2.0，若把此表达式改为(n1 + n2) / 2，则输出的不一定是两个数的平均值。如果平均值刚好为整数，则结果正确，若有小数部分，则结果不正确。

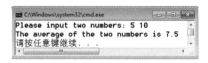

图 3.3　例 3.3 的运行结果

3.1.2　C++语言格式输入输出

当使用 cin、cout 进行数据的输入和输出时，不管处理何种类型的数据，都能自动按照默认格式处理。但需要按特定的格式输入输出时，默认格式就不能满足要求了。

例如：

```
double pi=3.1415;
```

如果需要输出 pi 并换行，设置域宽为 5 个字符，小数点后保留两位有效数字，则简单使用如下语句就不能满足上述要求：

```
cout<<pi<<"\n";         // 系统默认显示 6 位有效数字
```

为此 C++提供了控制符（manipulators），用于对输入输出流的格式进行控制。使用控制符，把上述语句改为如下形式则可以满足要求：

```
cout<<setw(5)<<setprecision(3)<<pi<<endl;
```

控制符是在头文件 iomanip 中预定义的对象，可以直接插入流中。使用控制符时，要在源文件中添加#include<iomanip>预处理命令。

输入输出流的常用控制符如表 3.1 所示。

表 3.1　输入输出流的常用控制符

分类	控制符	描述	备注
换行	endl	插入换行符并刷新流	
进制	dec	数值数据采用十进制表示	默认
	hex	数值数据采用十六进制表示	
	oct	数值数据采用八进制表示	
	setbase(n)	设定以 n 进制显示，n 为 8、10 或 16	

分类	控制符	描述	备注
字母大小写	uppercase	设置十六进制和科学计数法中的字母大写显示	
	nouppercase	十六进制和科学计数法中的字母小写显示	默认
对齐	left	在域中左对齐，填充字符加到右侧	
	right	在域中右对齐，填充字符加到左侧	默认
	internal	数字的符号在域中左对齐，数字在域中右对齐，填充字符加到中间	
浮点数显示	fixed	用小数方式显示浮点数	默认
	scientific	用科学计数法显示浮点数	
小数点	showpoint	强制显示小数点和无效 0	
	noshowpoint	清除 showpoint，不显示小数部分为 0 的数的小数点和无效 0	默认
正号	showpos	强制显示正数符号	
	noshowpos	不显示正数符号	默认
布尔值	boolalpha	分别以 true 和 false 字符串形式表示"真"与"假"	
	noboolalpha	用数字（0 和 1）表示 bool 型数	默认
域宽	setw(n)	设置域宽为 n 个字符	
填充字符	setfill(c)	设置域中空白的填充字符为 c	默认为空格
浮点数精度	setprecision(n)	设置输出的有效数字位数或小数点后数字位数为 n	默认为 6
设置格式	setiosflags(flag)	设置格式标志	
取消设置格式	resetiosflags(flag)	取消设置格式标志 flag	

注意：

（1）使用"cout<<left;"和"cout<<setiosflags(ios::left);"效果是一样的，其他的控制符类似。

（2）如果设置的是 scientific 或 fixed 的输出格式，则 setprecision(n)设置的 n 值是指小数点后的位数。如果输出格式是自动的（既不设置成 scientific，也不设置成 fixed），则 n 值表示设置总的有效位数（包括整数部分和小数部分，但不包括小数点），此设置直到下一次重新设置才改变。

下面举例说明控制符用法。

【例 3.4】 换行符 endl 的使用示例。

```cpp
#include<iostream>
using namespace std;

int main()
{
    cout<<"河北建筑工程学院"<<endl; // endl 相当于'\n'，使以后的输出换行显示
    cout<<"计算机系"<<endl;

    return 0;
}
```

程序的运行结果如图 3.4 所示。

图 3.4 例 3.4 的运行结果

【例 3.5】 使用控制符 hex、oct 和 dec 控制输出八进

制数、十六进制数和十进制数示例。

```cpp
#include<iostream>
#include<iomanip>
using namespace std;

int  main()
{
    int x=30, y=300, z=1024;
    cout<<"Decimal:"<<'\t'
        <<"x = "<<x<<"\t\t"
        <<"y = "<<y<<"\t\t"
        <<"z = "<<z<<endl;                   //按十进制数输出
    cout<<"Octal:"<<"\t\t"<<oct
        <<"x = "<<x<<"\t\t"
        <<"y = "<<y<<"\t\t"
        <<"z = "<<z<<endl;                   //按八进制数输出
    cout<<"Hexadecimal:"<<'\t'<<hex
        <<"x = "<<x<<"\t\t"
        <<"y = "<<y<<"\t\t"
        <<"z = "<<z<<endl;                   //按十六进制数输出
    cout<<setiosflags(ios::uppercase);       //设置数值中字母大写输出
    cout<<"Hexadecimal:"<<'\t'
        <<"x = "<<x<<"\t\t"
        <<"y = "<<y<<"\t\t"
        <<"z = "<<z<<endl;                   //仍按十六进制数输出
    cout<<resetiosflags(ios::uppercase);     //设置数值中字母小写输出
    cout<<"Hexadecimal:"<<'\t'
        <<"x = "<<x<<"\t\t"
        <<"y = "<<y<<"\t\t"
        <<"z = "<<z<<endl;                   //仍按十六进制数输出
    cout<<"Decimal:"<<'\t'<<dec
        <<"x = "<<x<<"\t\t"
        <<"y = "<<y<<"\t\t"
        <<"z = "<<z<<endl;                   //恢复按十进制数输出

    return 0;
}
```

程序的运行结果如图 3.5 所示。

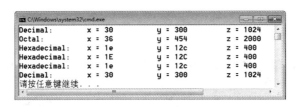

图 3.5   例 3.5 的运行结果

【例 3.6】 使用 setw 设置值的输出宽度示例。

```cpp
#include<iostream>
```

```
#include<iomanip>
using namespace std;

int main()
{
    int a = 10;
    int b = 1000;
    cout<<setw(5)<<a<<endl
        <<setw(2)<<b<<endl;

    return 0;
}
```

图 3.6　例 3.6 的运行结果

程序的运行结果如图 3.6 所示。

说明：

（1）setw 操作符用来设置输出域宽，若空间多余则向右对齐；若空间不够，则按数据实际长度输出。

（2）setw 操作符只对紧接其后的待输出变量有效。如下列程序代码段：

```
int a = 10, b=1000;
cout<<setw(5)<<a<<b<<endl;
// setw(5)只对 a 有效，输出结果第一位数字前有三个空格
```

代码段的运行结果如图 3.7 所示。

图 3.7　程序代码段的运行结果

【例 3.7】　用 setfill 控制符设置填充字符示例。

```
#include<iostream>
#include<iomanip>
using namespace std;

int  main()
{
    cout<<setfill('*')      // 设置填充符号为"*"
        <<setw(2)<<"OK"<<endl
        <<setw(3)<<"OK"<<endl
        <<setw(4)<<"OK"<<endl;
    cout<<setfill(' ');     // 恢复默认设置，填充空格
    cout<<setw(5)<<"OK"<<endl;

    return 0;
}
```

程序的运行结果如图 3.8 所示。

【例 3.8】　控制浮点数值显示示例。

```
// 本程序分别用浮点、定点和指数的方式表示一个实数
#include<iostream>
#include<iomanip>
using namespace std;

int  main()
{
    double test = 22.0 / 7;
```

图 3.8　例 3.7 的运行结果

```
        cout<<test<<endl;          // C++默认的输出数值有效位为6，输出3.14286
        cout<<setprecision(0)<<test<<endl        // 输出3.14286
            <<setprecision(1)<<test<<endl        // 输出3
            <<setprecision(2)<<test<<endl        // 输出3.1
            <<setprecision(3)<<test<<endl        // 输出3.14
            <<setprecision(4)<<test<<endl;       // 输出3.143
        cout<<"----------"<<endl;
        cout<<setiosflags(ios::fixed)<<setprecision(0)<<test<<endl;// 输出3
        cout<<setprecision(4)<<test<<endl;       // 输出3.1429
        cout<<resetiosflags(ios::fixed);         // 取消定点数输出
        cout<<setiosflags(ios::scientific)<<test<<endl;// 输出3.1429e+000
        cout<<resetiosflags(ios::scientific);// 取消科学记数法显示
        cout<<setprecision(6);                   // 重新设置成C++默认输出数值有效位

        return 0;
}
```

程序的运行结果如图3.9所示。

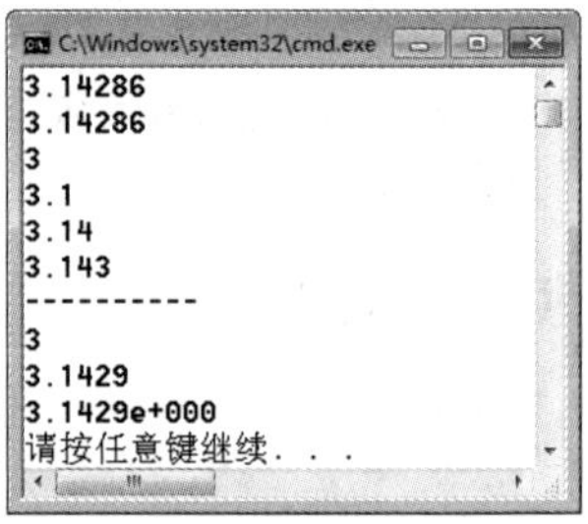

程序解析：

如果设置的输出格式是自动的（既不是scientific也不是fixed），则setprecision(0)中的0值是无效的，使用系统默认的6位有效数字进行输出，所以该例中第2行的输出为3.14286；如果设置的输出格式是scientific或fixed，则0表示输出结果不包含小数部分，所以例3.8中倒数第3行的输出为3。

图3.9 例3.8的运行结果

【例3.9】 对齐输出示例。

```cpp
#include<iostream>
#include<iomanip>
using namespace std;

int main()
{
    cout<<right                        // 设置右对齐输出，空格在前
        <<setw(5)<<-1
        <<setw(5)<<2
        <<setw(5)<<3<<endl;
    cout<<left                         // 设置左对齐输出，空格在后
        <<setw(5)<<-1
        <<setw(5)<<2
        <<setw(5)<<3<<endl;
    cout<<internal
        <<setw(5)<<-1
        <<setw(5)<<2
        <<setw(5)<<3<<endl;

    return 0;
}
```

程序的运行结果如图 3.10 所示。

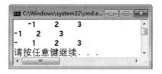

图 3.10 例 3.9 的运行结果

注意：系统默认是右对齐。设置对齐时，最好直接使用语句 "cout<<left;" "cout<<right;" 和 "cout<<internal;"，这样可使输出结果无误。如果连续使用函数 setiosflags(flag)（其中的 flag 使用 ios::left、ios::right 或 ios::internal）来设置对齐方式，则第二个 setiosflags() 函数不起作用，具体可使用下述三种方法进行修正。

方法一：直接使用 "cout<<left;" "cout<<right;" 和 "cout<<internal;" 语句。建议使用此方法。

方法二：在两个函数之间使用 setiosflags(ios::adjustfield) 来调节。

方法三：使用 resetiosflags(flag) 来取消原来设置的格式。不建议使用此方法，因为使用 resetiosflags(ios::right) 可能会与 resetiosflags(ios::left) 产生冲突，从而以默认方式处理。

例 3.9 程序若改为：

```
****************************************
*连续使用函数 setiosflags(flag)的效果举例*
****************************************
#include<iostream>
#include<iomanip>
using namespace std;

int main()
{
    cout<<setiosflags(ios::right)        // 设置右对齐输出，空格在前
        <<setw(5)<<-1
        <<setw(5)<<2
        <<setw(5)<<3<<endl;
    cout<<setiosflags(ios::left)         // 此时设置的格式不起作用
        <<setw(5)<<-1
        <<setw(5)<<2
        <<setw(5)<<3<<endl;
    cout<<setiosflags(ios::internal)     // 此时设置的格式不起作用
        <<setw(5)<<-1
        <<setw(5)<<2
        <<setw(5)<<3<<endl;

    return 0;
}
```

上述程序的运行结果如图 3.11 所示。

提示：I/O 流默认为右对齐显示内容。

【**例 3.10**】 强制显示小数点示例。

```
#include<iostream>
#include<iomanip>
using namespace std;

int main()
{
    double x = 66, y = -8.246;
```

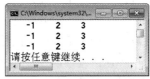

图 3.11 连续使用函数 setiosflags() 的运行结果

```
cout<<"x = "<<x<<"\t\t"
    <<"y = "<<y<<endl;
cout<<setiosflags(ios::showpoint);  // 设置强制显示小数点和无效 0
cout<<"x = "<<x<<'\t'
    <<"y = "<<y<<endl;

return 0;
}
```

程序的运行结果如图 3.12 所示。

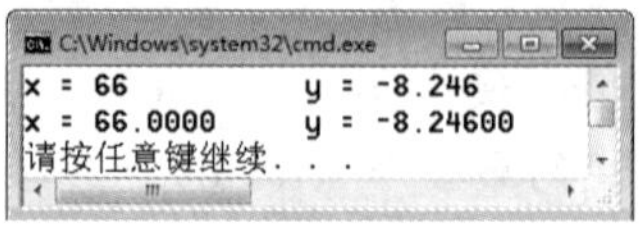

图 3.12　例 3.10 的运行结果

【例 3.11】 强制显示数值符号示例。

```
#include<iostream>
#include<iomanip>
using namespace std;

int main()
{
    double x = 66, y = -8.246;
    cout<<"x = "<<x<<"\t\t"
        <<"y = "<<y<<endl;
    cout<<setiosflags(ios::showpos);    // 设置强制显示正号
    cout<<"x = "<<x<<"\t\t"
        <<"y = "<<y<<endl;

    return 0;
}
```

程序的运行结果如图 3.13 所示。

提示：默认时，I/O 流仅在负数之前显示值的符号。

图 3.13　例 3.11 的运行结果

3.2　结构化程序设计概述

　　1966 年，Bohm 和 Jacopini 首次证明了只要三种控制结构，就能表达一个入口和一个出口的框图（流程图）所能表达的任何程序逻辑。这三种控制结构是顺序结构、选择结构和循环结构。1968 年 Dijksrea 建议：goto 语句太容易把程序弄乱，应从一切高级语言中去掉，只用三种基本控制结构就可以编写各种程序，这样的程序可以自顶向下阅读而不会返回。这促进了一种新的程序设计思想、方法和风格的形成，从而十分明显地提高了软件生产效率，降低了软件维护的代价。

　　1972 年，Mills 进一步提出程序只应有一个入口和一个出口，从而补充了结构化程序设计的规则。结构化程序设计的概念和方法，以及支持这些方法的一整套软件工具，就构成了所谓的"结构化革命"。这是存储程序计算机问世以来对计算机界影响最大的一个软件概念。

　　自提出结构化程序设计的概念后，经过多年的发展，结构化程序设计已经具有很广泛的内容和特有的设计方法。用结构化程序设计方法编写的程序不仅结构良好，易写易读，而且易于证明其正确性。

　　模块化设计技术与方法是程序设计中应用最早的一种重要方法，它早在使用低级语言时期就已出现，但是，只有在结构化程序设计中，这种技术与方法才得以发展、充实、提高与完善。

模块化程序设计方法是指在程序设计中，将一个复杂的算法（或程序）分解成若干个相对独立、功能单一的模块，利用这些模块可适当地组合成所需的全局算法（或程序）。这里所说的模块是一个可供调用（即让其他模块调去使用）的相对独立的操作块（或程序段），每个模块都是由三种基本结构组成的结构化模块。在模块化结构中，整个系统犹如搭积木一样，是由各模块适当组合而成。模块之间的相对独立性，使每个模块均可各自独立地进行分析、设计、编写、调试、修改和扩充，并且不会影响其他模块和全局算法（或程序），这表明模块化结构不仅使复杂的软件研制工作得以简化，缩短开发周期，节省开发费用，提高软件质量，而且还可以有效地防止模块间错误的扩张，增加整个系统的稳定性与可靠性，同时，还可使软件具备结构灵活、便于组装、层次分明、利于维护以及条理清晰、容易理解的优点。在结构化程序中常常用模块化结构来组织程序，图 3.14 给出了用模块化结构组织程序的示意图。

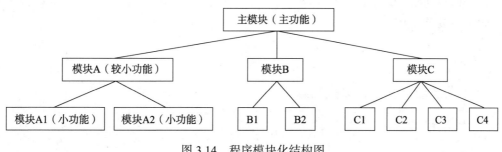

图 3.14　程序模块化结构图

3.3　顺序结构程序设计

3.3.1　顺序结构

顺序结构是最简单、最基本的结构。在顺序结构中，顺序执行各条语句。图 3.15 表示了一个顺序结构形式，从图中可以看出它有一个入口 a 点，一个出口 b 点，在结构内 A 框和 B 框都是顺序执行的处理框。

【例 3.12】　顺序结构程序示例（求表达式的值）。

```cpp
#include<iostream>
using namespace std;

int main()
{
    int a,b,result;
    cout<<"please input two numbers:";
    cin>>a;
    cin>>b;
    result = 3 * a - 2 * b + 1;
    cout<<"the result is: "<<result<<endl;
```

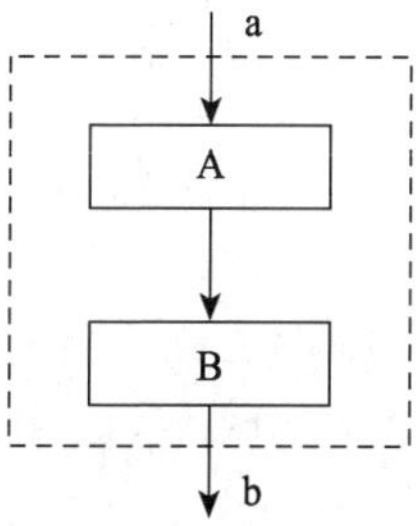

图 3.15　顺序结构示意图

```
        return 0;
    }
```

程序的运行结果如图 3.16 所示。

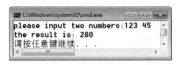

图 3.16 例 3.12 的运行结果

在 C++语言中，实现顺序结构除了一般的语句外，如表达式语句（表达式尾部加上分号）、变量定义语句、输入输出语句和函数的调用语句，还有两种特殊形式的语句：空语句和复合语句。

1. 空语句

C++语言中，只有一个分号的语句称为**空语句**，即

```
;
```

它在语法上要占据一条语句的位置，但它没有任何功能操作。

2. 复合语句

复合语句也称为块语句，由花括号"{}"括起来的多条语句组成，在语法上它等价于一条语句，一般形式为：

```
{
    语句1；
    语句2；
    …
    语句n；
}
```

注意：右花括号"}"外面不再需要分号。

3.3.2 程序举例

【例 3.13】 将输入的一个三位正整数进行逆转，例如，输入 123，输出 321。

```cpp
#include<iostream>
using namespace std;

int main()
{
    int n,i,j,k,result;
    cout<<"输入一个三位正整数：  ";
    cin>>n;
    int temp = n;
    i = temp / 100;                    // 求百位数 i
    temp -= i * 100, j = temp / 10;    // 求十位数 j
    k = temp - j * 10;                 // 求个位数 k
    result = k * 100 +j * 10 + i;      // 求逆转数 result
    cout<<n<<" 的逆转数为: "<<result<<endl;   // 显示逆转数

    return 0;
}
```

程序的运行结果如图 3.17 所示。

【例 3.14】 在屏幕上显示字符串 "欢迎使用 VC++!"，
并响铃三次。

图 3.17　例 3.13 的运行结果

```cpp
#include<iostream>
using namespace std;

int main()
{
    cout<<"欢迎使用 VC++!"<<endl;
    cout<<"\a\a\a";                // 完成响铃三次

    return 0;
}
```

该程序运行时，在屏幕上显示字符串 "欢迎使用 VC++!"，并且响铃三次。

【例 3.15】 复合语句示例。

```cpp
#include<iostream>
using namespace std;

int main()
{
    int x = 10;
    cout<<"x = "<<x<<endl;
    {
        int x = 20;
        cout<<"x = "<<x<<endl;
    }
    cout<<"x = "<<x<<endl;

    return 0;
}
```

程序的运行结果如图 3.18 所示。

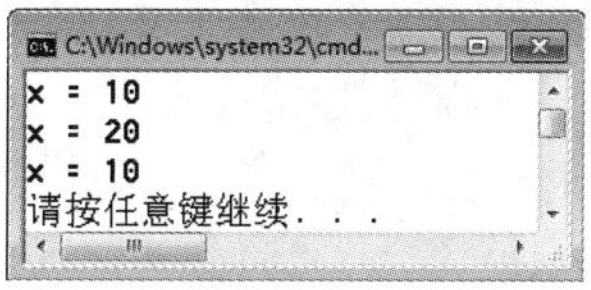

图 3.18　例 3.15 的运行结果

程序解析：

程序中的代码段：

```cpp
    {
        int x=20;
        cout<<x<<endl;
    }
```

为复合语句，当复合语句内定义的变量和复合语句外定义的变量同名时，在复合语句范围内，
复合语句内定义的变量有效；在复合语句范围外，复合语句外定义的变量有效。

【例 3.16】 求方程 $ax^2+bx+c=0$ 的根，其中 a、b、c 由键盘输入，设 $b^2-4ac>0$。

```cpp
#include<iostream>
#include<cmath>
using namespace std;

int main()
```

47

第 3 章

结构化程序设计

```
{
    double a,b,c,x1,x2,disc,p,q;
    cout<<"请输入方程三个系数 a、b、c 的值: ";
    cin>>a>>b>>c;
    disc = b * b - 4 * a * c;
    p = -b / (2 * a);
    q = sqrt(disc) / (2 * a);
    x1 = p + q;
    x2 = p - q;
    cout<<"方程的根为: "<<x1<<'\t'<<x2<<endl;

    return 0;
}
```

程序的运行结果如图 3.19 所示。　　　　　　　图 3.19　例 3.16 的运行结果

3.4　选择结构程序设计

实际应用中，经常遇到需要根据不同情况进行处理的问题。例如，大学生交纳学费时，应按不同的专业交纳不同的学费；调整职工工资时，应按不同的级别进行调整。可以通过选择结构来解决这些问题。选择语句包括 if 语句和 switch 语句两种。

3.4.1　用 if 语句实现选择结构设计

1. if 语句的基本形式

在 C++语言中 if 语句有两种基本形式，如下所述。

1）基本形式一

```
if (表达式)
    语句
```

其中，表达式通常为关系表达式或逻辑表达式，也可以是其他表达式。其执行过程是，首先计算表达式的值，若表达式的值为 true（非 0），则执行语句；否则，跳过语句，整个 if 语句终止执行，然后执行 if 语句的后续语句。

2）基本形式二

```
if (表达式)
    语句1
else
    语句2
```

其执行过程是，首先计算表达式的值，若表达式的值为 true（非 0），则执行语句 1，否则执行语句 2。

图 3.20 表示了用 if 语句实现选择结构的流程。其中菱形框表示条件判断，矩形框表示处理语句，带箭头的连线表示执行走向。图 3.20（a）和图 3.20（b）分别表示省略和带有 else 部分的流程。

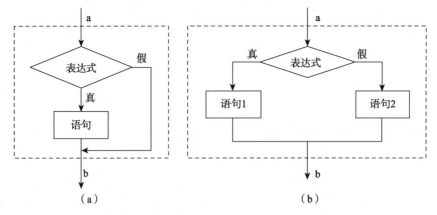

图 3.20　选择结构示意图

注意：

（1）if 语句中，表达式两侧的圆括号"()"不能省略。在两种基本形式的 if 语句中，作为条件判断的表达式可以是单个变量、关系表达式或逻辑表达式。

（2）作为子句的语句 1 或语句 2 可以是简单语句、空语句或复合语句。如果是复合语句，则应当用花括号"{}"括起来。在 if 语句的第二种形式中，如果语句 1 是复合语句，若省略花括号"{}"，则编译时会出错，提示"没有匹配 if 的非法 else"。如果语句 2 是复合语句，若省略花括号"{}"，则运行结果会出错。请读者对不同情况加以测试。

【例 3.17】　从键盘上输入两个数，输出其中较大的数。

```cpp
#include<iostream>
using namespace std;

int main()
{
    int a,b,max;
    cout<<"请输入两个数：";
    cin>>a>>b;
    max = b;
    if(a > b)
        max = a;
    cout<<a<<" 和 "<<b<<" 中的最大值为："<<max<<endl;

    return 0;
}
```

程序的运行结果如图 3.21 所示。

程序解析：

（1）执行 if 语句时，首先判断 a 是否大于 b。若 a 大于 b，则执行"max = a;"语句，结果输出 a 的值；否则不执行"max = a;"语句，结果输出 b 的值。

（2）程序中的代码段：

```cpp
    max = b;
    if(a > b)
```

图 3.21　例 3.17 的运行结果

结构化程序设计

```
        max = a;
```

也可以改写为：

```
    if(a > b)
        max = a;
    if(a < b)
        max = b;
```

但是这样需要进行两次判断，程序的执行效率不高。

【例 3.18】 使用 if-else 结构形式改写例 3.17。

```
#include<iostream>
using namespace std;

int main()
{
    int a,b,max;
    cout<<"请输入两个数: ";
    cin>>a>>b;
    if(a > b)
        max = a;
    else
        max = b;
    cout<<a<<" 和 "<<b<<" 中的最大值为: "<<max<<endl;

    return 0;
}
```

程序的运行结果同图 3.21 所示。

2. if 语句的嵌套

if 语句中的任何一个子句可以是任意可执行语句，当然也可以是一条 if 语句，这种情况称为 if 语句的嵌套。当出现 if 语句嵌套时，不管书写格式如何，else 都将与它前面最靠近的未曾配对的 if 语句相配对，构成一条完整的 if 语句。

可以在第一个 if 语句中的 else 后，放上第二个 if 语句；在第二个 if 语句中的 else 后，再放上第三个 if 语句；以此类推，构成如图 3.22 所示的嵌套形式。常用的嵌套格式如下所示。

```
if(表达式 1)语句 1
else if(表达式 2)     语句 2
        …
else if(表达式 n)     语句 n
else     语句 n+1
```

在这种嵌套形式中，若表达式 1 的值为 true，则执行语句 1；若为 false，则判断表达式 2。若表达式的值为 true，则执行语句 2；若为 false，则判断下一个 if 语句。若所有表达式的值都为 false，则执行语句 n+1，即 if 语句中的第 n 个 else 部分。

【例 3.19】 嵌套 if 语句的使用示例。

该程序使用嵌套形式的 if 语句，根据学生的考分来划分成绩的优、良、及格、不及格，分别用 A、B、C、D 表示，并按如下规定划分，即 90 分以上（包含 90 分）为 A，80～89 分

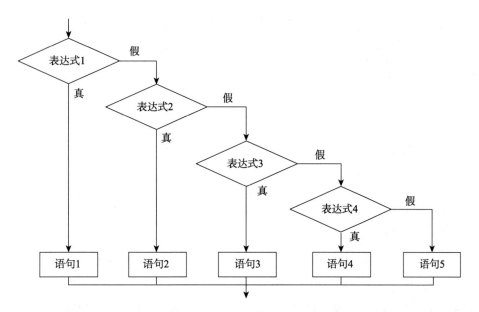

图 3.22 if 语句嵌套形式

（包含 80 分）为 B，60～79 分（包含 60 分）为 C，60 分以下为 D。

```cpp
#include<iostream>
using namespace std;

int main()
{
    int score;
    char grade;
    cout<<"请输入学生百分制成绩: ";
    cin>>score;
    if(score >= 90) grade = 'A';
    else if(score >= 80) grade = 'B';
    else if(score >= 60) grade = 'C';
    else grade = 'D';
    cout<<"grade = "<<grade<<endl;

    return 0;
}
```

图 3.23 例 3.19 的运行结果

程序的运行结果如图 3.23 所示。

除了上述形式的嵌套 if 语句外，还可以采用其他形式的嵌套 if 语句。如：

（1） if(表达式 1)
    {
        if(表达式 2)
            语句 1
    }
    else
        语句 2   // else 和第一个 if 相匹配

结构化程序设计

（2） if(表达式 1)
```
    {
        if(表达式 2)
            语句 1
        else
            语句 2
    }
```
（3） if(表达式 1)
```
    {
        if(表达式 2)
            语句 1
        else
            语句 2
    }
    else
        语句 3
```

这些形式可以实现不同情况的选择，请读者尝试画出这些嵌套形式的执行流程图。

【例 3.20】 编写程序计算下列分段函数的值（使用嵌套 if 语句）。

$$y = \begin{cases} 1 & x > 0 \\ -1 & x < 0 \\ 0 & x = 0 \end{cases}$$

```cpp
#include<iostream>
using namespace std;

int main()
{
    int x,y;
    cout<<"请输入 x 的值: ";
    cin>>x;
    if(x)                    // 外层 if 语句，等价于 if(x!=0)
    {
        if(x > 0)            // 内层 if 语句
            y = 1;
        else                 // 与内层 if 配套
            y = -1;
    }
    else                     // 与外层 if 配套
        y = 0;
    cout<<"x = "<<x<<"\t"<<"y = "<<y<<endl;

    return 0;
}
```

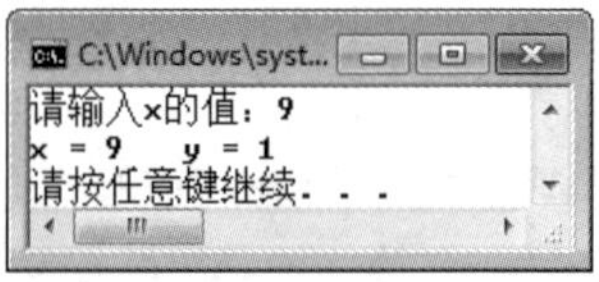

程序的运行结果如图 3.24 所示。

图 3.24　例 3.20 的运行结果

3.4.2 用 switch 语句实现选择结构设计

switch 语句是**多分支选择语句**，又称开关语句。if 语句是二分支选择语句，但在实际问题中常常需要用到多分支的选择。例如，学生成绩分类（90 分以上为 A，80~89 分为 B，60~79 分为 C，60 分以下为 D）、人口统计分类（按年龄分为老、中、青、少、幼）等。嵌套的 if 语句也可以处理多分支选择，但是使用 switch 语句更加直观。

switch 语句的一般形式如下：

```
switch(表达式)
{
    case 常量表达式 1:
        语句块 1
        break;
    case 常量表达式 2:
        语句块 2
        break;
            ...
    case 常量表达式 n:
        语句块 n
        break;
    default:
        语句块 n+1
}
```

图 3.25 描述了 switch 语句的流程。

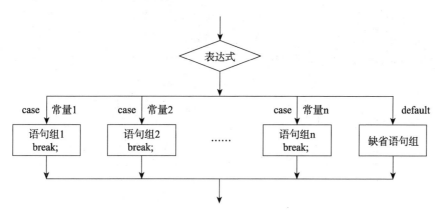

图 3.25　switch 语句流程图

switch 语句的执行过程如下。

（1）计算表达式的值。

（2）将表达式的值与 case 后面的常量表达式的值比较，若表达式的值与某 case 后的常量表达式的值相等，则执行该 case 后的语句块，直到遇到 break 语句或 switch 语句的右花括号为止。

（3）当不存在与表达式的值一致的常量表达式时，则执行 default 后面的语句；当 default 部分省略时，则什么也不执行就跳出 switch 语句。

注意：

（1）switch 后的表达式可以是任意合法的表达式，但其值只能是整型或者字符型。

（2）switch 下面的一对花括号不能省略，它的作用是将多分支结构视为一个不可分割的整体。每一个 case 后面的语句块不需要用花括号括起来，程序流程会自动顺序地执行该 case 后面的所有可执行语句。

（3）每个 case 中的 break 语句使 switch 语句只执行一个 case 中的语句，执行到 break 语句即从 switch 语句中跳出。若没有 break 语句，将继续执行该 case 以下各 case 部分的执行语句。

（4）表达式的类型和常量表达式的类型必须一致，否则编译时会发生错误。

（5）所有常量表达式的值必须互不相同，否则编译时会发生错误。case 部分与 default 部分的顺序可以自由书写。如果 default 部分位于程序最后，则 default 部分的 break 语句可以省略；否则 break 语句必不可少。

（6）当若干个 case 所执行的内容可用一条语句（可以是复合语句）表示时，允许这些 case 共用一条语句。

这种情况下的 switch 结构变为：

```
switch（表达式）
{
    case 常量表达式 1：
    case 常量表达式 2：
    …
    case 常量表达式 m：
        语句组 m；
        break；
    case 常量表达式 m+1：
        语句组 m+1；
        break；
    …
    case 常量表达式 n：
        语句组 n；
        break；
    default
        语句组 n+1；
}
```

这种结构的 switch 语句的流程是：当表达式的值与常量表达式 1 的值或常量表达式 2 的值…或常量表达式 m 的值之一匹配时，都执行语句组 m；当表达式的值为其他值时执行情况不变。

【例 3.21】switch 语句使用举例（输入 0～6 的任一数字，输出其对应是星期几）。

```
#include<iostream>
using namespace std;

int main()
{
    int weekday;
    cout<<"输入 0 到 6 中的一个数（0 表示星期日，1 表示星期一，以此类推）: ";
    cin>>weekday;
```

```
switch(weekday)
{
    case 0: cout<<"Sunday"<<endl; break;
    case 1: cout<<"Monday"<<endl; break;
    case 2: cout<<"Tuesday"<<endl; break;
    case 3: cout<<"Wednesday"<<endl; break;
    case 4: cout<<"Thursday"<<endl; break;
    case 5: cout<<"Friday"<<endl; break;
    case 6: cout<<"Saturday"<<endl; break;
    default: cout<<"输入错误"<<endl;
}

return 0;
}
```

程序的运行结果如图 3.26 所示。

图 3.26   例 3.21 的运行结果

程序解析：

该程序中，如果把所有的 break 语句都省略掉，程序运行时输入 3，输出 Wednesday 之后继续执行该 case 下面各 case 部分的执行语句，则程序的运行结果如图 3.27 所示。一般情况下，case 语句块的后面都有 break 语句。

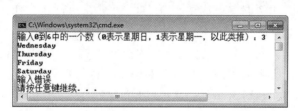

图 3.27   例 3.21 中省略 break 语句的执行结果

【例 3.22】   多个 case 共用一个语句的例子（输入学生成绩等级 A、B、C 或 D，输出对应的字符串，其中 A、B 和 C 表示及格 pass，D 表示不及格 fail）。

```
#include<iostream>
using namespace std;

int main()
{
    char grade;
    cout<<"输入学生的成绩等级(A、B、C、D): ";
    cin>>grade;
    if(grade >= 'a' && grade <= 'z')
        grade -= 32;
    switch(grade)
```

第
3
章

结构化程序设计

```
    {
        case 'A':
        case 'B':
        case 'C': cout<<"pass\n";break;
        case 'D': cout<<"fail\n";break;
        default : cout<<"error\n";
    }

    return 0;
}
```

程序的运行结果如图 3.28 所示。

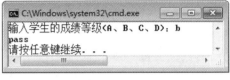

图 3.28　例 3.22 的运行结果

程序解析:

在该例中，输入 A、B、C（或 a、b、c）时，其输出结果都为 pass，输入 D（或 d）时，输出 fail，否则输出 error。

3.5　循环结构程序设计

在许多问题中需要用到循环控制。例如，输入全校学生成绩、求若干个数之和或者迭代求根等。C++语言为解决这个问题提供了循环语句，用循环语句来编写需要反复执行的程序段，将会简化程序结构，节省计算机存储空间。

循环结构是指在一定条件下反复执行一个程序块的结构。循环结构只有一个入口，一个出口。根据循环条件的不同，循环结构分为当型循环结构和直到型循环结构两种。

当型循环的结构如图 3.29 所示，其功能是，当给定的条件 P 成立时，执行 A 操作，执行完 A 操作后，再判断 P 条件是否成立，如果成立，再次执行 A 操作，如此重复执行 A 操作。当判断条件 P 不成立才停止循环，此时不执行 A 操作，而从出口 b 跳出循环结构。

直到型循环的结构如图 3.30，其功能是，先执行 A 操作，然后判断给定条件 p 是否成立，如果不成立，再次执行 A 操作，然后再对条件 P 进行判断，如此反复，直到给定的条件 P 成立为止。此时不再执行 A 操作，从出口 b 跳出循环。

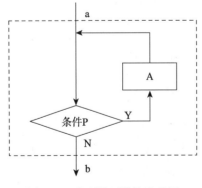

图 3.29　当型循环结构流程图

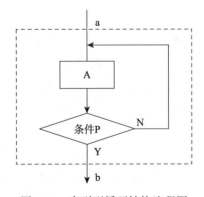

图 3.30　直到型循环结构流程图

一般来说，一个循环结构由四个主要部分构成。

（1）循环的初始部分：保证循环结构能够开始执行的语句，逻辑上先从这一部分开始执行。

（2）循环的工作部分：即循环体，完成循环程序的主要工作。

（3）循环的修改部分：保证循环体在循环过程中，有关的量能按一定的规律变化。

（4）循环的控制部分：保证循环程序按规定的循环条件控制循环正确进行。

对于一个具体的程序，上述几个部分有时很明显就能分开，有时却很难分开。相互位置可前可后，或相互包含，但循环的初始部分一般应在循环的前面。

C++语言中，实现循环结构的控制语句有 while、do-while 以及 for 语句。

3.5.1　while 语句

while 语句用来实现**当型循环**结构，即先判断表达式，后执行语句。其一般形式如下：

```
while(表达式)
    语句            // 循环体
```

其执行过程是，首先计算括号内表达式的值，其值为 true（非 0），执行循环体，为 false（0）则跳到循环体外。循环体执行完后，接着再次计算表达式的值，进行与上述相同的处理。

注意：

（1）while 后面的括号里是表达式而不是语句，表达式是没有分号的。表达式可以是任一合法的 C++表达式。

（2）循环体语句可以是简单语句、空语句或块语句。

（3）第一次计算表达式的值，如果为 false（0），则循环体一次也不执行。

【**例 3.23**】　编写程序计算 1+2+3+…+99+100 的值。

```cpp
#include<iostream>
using namespace std;

int  main()
{
    int sum = 0, n = 1;
    while(n <= 100)
    {
        sum += n;
        n++;
    }
    cout<<"sum = "<< sum <<endl;

    return 0;
}
```

程序的运行结果如图 3.31 所示。

图 3.31　例 3.23 的运行结果

程序解析：

（1）循环体如果包含多条语句，一定要用花括号括起来，以复合语句的形式出现。如果不用花括号，则循环体只有一条语句。例如，本例中 while 循环体语句中如果无花括号，则循环体只有一条语句 "sum+=n;"，就会构成死循环。

（2）在循环体中应有使循环趋向于结束的语句。例如，在本例中循环结束的条件是 n>100，因此在循环体中应该有使 n 增值以最终能使 n>100 的语句，例中使用 "n++;" 语句来达到此目的。如果无此语句，则 n 的值始终不改变，循环永不结束，构成死循环，程序不能正常结束。

（3）做累加时，存放结果的变量一般初始化为 0；而做累乘时，存放结果的变量一般初始化为 1。

【例 3.24】 分别统计出输入的所有正整数中小于 60 和大于等于 60 的数据的个数，然后显示。

```cpp
#include<iostream>
using namespace std;

int main()
{
    int x, count1 = 0, count2 = 0;    // count1 和 count2 为计数器
    cout<<"请输入正整数，当输入 0 或负数时结束输入: "<<endl;
    cin>>x;
    while(x > 0)
    {
        if(x < 60)
            count1++;
        else
            count2++;
        cin>>x;
    }
    cout<<"小于 60 的正整数个数: "<<count1<<endl
        <<"大于等于 60 的正整数个数: "<<count2<<endl;

    return 0;
}
```

程序的运行结果如图 3.32 所示。

程序解析：

（1）在程序中用输入零或负数作为 while 循环的结束标志，使用 x 作为输入变量，使用 count1 和 count2 作为统计变量，分别用来存放小于 60 的正整数个数和大于等于 60 的正整数个数，其初始值均为 0。

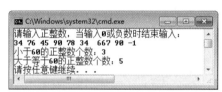

图 3.32　例 3.24 的运行结果

（2）循环体中的语句 "cin>>x;" 不能省略，否则，x 永远为第一次输入的值，可能会构成死循环。

3.5.2　do-while 语句

do-while 语句用来实现**直到型循环**结构，即先执行循环体，然后判断循环条件是否成立。其一般形式如下：

```
do
{
    语句          // 循环体
}while(表达式);
```

其执行过程是，先执行一次循环体语句，然后计算表达式的值，当表达式的值为 true（非 0）时，返回重新执行循环体语句，如此反复，直到表达式的值为 false（0）时为止，此时循环结束。

注意：

（1）do-while 循环的循环体至少执行一次。

（2）while(表达式)后面的分号不可省略。

【例 3.25】 用 do-while 循环解决例 3.23 的求和问题。

```
#include<iostream>
using namespace std;

int main()
{
    int sum = 0, n = 1;
    do
    {
        sum += n;
        n++;
    }while(n <= 100);
    cout<<"sum = "<<sum<<endl;

    return 0;
}
```

程序的运行结果同图 3.31 所示。

说明：

（1）对于一个循环问题，既可以用当型循环也可以用直到型循环来解决问题。例 3.23 用当型循环，例 3.25 用直到型循环，都完成了计算 1～100 整数的和。

（2）直到型循环的循环体至少执行一次，当型循环的循环体可能一次也不执行。例如，在例 3.24 和例 3.25 中，为循环变量 n 设初值 1，两种循环执行的结果是相同的，都等于 5050，但如果循环变量 n 的初值设为 101，则两种语句执行的结果就不同了，while 语句的执行结果是 0（即循环体语句一次也不执行），而 do-while 语句的执行结果是 101（即循环体语句执行一次）。

3.5.3　for 语句

for 语句是 C++语言中使用最灵活方便的一种循环语句，它不仅用于循环次数已知的情况，还能用于循环次数预先不能确定而只给出循环结束条件的情况。

for 语句的一般形式为：

```
for(表达式 1; 表达式 2; 表达式 3)
    语句              // 循环体
```

for 语句的执行流程如图 3.33 所示。

其执行过程如下。

（1）求解表达式 1。

（2）求解表达式 2，若其值为 true（非 0），则执行循环体语句，然后执行下面的第（3）步。若为 false（0），则结束循环，转到第（5）步。

（3）求解表达式 3。

（4）转回第（2）步继续执行。

（5）循环结束，执行 for 语句后面的其他语句。

与前两类循环类似，循环体语句不仅可以是单条语句，也可以是复合语句或空语句。

注意：

（1）for 语句中的三个表达式必须用分号隔开，其中表达式 1 一般用来初始化循环控制变量。

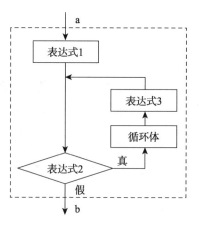

图 3.33　for 语句执行流程图

（2）表达式 2 为表示循环条件的表达式，用作循环条件控制，其作用与前两类循环语句中的表达式完全一样，用法也基本相同。

（3）表达式 3 常用来修改循环控制变量，用以表示循环控制变量的增量或减量，常用自增或自减运算符。

【例 3.26】 用 for 循环解决例 3.23 的求和问题。

```cpp
#include<iostream>
using namespace std;

int main()
{
    int sum,n;
    sum = 0;
    for(n = 1; n <= 100; n++)
        sum += n;
    cout<<"sum = "<<sum<<endl;

    return 0;
}
```

程序的运行结果同图 3.31 所示。

程序解析：

（1）语句段

```cpp
for(n = 1; n <= 100; n++)
    sum += n;
```

相当于以下语句：

```cpp
n=1;
while(n <= 100)
{
    sum += n;
    n++;
}
```

显然，用 for 语句更加简单方便。

（2）需要说明的是，for 语句中的表达式 1 和表达式 3 一般为简单表达式，但也可以使用逗号表达式，这是 for 语句的一个很有用的特性，当使用逗号表达式时，可一次完成对多个变量赋初值和修改多个变量的功能，例如：

```
for(i = 0, j = 100; i < j; i++, j--)
    k = i + j;
```

其中，表达式 1 和表达式 3 都使用了逗号表达式，即为两个变量赋初值，修改两个变量的值。

【例 3.27】 在 for 语句的表达式 1 中使用逗号表达式。

```
#include<iostream>
using namespace std;

int main()
{
    int sum,n;
    for(sum = 0, n = 1; n <= 100; n++)
        sum += n;
    cout<<"sum = "<<sum<<endl;

    return 0;
}
```

程序解析：

本例中 for 语句的表达式 1 使用了逗号表达式，与例 3.26 相比，循环结构更为紧凑和清晰。

for 语句中的三个表达式允许全部省略或部分省略，以充分体现其灵活性，但用作分隔符的两个分号绝不能省略。以下是省略表达式的几种情况：

（1）省略表达式 1。此时应在 for 语句之前给循环变量赋初值。语句格式为：

```
for(; 表达式 2; 表达式 3)
    语句
```

例如，计算 1+2+3+…+99+100 的值的代码段如下：

```
n = 1;
for(; n <= 100; n++)    // 分号不能省略
    sum+=n;
```

（2）省略表达式 2。此时循环条件永远为真，必须在循环体中有跳出循环的控制条件语句，否则构成死循环。语句格式为：

```
for(表达式 1; ; 表达式 3)
    语句
```

例如，计算 1+2+3+…+99+100 的值的代码段如下：

```
for(n = 1; ; n++)        // 分号不能省略
{
```

```
        sum += n;
        if(n >= 100)            // if 语句控制跳出循环
        break;                  // break 语句介绍见 3.5.4 节，功能为强制退出循环
    }
```

（3）省略表达式 3。此时需在循环体内使循环控制变量递变，以保证循环正常结束。语句格式为：

```
for(表达式1; 表达式2; )
    语句
```

例如，计算 1+2+3+…+99+100 的值的代码段如下：

```
for(n = 1; n <= 100; )  // 分号不能省略
    sum += n++;              // 累加的同时修改循环变量的值
```

（4）省略表达式 1 和省略表达式 3。此时需要预先赋初值，在循环体内修改循环变量的值。语句格式为：

```
for(; 表达式2; )
    语句
```

例如，计算 1+2+3+…+99+100 的值的代码段如下：

```
n=1;                        // 循环变量预先赋值
for(; n <= 100; )           // 分号不能省略
    sum += n++;             // 累加的同时修改循环变量的值
```

（5）省略三个表达式。此时需要预先赋初值，在循环体内修改循环变量的值，在循环体中有跳出循环的条件控制语句。语句格式为：

```
for( ; ; )
    语句
```

例如，计算 1+2+3+…+99+100 的值的代码段如下：

```
n = 1;                      // 循环变量预先赋值
for( ; ; )                  // 分号不能省略
{
    sum += n++;             // 累加的同时改变循环变量
    if(n > 100)             // 控制跳出循环
    break;
}
```

3.5.4 跳转语句 break 和 continue

1. break 语句

前面介绍了 C++语言的三种循环语句，它们退出循环的方式是以某个表达式的结果值作为判断条件。除了这种正常结束循环的方式外，还可以利用 C++语言提供的 break 语句在循环的中途退出循环，这属于强行退出。在实际应用中，break 语句一般与 if 条件语句配合

使用。

break 语句也被称为**中断语句**，形式如下所示：

```
break;
```

该语句被限定使用在任一种循环语句和 switch 语句中，当程序执行到该语句时，立即结束所在循环语句或 switch 语句的执行，接着执行其后面的语句。

break 语句也可以用于嵌套的循环结构中，在这种情况下，若执行 break 语句则仅仅退出包含该 break 语句的那层循环，即 break 语句不能使程序控制退出一层以上的循环。

【**例 3.28**】已知产值及产值增长速度，编写计算产值增长一倍所需的年数的程序（用户输入不同的增长率，计算所需年数，增长率小于等于 0，则程序结束）。

```cpp
#include<iostream>
using namespace std;

int main()
{
    double a, c = 100000000.00;      // c代表已知的当前产值
    for(;;)                          // 第7行
    {
        int year = 0;                // y代表所要求的年数
        cout<<"请输入增长率: ";
        cin>>a;                      // a代表增长率
        if(a <= 0) break;
        double c1 = c;
        for(;;)                      // 第14行
        {
            c1 *= (1 + a);           // c1代表增长后的产值
            year++;
            if(c1 >= 2 * c)
                break;
        }
        cout<<"增长率为"<<a
            <<"时产值增长一倍所需年数为: "<<year<<endl;
    }

    return 0;
}
```

程序的运行结果如图 3.34 所示。

程序解析：

（1）程序中使用了两个 break 语句。第一个 break 语句表示当所输入的增长率 a 小于等于 0 时，说明与题意不符，需立即退出第 7 行的外层 for 循环。

图 3.34　例 3.28 的运行结果

（2）第二个 break 语句表示当产值已达到 2 倍时，year 中所存的数就是所求的年数，这时无须再执行第 14 行的 for 语句，必须从该内层 for 循环中退出。

第 3 章

结构化程序设计

2. continue 语句

continue 语句也用于循环结构中，它的作用是忽略（跳过）它之后到循环终止的语句，而继续执行下一次循环。和 break 语句一样，continue 语句通常也是和 if 语句结合，一同使用于循环结构中。

【例 3.29】 将 100~150 不能被 3 整除的数输出。

```cpp
#include<iostream>
using namespace std;

int main()
{
    int i,count=0;
    for(i = 100; i <= 150; ++i)
    {
        if(i % 3 == 0)
            continue;
        cout<<i<<"  ";
        count++;
        if(count % 5 == 0)
            cout<<endl;    // 一行输出 5 个数据
    }
    cout<<endl;

    return 0;
}
```

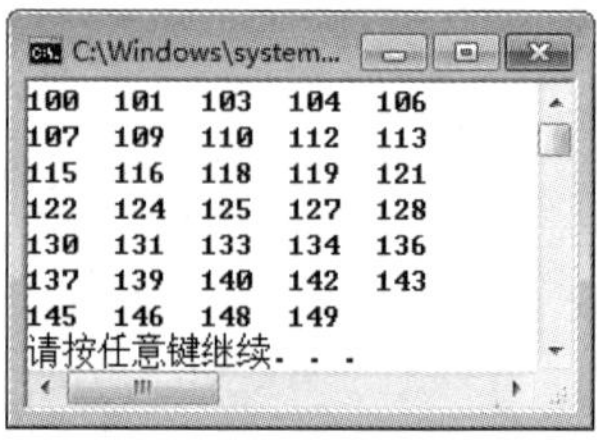

程序的运行结果如图 3.35 所示。

图 3.35   例 3.29 的运行结果

程序解析：

当 i 能被 3 整除时，执行 continue 语句，结束本次循环（即跳过 cout 语句及其之后的循环体语句），进行下一次循环。只有 i 不能被 3 整除时才开始执行 cout 输出语句。

注意：continue 语句和 break 语句的作用有相似之处，却也有着根本区别，continue 语句只是结束本次循环，还要进行下一次循环，而不是结束整个循环；break 语句则是结束整个循环，转而执行所在循环体外的其他语句。

3.5.5　循环的嵌套

一个循环体内包含另一个完整的循环结构称为**循环的嵌套**，内嵌的循环中还可以嵌套循环，这就是**多重循环**。

【例 3.30】 输出 100 以内的所有素数。

```cpp
#include<iostream>
#include<iomanip>
using namespace std;

int main()
{
    int i, n, count = 0;
```

```
for(n = 2; n < 100; n++)
{
    for(i = 2; i < n; i++)
        if(n % i == 0)
            break;
    if(i == n)
    {
        cout<<setw(4)<<n;
        count++;
        if(count % 5 == 0)
            cout<<endl;
    }
}

return 0;
}
```

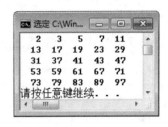

图 3.36 例 3.30 的运行结果

程序的运行结果如图 3.36 所示。

程序解析：

（1）该程序是由两层循环组成的循环嵌套结构。外层循环是自 for(n = 2; n <= 100; n++) 开始到 return 语句之前。

（2）内层循环为自 for(i = 2; i < n; i++)开始到 break 语句。break 语句执行的条件是 n 能被 i 整除。一旦该条件成立就强行结束内层循环。例如，当 n 等于 9 时，由于 9 能被 3 整除，这时内层循环执行到 i 等于 3 时就强行结束，然后执行下面的 if(i == n)语句。

注意：

（1）三种循环可以互相嵌套，但在循环的嵌套中要注意，内层循环应完全在外层循环里面，也就是不允许出现交叉。

在嵌套的循环结构中，如用缺口矩形表示每层循环结构时，则图 3.37 中（a）、（b）是正确的多层循环结构，而图 3.37(c)是错误的多层循环结构，因为它出现了循环结构的交叉。

（2）如果循环的控制条件永远成立，循环体将永无休止地反复执行，程序陷入"死循环"，这显然是应当防止的。

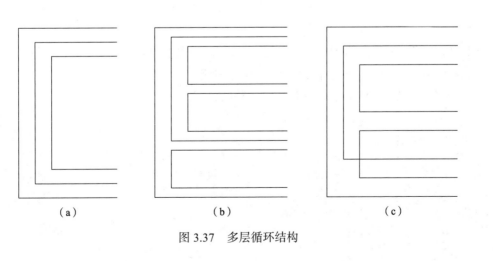

(a)   (b)   (c)

图 3.37　多层循环结构

第
3
章

结构化程序设计

3.6　程序设计举例

【例 3.31】 求出所有的"水仙花数"。

"水仙花数"是指一个三位数，其各位数字的立方和恰好等于该数本身。例如，153 = 1×1×1 + 5×5×5 + 3×3×3，所以 153 是"水仙花数"。依题意，从 100～999 循环查找"水仙花数"即可。

本程序主要用到 for 循环语句和 if 选择语句。程序如下：

```cpp
#include<iostream>
using namespace std;

int main()
{
    int i,a,b,c;
    for(i = 100; i <= 999; i++)
    {
        a = i / 100;                    // a是数i的百位数
        b = i / 10 - a * 10;            // b是数i的十位数
        c = i - b * 10 - a * 100;       // c是数i的个位数
        if(i == a * a * a + b * b * b + c * c * c)
            cout<<i<<endl;
    }

    return 0;
}
```

程序的运行结果如图 3.38 所示。

【例 3.32】 输入年份和月份，打印出该年份和该月份的天数。

图 3.38　例 3.31 的运行结果

根据历法，1 月、3 月、5 月、7 月、8 月、10 月、12 月，每月有 31 天，4 月、6 月、9 月、11 月，每月有 30 天，闰年 2 月为 29 天，平年 2 月为 28 天。据此，题中采用多个 case 共同使用一个语句块的 switch 语句，完成不同天数的选择。

另外，判断某年是否为闰年的规则是：如果此年份能被 400 整除，或者此年份能被 4 整除并且不能被 100 整除，则此年是闰年；否则是平年。

本程序主要用到 switch 多分支选择语句和嵌套 if 语句。程序如下：

```cpp
#include<iostream>
using namespace std;

int main()
{
    int year,mon,days,leap;
    cout<<"请输入年份和月份: ";
    cin>>year>>mon;
    switch(mon)
```

```
    {
        case 1:
        case 3:
        case 5:
        case 7:
        case 8:
        case 10:
        case 12:
            days = 31;
            break;
        case 4:
        case 6:
        case 9:
        case 11:
            days = 30;
            break;
        case 2:
            if((year % 400 == 0) || (year % 4 == 0 && year % 100 != 0))
                leap = 1;
            else leap = 0;
            if(leap)
                days = 29;
            else days = 28;
    }
    cout<<year<<"年"<<mon<<"月的天数为: "<<days<<" 天"<<endl;

    return 0;
}
```

程序的运行结果如图 3.39 所示。

图 3.39　例 3.32 的运行结果

程序解析：

该程序采用嵌套的 if 语句完成闰年的判断。定义了标志 leap 作为判断变量，如果 leap 的值非 0 表示闰年，否则为平年。

【例 3.33】　求 Fibonacci 数列 1，1，2，3，5，8，…的前 40 个数。

该数列的生成方法为 $F_1=1$ ($n=1$)，$F_2=1$ ($n=2$)，$F_n=F_{n-1}+F_{n-2}$ ($n\geq3$)，即从第三个数开始，每个数等于前两个数之和。

本程序主要用到 for 循环语句。程序如下：

```
#include<iostream>
#include<iomanip>
using namespace std;

int main()
{
    int f1 = 1, f2 = 1;          // 定义并初始化数列的头两个数
    int i;
    for(i = 1; i <= 20; i++)     // 每次循环控制输出两个数，40个数需20次循环
    {
        cout<<setw(12)<<f1<<setw(12)<<f2;    // 输出当前的两个数
        if(i % 2 == 0)
```

```
        cout<<endl;               // 控制输出四个数后换行
        f1 = f1 + f2;             // 计算新的 f1
        f2 = f2 + f1;             // 计算新的 f2
    }

    return 0;
}
```

程序的运行结果如图 3.40 所示。

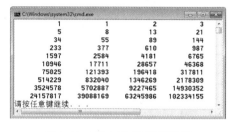

图 3.40　例 3.33 的运行结果

【例 3.34】 编写程序，将任意自然数 n 的立方表示为 n 个连续的奇数之和。例如：

$1^3=1$

$2^3=5+3=8$

$3^3=11+9+7=27$

$4^3=19+17+15+13=64$

分析上面所列 n^3 的奇数和，可以看出一个规律：组成 n^3 的 n 个奇数中最大奇数为 $n \times (n+1)-1$，这样就不难得到其余奇数了。

本程序主要用到 while 循环语句。程序如下：

```
#include<iostream>
using namespace std;

int main()
{
    int max_item, number;
    cout<<"请输入一个自然数: ";
    cin>>number;
    if(number < 1)
    {
        cout<<"输入有误!"<<endl;
        exit(0);                  // 正常退出程序
    }
    max_item = number * (number + 1) - 1;
    int sum = max_item;
    cout<<number<<"*"<<number<<"*"<<number<<" = "<<max_item;
    for(int i = 1; i < number; i++)
    {
        max_item -= 2;
        sum += max_item;
        cout<<"+"<<max_item;
    }
    if(number == 1)
        cout<<endl;
    else
        cout<<" = "<<sum<<endl;

    return 0;
}
```

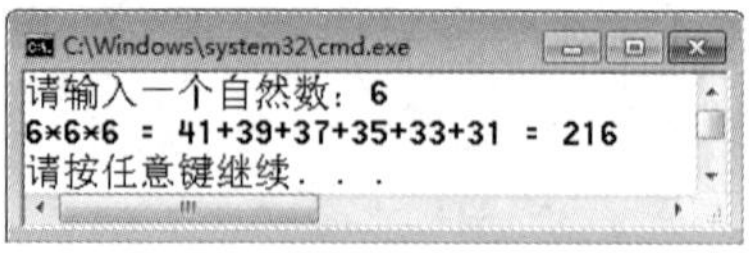

若运行时输入 6，程序的运行结果如图 3.41 所示。

图 3.41　例 3.34 的运行结果

程序解析：

（1）如果程序运行时输入的数小于 1，则退出程序。调用 exit 函数时，实参为 0，表示正常退出程序；实参为 1，表示非正常退出程序。

（2）因为 for 循环体外已经输出了一个奇数，所以 for 循环的表达式 2 为 i < number，而非 i <= number。

【例 3.35】 编写一个程序，求 1!+2!+3!+…+10!之和。

```cpp
#include<iostream>
using namespace std;

int main()
{
    int sum, fact, n, i;
    sum = 0;
    for(n = 1; n <= 10; n++)
    {
        fact = 1;
        for(i = 1; i <= n; i++)
            fact *= i;              // 等价于 fact=fact*i;
        sum += fact;               // 等价于 sum=sum+fact;
    }
    cout<<"sum = "<<sum<<endl;

    return 0;
}
```

程序的运行结果如图 3.42 所示。

图 3.42　例 3.35 的运行结果

程序解析：

（1）循环结构中，最常用的算法就是累加和累乘。一般累加和累乘是通过循环体内表示累加或累乘的语句来实现的。通常把程序中 sum 变量称为累加器，fact 变量称为累乘器。要注意，sum 的初值赋为 0，而 fact 的初值赋为 1。另外，赋初值的操作一定要在循环体外进行。

（2）本程序主要通过嵌套的双重 for 循环来实现，内层循环用来求累乘，外层循环用来求累加。

习　　题

1. 下列关于条件语句的描述中，错误的是 ____。
   A. if 语句中只有一个 else 子句

结构化程序设计

B. if 语句中可有多个 else if 子句

C. if 语句的 if 体内不能是 switch 语句

D. if 语句的 if 体中可以是循环语句

2. 以下程序段 ____。

```
int x=-1;
do
{ x=x*x; }
while (!x);
```

A. 是死循环　　　B. 循环执行两次　　　C. 循环执行一次　　　D. 有语法错误

3. 给出下面程序执行后的输出结果。

```
#include<iostream>
using namespace std;

int main()
{
    int i,j;
    for(i = 0; i < 5; i++)
    {
        for(j = i; j < 5; j++)
            cout<<"*";
        cout<<endl;
    }

    return 0;
}
```

4. 若用 0～9 中不同的三个数构成一个三位数，以下程序将统计出共有多少种构成方法？请填空。

```
#include<iostream>
using namespace std;

int main()
{
    int i,j,k,count=0;
    for(i = 1; i <= 9;i++)
        for(j = 0; j <= 9; j++)
            if(   ①   ) continue;
        else for(k = 0; k <= 9; k++)
                if(   ②   ) count++;
    cout<<count<<endl;

    return 0;
}
```

5. 求自然对数 e 的近似值，要求最后一项的绝对值小于 10^{-6}，近似公式为：

$$e=1+\frac{1}{1!}+\frac{1}{2!}+\frac{1}{3!}+\cdots+\frac{1}{i!}+\cdots=\sum_{i=0}^{\infty}\frac{1}{i!}\approx1+\sum_{i=1}^{\infty}\frac{1}{i!}$$

6. 求圆周率 π 的近似值，要求最后一项的绝对值小于 10^{-8}，近似公式为：

$$\frac{\pi}{4} \approx 1 - \frac{1}{3} + \frac{1}{5} - \frac{1}{7} + \cdots$$

7. 编写程序，将输入数据按小于 10、10～99、100～999 以及大于 1000 分类并显示。例如，输入 358 时，显示 358 is 100 to 999。

8. 编写程序，输出以下图形：

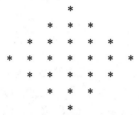

9. 编写程序，求满足如下条件的最大的 n 值。

$$1^2 + 2^2 + 3^2 + \cdots + n^2 \leq 1000$$

10. 某百万富翁遇到一陌生人，陌生人找他谈一个换钱计划，该计划如下：陌生人每天给百万富翁十万元，而百万富翁第一天只需给陌生人一分钱，第二天陌生人仍给百万富翁十万元，百万富翁给陌生人二分钱，第三天陌生人仍给百万富翁十万元，百万富翁给陌生人四分钱，……，百万富翁每天给陌生人的钱是前一天的两倍，直到满一个月（30 天）。百万富翁很高兴，欣然接受了这个契约。请编写一个程序计算这一个月中陌生人给了百万富翁多少钱，百万富翁给了陌生人多少钱。

11. 编写程序，打印输出九九乘法表。

第4章 　　 数　　 组

在学习本章之前，我们使用的都是基本类型（整型、字符型、实型、布尔型）的数据，除此之外，C++还提供了构造类型（用户自定义类型）的数据，构造类型数据是由基本类型数据按一定规则组成的，C++语言的构造类型有数组、结构体、共用体、类等。

本章介绍数组。数组是有序数据的集合，数组中的每一个元素都属于同一个数据类型。用一个统一的数组名和下标来唯一地确定数组中的元素。

数组是一个在内存中顺序排列的、由若干相同数据类型的元素组成的数据集合。其所有元素共用一个名字，即数组名。改变数组中某一个元素的值对其他元素没有影响。数组的每个元素都有唯一的下标，通过数组名和下标，可以访问数组的元素。下标实际上就是数组元素在数组中的位置值，不能超出数组下标的取值范围。数组分为一维数组和多维数组。

4.1　 一 维 数 组

4.1.1　 一维数组的定义

具有一个下标的数组称为**一维数组**。

在 C++语言程序设计中，数组和简单变量一样，必须先定义后使用，而且在定义数组时可以对数组初始化。

定义一维数组的形式如下：

数据类型　数组名[常量表达式];

例如：

```
int a[10];
```

该语句定义了一维数组，数组名为 a，此数组有 10 个元素，每个数组元素的类型均为整型。

说明：

（1）数据类型是指数组的数据类型，也就是每一个数组元素的数据类型。它可以是任何合法的数据类型（如 int、char、float 和 double 等），也可以是构造类型。

（2）数组名命名规则和变量名相同，遵循标识符命名规则。

（3）常量表达式用于指定数组的元素个数。它规定了数组的大小（也称为数组长度），只能为正整数。数组的下标范围为 0 到"常量表达式–1"，即最小下标为 0，最大下标为"常量表达式–1"。

（4）常量表达式中可以包括值常量和符号常量，不能包含变量。也就是说，C++不允许对数组的大小进行动态定义，即数组的大小不依赖于程序运行过程中变量的值。

例如，下面这样定义数组是错误的：

```
int nmonth;
float falseArray[nmonth*12];
```

在编译上述语句时，编译器会给出如图 4.1 所示的提示信息。

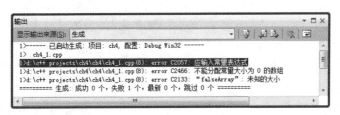

图 4.1　编译提示信息

（5）一条定义语句可以同时定义多个类型相同的变量和数组，各变量和数组之间要用逗号分开。例如：

```
char a[3], b[4], x, y;
```

注意：数组定义之后，系统将会从内存中为其分配一块连续的存储空间，从第 1 个数组元素开始依次存放各个数组元素。具有 n 个数组元素的一维数组所占内存大小（字节数）为：

n*sizeof(数组元素类型)　　　　或　　　　sizeof(数组名)

4.1.2　一维数组元素的引用

在 C++ 语言中没有提供直接处理数组的运算符，对数组的各种处理是通过对数组元素的处理完成的。C++ 语言规定不能一次引用整个数组，只能逐个引用数组中的各个元素。

访问一维数组元素的形式如下：

数组名[下标]

其中：下标就是被访问的数组元素在所定义的数组中的相对位置。下标等于 0 代表要访问的数组元素在数组的第 1 个位置上，下标等于 1 代表要访问的数组元素在数组的第 2 个位置上，以此类推。例如：

```
int x, count[10];   // 定义基本整型变量 x 和一维数组 count，该数组有 10 个数组元素
```

则下面的引用是合法的：

```
count[0] = 100;         // 给数组元素 count[0] 赋初值 100
x += count[5];
```

下面的引用是不合法的：

```
count[10] = 20;         /* 数组下标越界，count 数组的下标范围为 0~9，编译时
                           会给出警告信息*/

count = 20;             // 数组不能整体赋值，编译时会给出错误信息
```

【例 4.1】 数组元素的引用举例。

```cpp
#include<iostream>
using namespace std;

int main()
{
    int a[10];
    int i;
    for(i=0;i<10;i++)        // 给所有的数组元素赋初值
        a[i]=i*2+2;
    for(i=0;i<10;i++)        // 输出所有的数组元素，每行显示 5 个数组元素
    {
        cout<<a[i]<<'\t';
        if((i + 1) % 5 == 0)
            cout<<endl;
    }

    return 0;
}
```

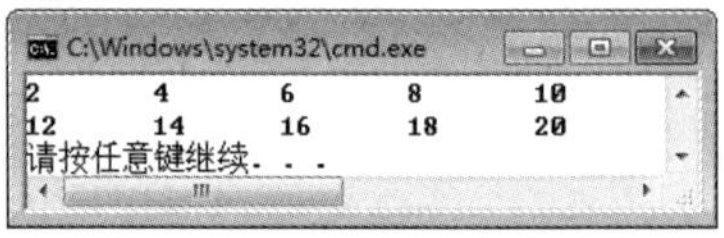

图 4.2 例 4.1 的运行结果

程序的运行结果如图 4.2 所示。

注意：C++编译系统不检查下标越界，必须由程序员自己检查。

4.1.3 一维数组的初始化

在定义数组的同时对数组元素赋初值，称为**数组的初始化**。对数组元素的初始化可以用以下方法实现。

（1）在定义数组时对数组的全部元素赋初值。例如下述语句：

```cpp
int a[10]={0,1,2,3,4,5,6,7,8,9};
```

将数组元素的初值依次放在一对花括号内。经过上面的定义和初始化之后，a[0]～a[9]十个数组元素的值分别为 0、1、2、3、4、5、6、7、8、9。

（2）可以只给一部分元素赋值，其余未赋初值的元素被赋值为 0（字符型为'\0'）。例如：

```cpp
int a[10]={0,1,2,3,4};
```

定义数组 a 有 10 个元素，但花括号内只提供 5 个初值，这表示只给前面 5 个元素 a[0]～a[4]赋具体初值，后 5 个元素 a[5]～a[9]自动赋初值为 0。实际上，若对 static 数组（静态数组）不赋初值，系统会对所有数组元素自动赋 0 值。如："static int a[10];"则数组元素 a[0]～a[9]全部被赋初值 0。

（3）在对全部数组元素赋初值时，可以不指定数组长度。例如：

```cpp
int a[5]={1,2,3,4,5};
```

可以写成：

```cpp
int a[]={1,2,3,4,5};
```

此时系统会自动按初值的个数设定数组长度，为数组分配足够的存储空间。上例中花括号中有 5 个数，由于未指明数组长度，系统自动定义 a 数组的长度为 5。但若需要的数组长度与提供初值的个数不相等，则不能省略数组长度。

注意：

（1）如果数组被初始化，则没有被赋具体初值的元素初值均为 0（字符型为'\0'）。

（2）在函数中定义的非 static 数组，若没有初始化，则数组元素的值为随机值；在函数外定义的数组，若没有初始化，则数组元素的值为 0（字符型为'\0'），具体参见 4.3.2 节。

4.1.4 一维数组程序设计举例

对于数组来说，最常用的处理方法是通过循环处理数组中的元素。

【例 4.2】 一个班级有若干名学生（设不超过 50 个学生），试编写程序，求出该班学生的数学考试平均成绩，并统计考试成绩在 90 分以上的（包括 90 分）的学生人数和不及格的学生人数。

分析： 对于同一门课程的 n 个学生成绩，可以用同一个名称但不同的下标来区别，因此用一维数组来表示和保存这些成绩。

```cpp
#include<iostream>
using namespace std;

int main()
{
    int i,math[50],n;
    float aver = 0.0;                 // 平均分
    int unPassedCounts = 0;           // 不及格学生人数
    int highScoreCounts = 0;          // 90 分以上学生人数
    cout<<"请输入学生人数: ";
    cin>>n;
    cout<<"请输入成绩: ";
    for(i = 0; i < n; i++)
    {
        cin>>math[i];
        aver += math[i];
    }
    aver /= n;
    for(i = 0; i < n; i++)
    {
        if(math[i] < 60)unPassedCounts++;
        if(math[i] >= 90)highScoreCounts++;
    }
    cout<<"平均分为: "<<aver<<endl
        <<"90 分以上人数为: "<<highScoreCounts<<endl
        <<"不及格人数为: "<<unPassedCounts<<endl;

    return 0;
}
```

程序的运行结果如图 4.3 所示。

【例 4.3】 找出一个包含 10 个元素的数组中最大的元素。

分析： "找出一个数组中最大元素"这类问题可

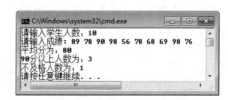

图 4.3　例 4.2 的运行结果

第 4 章

数　组

以利用扫描法解决。即以数组的第一个元素为基准，向后比较，如果遇到有比基准元素更大的元素，则将基准元素替换为该元素，直到数组中所有的元素均被扫描。这时得到的最新的基准元素就是数组中最大的元素。

```cpp
#include<iostream>
#include<iomanip>
using namespace std;

int main()
{
    int a[10], i, big;
    cout<<"please input 10 numbers:\n";
    for(i = 0; i < 10; i++)
        cin>>a[i];
    cout<<"the numbers are:"<<endl;
    for(i = 0; i < 10; i++)
        cout<<a[i]<<'\t';
    big = a[0];
    for(i = 1; i < 10; i++)
        if(a[i] > big) big = a[i];
    cout<<"the big number is : "<<big<<endl;

    return 0;
}
```

程序的运行结果如图 4.4 所示。

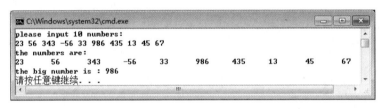

图 4.4　例 4.3 的运行结果

【例 4.4】 用冒泡法对 n 个数排序（由小到大）。

冒泡法的思路：将相邻两个数比较，将较小的数调到前头。例如，有 5 个数 9、8、7、5、2。第 1 次将 9 和 8 对调，第 2 次将第 2 个和第 3 个数（9 和 7）对调……以此类推，共进行 4 次对调，得到 8、7、5、2、9 的顺序。可以看到，最大的数 9 已"沉底"，成为最下面一个数，而小的数"上升"。最小的数 2 已向上"浮起"一个位置。经过第 1 轮比较（共 4 次）后，已得到最大的数。然后进行第 2 轮比较，对余下的前面 4 个数按上述方法进行比较，如图 4.5 所示，经过 3 次比较，得到次大的数 8。依此进行下去，可以推知，对 5 个数

图 4.5　冒泡法排序过程

要比较 4 轮才能使 5 个数按大小顺序排列。在第 1 轮中要进行两个数之间的比较共 4 次，在第 2 轮中比较 3 次……第 4 轮比较 1 次。如果有 n 个数，则要进行 $n-1$ 轮比较。在第 1 轮比较中要进行 $n-1$ 次两两比较，在第 j 轮比较中要进行 $n-j$ 次两两比较。

源程序如下：

```cpp
#include<iostream>
#include<iomanip>
using namespace std;

int main()
{
    int a[10];
    int i, j, t;
    cout<<"please input 10 numbers:\n";
    for(i = 0; i < 10; i++)
        cin>>a[i];                    // 输入数组元素
    cout<<"the numbers are :"<<endl;
    for(i = 0; i < 10; i++)
        cout<<setw(4)<<a[i];
    cout<<endl;
    for(i = 0; i < 9; i++)
    for(j = 0; j < 9-i; j++)
        if(a[j] > a[j+1])
            { t = a[j]; a[j] = a[j+1]; a[j+1] = t;}
    cout<<"the sorted numbers are :"<<endl;
    for(i = 0; i < 10; i++)
        cout<<setw(4)<<a[i];          // 输出数组元素
    cout<<endl;

    return 0;
}
```

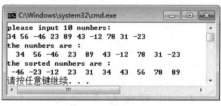

图 4.6 例 4.4 的运行结果

程序的运行结果如图 4.6 所示。

冒泡法排序是一种效率较低的排序方法，排序所用的时间与数据个数的平方成正比。因此，如果需要排序的数据比较多，冒泡排序所花费的时间就很长。

【例 4.5】 使用一维数组求出 Fibonacci 数列的前 40 个数。

```cpp
#include<iostream>
#include<iomanip>
using namespace std;

int main()
{
    int i;
    int f[40] = {1,1};
    for(i = 2; i < 40; i++)
     f[i] = f[i-2] + f[i-1];     // 将前 40 个数存入数组
    for(i = 0; i < 40; i++)
    {
```

第
4
章

数　　组

```
        if(i!=0 && i % 4 == 0)
            cout<<endl;
        cout<<setw(12)<<f[i];
    }
    cout<<endl;

    return 0;
}
```

程序的运行结果如图 4.7 所示。

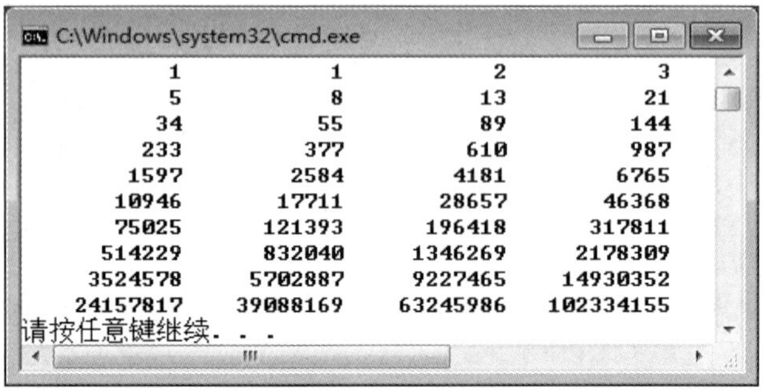

图 4.7 例 4.5 的运行结果

程序解析：

由例 4.5 可以看出用数组处理 Fibonacci 数列问题的方法和例 3.33 用循环直接处理的方法在思路上的差别，例 3.33 通过循环依次求出两个数后直接输出，而本例先求出全部 40 个数依次存入数组，然后进行有序输出。如果还需要对 Fibonacci 数列数据进行其他操作，如分析统计、输出某项数据等，则用数组处理比用循环直接处理更加灵活高效。

4.2 二 维 数 组

4.2.1 二维数组的定义

二维数组定义的一般形式为：

数据类型 数组名[常量表达式1][常量表达式2];

同一维数组一样，二维数组的数组名必须遵循 C++语言标识符的命名规则，常量表达式中不能有任何变量出现。其中[常量表达式 1]称为第一维，[常量表达式 2]称为第二维。在二维数组中，第一维称为行，第二维称为列。这样，一个二维数组就可同一个二维表格或者矩阵对应起来。

例如：语句"float a[3][4];"定义了一个含有 3×4=12 个元素的二维数组。其在内存中的存储仍为一片连续的存储空间。

注意：

（1）二维数组定义不能写成类似"float a[3,4];"的形式。

（2）二维数组 a[m][n]所占内存大小（字节数）为：

sizeof(a)或m*sizeof(a[0])　　　或　　　m*n*sizeof(数组元素类型)

C++语言中，二维数组元素在内存中排列的顺序是按行存放，即在内存中先顺序存放第1行的元素，再存放第2行的元素，按照存储顺序存取元素时，第一维的下标变化最慢，第二维的下标变化最快。表 4.1 所示为 a[3][4]数组存放的顺序。

表 4.1　二维数组表格

行下标 ＼ 列下标	0	1	2	3
0	a[0][0]	a[0][1]	a[0][2]	a[0][3]
1	a[1][0]	a[1][1]	a[1][2]	a[1][3]
2	a[2][0]	a[2][1]	a[2][2]	a[2][3]

也可以按下面的方法来理解二维数组。

把二维数组看作是一种特殊的一维数组，它的元素也是一个一维数组。例如，可以把 a 看作一个一维数组，它有 3 个元素：a[0]、a[1]、a[2]，每个元素又是一个包含 4 个元素的一维数组。可以把 a[0]、a[1]、a[2]看作 3 个一维数组的名字。上面定义的二维数组可以理解为定义了 3 个一维数组。

这 12 个元素在内存中也是按顺序存放的：先存放 a[0]的 4 个元素，紧接着存放 a[1]的 4 个元素，最后存放 a[2]的 4 个元素。

此处把 a[0]、a[1]、a[2]看作一维数组名。C++语言的这种处理方法在数组初始化和使用指针表示时非常方便，这在以后的学习中会体会到。

二维数组常常用于存放矩阵，这样，二维数组的行和列就同矩阵的行和列对应起来了。

4.2.2　二维数组元素的引用

多维数组在引用时和一维数组一样，使用的是数组的各个元素，而不是数组名。二维数组元素的引用形式为：

数组名[下标][下标]

例如：a[2][3]。下标可以是整型表达式，如 a[2-1][2*2-1]。注意不要写成 a[2, 3]、a[2-1, 2*2-1]的形式。

数组元素可以出现在表达式中，也可以被赋值，如 b[1][2] = a[2][3]/2。

在使用数组元素时，应该注意下标值应在已定义的数组大小的范围内。常出现的错误如下：

```
int a[3][4];
a[3][4] = 3;
```

定义 a 为 3×4 的二维数组，它可用的行下标值最大为 2，列下标值最大为 3。如果用 a[3][4]则超过了数组下标的范围，但编译器不会给出错误信息。

请读者严格区分在定义数组时用的 a[3][4]和引用元素时用的 a[3][4]的区别。前者 a[3][4]用来定义数组的维数和各维的大小，后者 a[3][4]中的 3 和 4 是下标值，a[3][4]代表某一个元素。

4.2.3　二维数组的初始化

二维数组的初始化有以下几种方法。

（1）按行给二维数组赋初值。如：

```
int a[3][4]={{1,2,3,4},{5,6,7,8},{9,10,11,12}};
```

这种赋初值方法比较直观，把第1个花括号内的数据赋给第1行的元素，第2个花括号内的数据赋给第2行的元素……即按行赋初值。

（2）将所有数据写在一个花括号内，按数组元素在内存中的排列顺序对各元素赋初值。如：

```
int a[3][4]={1,2,3,4,5,6,7,8,9,10,11,12};
```

效果同前。但常用第1种方法，因其可读性好。如果在数据较多时用第2种方法，则容易遗漏，也不易检查。

（3）可以对部分元素赋初值。如：

```
int a[3][4]={{1},{5},{9}};
```

它的作用是只对各行第1列的元素赋初值，其余元素值自动为0。赋初值后数组各元素为：

```
1  0  0  0
5  0  0  0
9  0  0  0
```

也可以对各行中的某些元素赋初值：

```
int a[3][4]={{1},{0,6},{0,0,11}};
```

初始化后的数组元素如下：

```
1  0  0   0
0  6  0   0
0  0  11  0
```

也可以只对某几行元素赋初值，如下述语句不对第3行赋初值：

```
int a[3][4]={{1},{5,6}};
```

初始化后的数组元素为：

```
1  0  0  0
5  6  0  0
0  0  0  0
```

也可以对第2行不赋初值，如：

```
int a[3][4]={{1},{0},{9}};
```

（4）对二维数组的全部元素或部分元素赋初值时，定义数组时第一维的长度可省略，但第二维的长度必须给出，系统会根据初值数据的个数及数组的列数来确定数组的行数，并为其分配存储空间。如：

① 对全部元素都赋初值的情况（即提供全部初始数据），如语句：

```
int a[3][4]={1,2,3,4,5,6,7,8,9,10,11,12};
```

与下面的定义等价：

```
int a[][4]={1,2,3,4,5,6,7,8,9,10,11,12};
```

系统会根据初始值数据的总个数分配存储空间，数组 a 有 12 个元素，共 4 列，可以确定该
数组为 3 行。

② 对部分元素赋初值的情况，如：

```
int a[][4]={{0,0,3},{0},{0,10}};
```

这样的写法，能通知编译系统数组共有 3 行 4 列。数组各元素为：

```
0  0  3  0
0  0  0  0
0 10  0  0
```

又如：

```
int a[][3]={{1,2},3,4,5,6};
```

这样的写法，系统也会根据初始数据情况，确定数组共有 3 行 3 列。数组各元素为：

```
1  2  0
3  4  5
6  0  0
```

从本节的介绍中可以看出：C++在定义数组和表示数组元素时采用 a[][]这种两个方括号
的方式，对数组初始化十分有用，它使概念清楚，使用方便，不易出错。

【例 4.6】 生成如下格式的方阵，将其存入二维数组中，并输出这个二维数组所有元素
的值。

```
 1   2   3   4   5
10   9   8   7   6
11  12  13  14  15
20  19  18  17  16
21  22  23  24  25
```

分析：这个方阵的规律是，奇数行中的元素按升序排列，偶数行中的元素按降序排列，
只要逐行处理方阵中的元素，即可得到这种方阵。为了访问二维数组中的所有元素，应使用
两层嵌套循环。外层循环变量控制行，内层循环变量控制列。

```cpp
#include<iostream>
#include<iomanip>
using namespace std;

int main()
{
    int i, j, a[5][5];
    for(i=0;i<5;i++)            // 对各个数组元素赋初值
        for(j=0;j<5;j++)        // 内层 for 循环的循环体只有一条 if-else 语句
            if(i%2==0)
                a[i][j]=i*5+j+1;
```

```
        else
            a[i][4-j]=i*5+j+1;

    for(i=0;i<5;i++)                    // 输出各元素值
    {
        for(j=0;j<5;j++)                // 内层 for 循环用于输出一行元素的值
            cout<<setw(4)<<a[i][j];
        cout<<endl;                     // 换行输出下一行
    }

    return 0;
}
```

4.2.4 二维数组程序设计举例

【**例 4.7**】 从键盘上为数组 a[2][3]输入任意整数值，显示该数组各元素值，并找出该数组的最大元素及其下标。

```
#include<iostream>
#include<iomanip>
using namespace std;

int main()
{
    int a[2][3],i,j;
    cout<<"请输入 2 行 3 列二维数组的元素值: "<<endl;
    for(i=0;i<2;i++)
    for(j=0;j<3;j++)
    {
        cout<<"a["<<i<<"]["<<j<<"]=";
        cin>>a[i][j];
    }
    cout<<"\n 该二维数组为: "<<endl;
    for(i=0;i<2;i++)                                    // 显示数组 a
    {
        for(j=0;j<3;j++)
            cout<<setw(6)<<a[i][j];
            cout<<endl;
    }
    int row = 0, column = 0, max = a[0][0];// 找出该数组的最大元素及其下标
    for(i = 0; i < 2; i++)
    for(j = 0; j < 3; j++)
        if(max < a[i][j])
        { max = a[i][j]; row = i; column = j;}
    cout<<"\n 该数组中最大的元素值为:
        "<<"a["<<row<<"]["<<column<<"]= "<<a[row][column]<<endl;

    return 0;
}
```

程序的运行结果如图 4.8 所示。

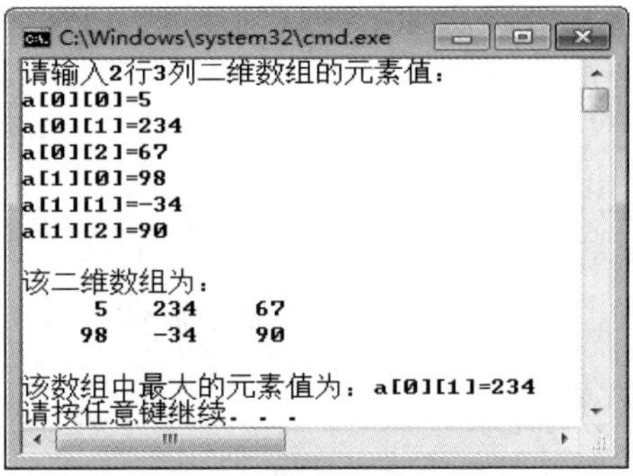

图 4.8　例 4.7 的运行结果

4.3　字　符　数　组

4.3.1　字符数组的定义

字符数组就是数组元素是 char 类型的数组，简称为字符数组。字符数组定义的一般形式如下：

```
char 数组名[常量表达式];
```

例如：

```
char myString[256];
```

字符数组的定义与普通数组没有什么区别，主要的不同之处在于字符数组的初始化与使用方法。

4.3.2　字符数组的初始化

由于字符型数组中的元素是 char 类型，一般用字符型常量给字符型数组赋初值。例如：

```
char myChars[]={'T', 'h', 'i' , 's', 'i', 's', 'a', 'p', 'e', 'n'};
```

这样依次把花括号中的每个字符赋给了 myChars[0]～myChars[9]这 10 个数组元素。

字符数组的初始化有以下两种方式，它们的效果是不同的。

1. 用字符赋初值

例如，语句：

```
char str1[3]={'I', 'B', 'M'};
```

字符数组 str1 共有 3 个元素，数组元素 str1[0]、str1[1]、str1[2]对应的值分别为'I'、'B'、'M'。

说明：

（1）如果花括号中提供的初值个数（即字符个数）大于数组长度，则在编译时，系统会提示为语法错误。如果初值个数小于数组长度，则只将这些字符赋给数组中前面那些元素，其余元素由系统自动定为空字符（即'\0'）。如：

```
char c[10]={'C', 'h', 'i', 'n', 'a'};
```

则数组在内存中的存储状态如图 4.9 所示。

c[0]	c[1]	c[2]	c[3]	c[4]	c[5]	c[6]	c[7]	c[8]	c[9]
C	h	i	n	a	\0	\0	\0	\0	\0

图 4.9　数组在内存中的存储状态

（2）如果提供的初值个数与定义的数组长度相同，则在定义数组时可以省略数组长度说明，系统会自动根据初值个数确定数组长度。如：

```
char str2[]={'a', 'b', 'c', 'd', 'e', 'f', 'g', 'h', 'i', 'j'};
```

数组 str2 的长度自动为 10。当赋初值的字符个数较多时，用这种方法可以省去计算字符个数的麻烦。

2. 用字符串赋初值

形式一：

```
char 数组名[] = "字符串";
```

形式二：

```
char 数组名[] = {"字符串"};
```

这两种形式产生的效果是相同的，它们会产生一个以字符串常量中的每个字符为数组元素且在末尾加一个'\0'的特殊数组。例如：

```
char str3[] = "IBM";
```

字符数组 str3 共有 4 个元素，数组元素 str3[0]、str3[1]、str3[2]、str3[3]对应的值分别为'I'、'B'、'M'、'\0'。

注意：

（1）在 C 语言和 C++语言中，没有字符串数据类型，因此常常将字符串作为字符数组来处理。转义字符'\0'表示的是字符串常量中字符串的结束标志，在末尾保存了'\0'的字符型数组，也可以当成字符串来使用。也就是说，在遇到字符'\0'时，表示字符串结束，由它前面的字符组成字符串。系统对字符串常量也自动加一个'\0'作为结束符。例如，字符串 Program 共有 7 个字符，但在内存中占 8 字节，最后 1 字节'\0'是由系统自动加上的。

（2）在定义数组长度时，应在字符串最大长度的基础上加 1，为字符串结束标志预留空间。例如，定义一个有 10 个字符的字符串，应定义字符数组长度为 11，即

```
char str[11];
```

这样在 str[10]中存放的就是空字符'\0'。

（3）在程序中往往依靠检测'\0'的位置来判定字符串是否结束，而不是根据数组的长度来决定字符串长度。当然，在定义字符数组时应估计实际字符串长度，保证数组长度始终大于字符串实际长度。如果在一个字符数组中先后存放多个不同长度的字符串，则应使数组长度大于最长字符串的长度。

（4）初始化字符数组时，经常用一个字符串作为初值，而不是用单个字符作为初值，这种方法比较直观、方便，更符合人们的习惯。

需要说明的是，对于字符数组并不要求它的最后一个字符必须为'\0'，甚至可以不包含'\0'。下面这种定义是完全正确的：

```
char c[5]={'C', 'h', 'i', 'n', 'a'};
```

用字符串常量赋初值时，就会自动加一个'\0'。有时，人们为了保持处理的一致性，便于测定字符串的实际长度，以及在程序中进行相应的处理，在用单个字符赋初值时往往人为地加上'\0'，例如：

```
char c[6]={'C', 'h', 'i', 'n', 'a', '\0'};
```

注意： 下述语句

```
char str[] = "IBM";
```

并不等价于以下两条语句

```
char str[4];
str = "IBM";
```

因为第二条语句是错误的。数组名 str 是一个常量，代表数组在内存中的起始地址，是由编译系统分配的，在程序运行过程中不能修改数组名（常量）的值。

4.3.3 字符数组的使用

字符数组的使用主要包括对字符数组的赋值、输入、输出和其他处理。

1. 对字符数组的赋值

对字符数组的赋值有以下两种方法。

（1）在定义数组时对字符数组赋初值（称为数组的初始化）。例如：

```
char s1[] = "ABC";
char s2[] = {'B', 'A', 'S', 'I', 'C'};
```

（2）在程序中对字符数组各元素赋值。例如：

```
char s1[4];
s[0]='A'; s[1]='B'; s[2]='C'; s[3]='\0'; // 直接利用赋值语句赋值
```

2. 字符数组的输入输出

字符数组的输入输出有以下两种方法。

（1）将整个字符数组作为字符串处理。

对于数值型数组，只能逐个元素地进行输入和输出，而对于字符数组可以作为字符串一次性地进行输入和输出。

例如，如下语句直接对字符数组 s 进行输入和输出：

```
char s[30];
cin>>s;
cout<<"s="<<s;
```

执行程序后，输入数据 happy，输出结果 s=happy。

如果再次执行程序，输入数据 happy birthday，输出结果 s=happy。可以看出程序运行后，字符数组 s 中的内容并不是 happy birthday，而是将空格前的字符 happy 送到字符数组 s 中，丢失了字符串"birthday"。

这是因为用 cin 为字符数组输入字符串时，系统会一直读取字符，直到遇到空格和回车符（即'\n'）才停止。而用 cout 输出字符数组时，如果遇到字符串结束标记'\0'，则输出结束。

如果希望读取含有空格的字符串或有多行的数据，如上例中的字符串 happy birthday，可以使用 cin.get()。cin.get()的格式如下：

```
cin.get(字符数组名, 字符串长度, 规定的结束符)
```

其中：get()是输入流的成员函数，它在使用时，前面必须加 cin。作用是输入一系列字符，直到输入流中出现规定的结束符或所读字符个数已达到字符数组的长度。当"规定的结束符"省略不写时，默认此时的结束符为 Enter 键。当按下 Enter 键时，cin.get()停止读取字符串的操作，并自动在输入的字符后面加上'\0'。

【例 4.8】 输入一个含有空格的字符串，并将其输出。

```cpp
#include<iostream>
using namespace std;

int main()
{
    char str[50];
    cout<< "Please input strings: ";
    cin.get(str,50);                    //默认结束符为 Enter 键
    cout<< "The string is: "<<str<<endl;

    return 0;
}
```

程序的运行结果如图 4.10 所示。

注意："规定的结束符"由用户设置，可以是任意字符，例如，可设置为 $ 或 s，此时在输入数据时，所有的数据都被读取，直到遇到所设置的字符才停止。此时可以利用 cin.get()读取多行数据。

图 4.10　例 4.8 的运行结果

（2）字符数组元素的输出。

字符串可以整体输出，也可以将字符串的每一个值单独输出。

【例 4.9】 读入一字符串，反向输出每一个字符。

```cpp
#include<iostream>
#include<cstring>
using namespace std;

int main()
{
    char str[100];
    cout<<"请输入一个字符串：";
    cin.get(str,100);
    cout<<"字符串"<<str<<"的反向字符串为："；
```

```
    for(int i = strlen(str) - 1; i >= 0; i--)//strlen()为求字符串长度函数
        cout<<str[i];
    cout<<endl;

    return 0;
}
```

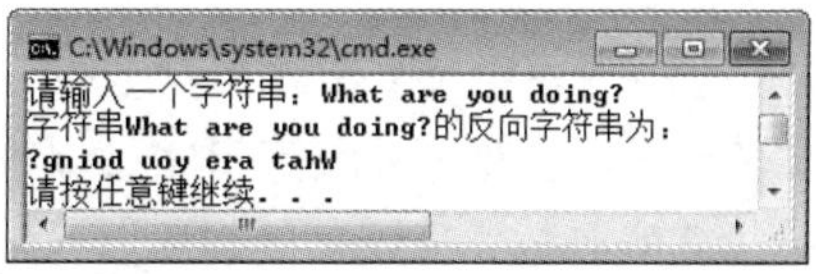

图 4.11   例 4.9 的运行结果

程序的运行结果如图 4.11 所示。

4.3.4   字符数组程序设计举例

【例 4.10】 在给定的由英文单词组成的字符串中，找出其中包含的最长单词（同一字母的大小写视为不同字符）。约定单词全由英文字母组成，单词之间由一个或多个空格分隔。

算法分析：自左到右顺序扫描字符串，逐个找出单词（单词开始位置和单词长度）。当该单词的长度比已找到的单词更长时，记录该单词的开始位置和长度。继续此过程直至字符串扫描结束，最后输出找到的单词。

```
#include<iostream>
using namespace std;

int main()
{
    char s[] = "This is C programming test.";
    int i = 0, pLen = 0, maxLen = 0, pSeat = 0;
    while(s[i] != '\0')
    {
        while(s[i] != ' ' && s[i] != '\0')    // 区分单词并计算长度
        {
            pLen++;
            i++;
        }
        if(pLen > maxLen)                      // 记录最长单词的位置与长度
        {
            pSeat = i - pLen;
            maxLen = pLen;
        }
        while(s[i] == ' ')
            i++;
        pLen = 0;                              // 为计算下一个单词长度赋初值
    }
    cout<<"最长的单词为: ";
    for(i = 0; i < maxLen; i++)
        cout<<s[pSeat+i];
    cout<<endl;

    return 0;
}
```

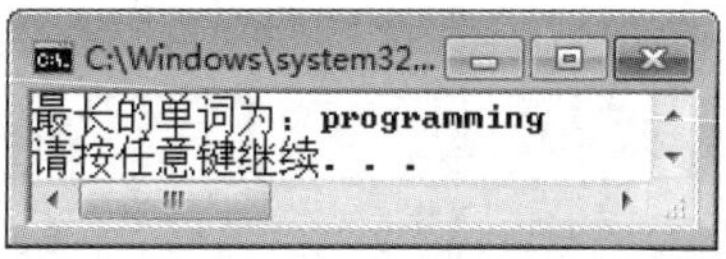

图 4.12   例 4.10 的运行结果

程序的运行结果如图 4.12 所示。

程序解析：

由于在字符串中的所有字符，除最后的'\0'外，都是非 0 值，所以上面的第 1 个 while 循环也可写成 while(s[i])，这两种表示在应用中都很普遍。

4.3.5 字符串处理函数

C++语言中没有字符串型变量，要实现字符串的运算，例如，连接两个字符串，求字符串长度等，需要另外编写程序对字符数组进行操作。在 C++语言的库函数中提供了各种字符串运算的函数，可以直接调用。下面介绍的几个字符串处理函数都定义在头文件 cstring（实质上是 C 语言标准库中的 string.h 头文件）中，使用这些字符串处理函数必须首先将该头文件包含进来。

注意：string.h 是旧的 C 语言头文件，对应的是字符串处理函数；string 是包装了 std 的 C++语言头文件，对应的是新的 string 类；cstring 是对应旧的 C 语言头文件的 std 版本。（标准化委员会将现有 C++语言头文件名中的.h 去掉，所以就出现了 iostream.h 和 iostream 等很多"双胞胎"。对于 C 语言头文件，采用同样方法但在每个名字前还要添加一个字母 c，所以 C 语言标准库的 string.h 变成了 C++语言中的 cstring。）

下面介绍几种常用的字符串处理函数。

1. 求字符串长度的函数 strlen

格式：

```
strlen(字符数组)
```

功能：测试字符串的长度，即字符串中包含的字符个数，不包括字符串结束标志'\0'。该函数的返回值为字符的个数。

【例 4.11】 输入任意字符串，求出其长度。

```cpp
#include<iostream>
#include<cstring>
using namespace std;

int main()
{
    char str[50];
    cout<<"Please input a string: ";
    cin.get(str,50);
    cout<<"The length of string "<<str<<" is "<<strlen(str)<<endl;

    return 0;
}
```

程序的运行结果如图 4.13 所示。

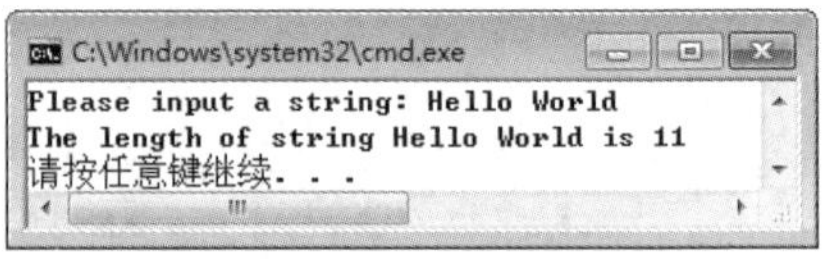

图 4.13 例 4.11 的运行结果

2. 字符串复制函数（或字符串拷贝函数）strcpy

格式：

```
strcpy(字符数组 1, 字符数组 2)
```

功能：把字符数组 2 中的字符串复制到字符数组 1 中。字符串结束标志'\0'也一同复制。字符数组 2 也可以是一个字符串常量，这时相当于把一个字符串赋给一个字符数组。例如：

```cpp
char s1[10], s2[] = "Happy";
strcpy(s1, s2);
```

程序运行后，s1 的存储情况如图 4.14 所示，s1[6]～s1[9]中的字符为随机值。

图 4.14　字符串 s1 的存储结构

注意：

（1）字符数组 1 的长度必须定义得足够大，以便能容纳被复制的字符串 2。也就是说字符串 1 的长度不能小于字符串 2 的长度。

（2）字符数组 1 必须写成数组名形式（如 s1），字符数组 2 可以是字符数组名，也可以是字符串常量。如"strcpy(s1,"Happy");"作用与前面相同。

（3）数组之间不能相互赋值，即不能使用赋值表达式语句将一个字符数组或一个字符串常量赋给另一个字符数组。

例如：

```
s1 = "Happy";
s2 = s1;
```

均是不合法的。

3. 字符串连接函数 strcat

格式：

strcat（字符数组 1,字符数组 2）

功能：连接两个字符数组中的字符串，把字符串 2 连接到字符串 1 的后面，结果放在字符数组 1 中。例如：

```
char s1[50] = "happy ";
char s2[10] = "birthday";
strcat(s1, s2);
cout<<s1;
```

程序运行后的输出结果为：

```
happy birthday
```

注意：

（1）字符数组 1 的长度必须定义得足够大，以便能容纳连接后的新字符串。

（2）在进行连接前，两个字符串的后面都有一个'\0'，连接时将字符串 1 后面的'\0'删除，只在新串的最后保留'\0'。

4. 字符串比较函数 strcmp

格式：

strcmp(字符串 1, 字符串 2)

功能：比较字符串 1 和字符串 2。例如：

```
strcmp(s1, s2);
strcmp("Hello", "here");
strcmp(s1, "here");
```

比较的规则：将字符串 1 与字符串 2 按从左到右的顺序逐个字符地进行比较（按 ASCII 码值大小），直到出现不相同的字符或遇到'\0'为止。若全部字符都相同，则认为两个字符串相等；若出现不同的字符时，则以第一对不相同字符的比较结果为准。

如果字符串 1 小于字符串 2，则该函数返回一个负整数值；如果字符串 1 等于字符串 2，则该函数返回 0；如果字符串 1 大于字符串 2，则该函数返回一个正整数值。

例如：

```
if(strcmp(weekday, "SUNDAY") == 0)
    cout<<"Today we have a party." <<endl;
```

注意：对两个字符串的比较，不能用关系运算符，如以下形式是错误的：

```
if(s1 == s2) cout<<"s1=s2";
```

/*这样比较的是字符数组 s1 和 s2 的起始地址（没有任何意义），而不是比较两个字符串的内容*/
而只能用：

```
if(strcmp(s1, s2) == 0) cout<<"s1=s2";
```

除了上述 4 个常用的字符串处理函数外，在 cstdlib 头文件中，还定义了以下 3 个常用的字符串处理函数。

（1）atoi（字符串）：该函数的功能是将数字字符串转换成整型数。

（2）atol（字符串）：该函数的功能是将数字字符串转换成长整型数。

（3）atof（字符串）：该函数的功能是将数字字符串转换成浮点数。

在 ctype 头文件中还定义了以下两个常用的字符处理函数：

（1）toupper（字符）：将小写字符转换成大写字符。

（2）tolower（字符）：将大写字符转换成小写字符。

以上几个函数请读者自行练习。

4.3.6 字符串程序设计举例

【例 4.12】 下面程序段要求从键盘输入字符串，直到输入 hello 后结束运行。

```
#include<iostream>
#include<cstring>
using namespace std;

int main()
{
    char str[10];
    cout<<"请输入字符串，直到输入 hello 后程序结束: "<<endl;
    do{
        cin>>str;
    }while(strcmp(str,"hello")!=0);
```

```
        return 0;
}
```

程序的运行结果如图 4.15 所示。

图 4.15　例 4.12 的运行结果

【**例 4.13**】　编写一个程序：计算字符串的长度。

```
#include<iostream>
using namespace std;

int main()
{
        char str[50];
        int len = 0;
        cout<<"请输入一个字符串: ";
        cin.get(str, 50);
        while(str[len] != '\0')
            len++;
        cout<<"字符串"<<str<<"的长度为: "
            <<len<<endl;

        return 0;
}
```

程序的运行结果如图 4.16 所示。

图 4.16　例 4.13 的运行结果

习　　题

1. 从键盘上输入 5 个数，然后将它们按照从大到小的顺序输出。

2. 从键盘上为数组 a[2][3]输入任意整数值，显示该数组，找出该数组的最大元素及其下标。

3. 编写程序，统计 Fibonacci 数列前 20 个数中有多少个 3 位数，并输出数列中的第 16 个数。

4. 输入一字符串，统计其中大写字母、小写字母、空格、数字及其他字符的个数。

5. 输入一字符串，反向输出每一个字符，并求此字符串的长度。

6. 输入一字符串，将其中的所有数字删除，并输出改动后的字符串及其长度，例如，输入 ab123df354ADFx193，输出 abdfADFx　8。

第 5 章 　　　　　函　　数

在一个 C++程序中，函数是构成程序的主要部分，是程序设计的核心。在前面各章的程序中大都只有一个主函数 main，但实际应用程序往往由多个函数组成。模块化程序设计允许将问题分解为多个函数模块，每个函数完成特定的功能，这些函数最终通过相互调用而组合为整个程序。

C++语言系统自身提供了丰富的函数，这些函数称为标准函数。标准函数是由 C++语言系统提供的，用户无须定义，也不必在程序中进行类型说明，只需在程序前包含该函数原型的头文件即可。例如，已学习过的字符函数就是标准函数。除此之外，程序设计人员还可以根据具体的要求自行设计函数，用户可把自己的算法编成一个个相对独立的函数模块，然后用调用的方法来使用这些函数。这类函数就是用户自定义函数。本章将重点介绍如何定义函数、函数调用的方法、函数参数传递机制、递归函数、作用域与生命期、带默认形参值的函数、函数重载、函数模板等内容。程序员可以使用标准函数或用户自定义函数对较大型的、复杂的程序进行组织和化简。

5.1　函数的定义

5.1.1　定义函数

定义函数需要指明：函数返回值的数据类型、函数名、形式参数（简称形参）和函数体。一般形式为：

```
数据类型 函数名 (形参表)
{
    语句序列；
}
```

1. 数据类型

数据类型规定了函数返回值的数据类型。当执行完函数体中的语句后，通常会产生一个结果，这就是函数的返回值，它可以是任何有效数据类型。若函数执行后不返回值，则数据类型习惯用 void 来表示。如果在函数定义时没有数据类型出现，则默认表示函数返回一个整型值（int）。

2. 函数名

函数名是一个有效的 C++标识符。在 C++程序中，除了 main 函数外，其他函数名可以由用户自行定义。为养成良好的程序设计风格，程序员设计程序时应给函数命名一个能反映函数功能，且有助于记忆的标识符。

3. 形参表

形参表是用逗号隔开的一个变量名说明列表，这些变量称为函数的**形式参数**，简称为**形参**，用于在函数调用时传递数据。在函数定义中，形参的个数是按函数需要而设定的，也可以没有形参。对于没有形参的函数，形参表用 void 表示或者省略形参表，但函数名之后的一对圆括号不可省略。根据函数定义中有无形参，可将函数分为两类：无参函数与有参函数。

注意：每个形参必须同时说明参数类型和参数名，其一般形式为：

数据类型 变量名 1，数据类型 变量名 2，…，数据类型 变量名 n

例如，函数说明 f(int i, int k, float j)是正确的，而函数说明 f(int i, k, float j)是不正确的。

4. 函数体

由花括号所括起的语句序列称为**函数体**。它定义了函数为完成某项功能所要执行的具体操作。这些操作既可以用语句来描述，也可以通过调用另一些已定义的函数来实现。也就是说，函数体中既包含 C++中的语句，也可以调用其他函数（main 函数除外）。当函数执行结束需要返回一个值时，在函数体中还必须有一条 return 语句。

C++语言还允许出现函数体为空的函数，称之为**空函数**。例如：

```
void empty()
{
}
```

调用空函数时，什么工作也不做，立即返回到调用处。空函数定义出现在程序中有以下目的：在调用该函数处，表明这里要调用某某函数；在函数定义处，表明此处要定义某某函数。因实现函数功能的算法还未确定，或暂时来不及编写，或有待于进一步完善和扩充其功能等原因，暂时还未给出该函数的完整定义。特别在程序开发过程中，通常先开发主要的函数，次要的函数或准备扩充程序功能的函数暂时编写成空函数，使得在程序还未完成的情况下能够调试已完成的部分，或能为以后程序的完善和功能的扩充打下一定的基础。

【例 5.1】 定义一个无参函数 display，用来显示字符串。

```
#include<iostream>
using namespace std;

void display()
{
    cout<<"This is an example. "<<endl;
}

int main()
{
    display();
```

```
    return 0;
}
```

程序的运行结果如图 5.1 所示。

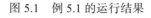

图 5.1　例 5.1 的运行结果

程序解析：

display 是一个无参函数。在 main 函数中调用了 display 函数，通常称调用方为主调函数（这里为 main），被调用方为被调函数（这里为 display）。由于主调函数并没有向被调函数传递数据，因而不需要形参。

【例 5.2】 定义一个有参函数 min，求两个数中较小的值。

```
#include<iostream>
using namespace std;

double min(double x, double y)
{
    return x < y ? x : y;
}

int main()
{
    cout<<min(6.0,5.0)<<endl;

    return 0;
}
```

程序的运行结果如图 5.2 所示。

图 5.2　例 5.2 的运行结果

程序解析：

函数 min 返回 double 型值，它有两个 double 型的形参，即 x 和 y，用于接收从主调函数传递来的实际数据，如图 5.3 所示。函数体中的 return 语句将参数 x 和 y 中的较小的数作为返回值带回到主调函数中。函数的功能是返回 x 和 y 中较小的数。

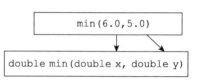

图 5.3　形参接收数据

注意： 在 C++语言中，所有的函数定义，包括主函数 main 在内，都是平行的。也就是说，在一个函数体内，不能再定义另外一个函数，即不能嵌套定义函数。

5.1.2　函数原型

C++中不限定所有函数的出现顺序，但是程序员总是习惯上把 main 函数放在所有函数定义的最前面。而 C++语言规定：函数名必须先说明后使用，因此，当对一个函数的调用出现在该函数定义之前时，必须先对函数进行**原型说明**。

函数原型标识一个函数的返回值类型、函数名、函数形参的个数和类型。为函数构造原型非常简单，在 C++程序中，可使用与函数定义中的函数说明相同的格式来说明一个函数原型。

函数原型的一般形式为：

数据类型　函数名(参数类型说明列表);

其中："参数类型说明列表"是用逗号隔开的一个参数类型说明，其参数个数和指定的类型必须和函数定义中的参数个数和类型一致。由于函数原型是一条语句，因此函数原型必须以分号结束。函数原型不必包含参数的名字，可只包含参数的类型。下面的例子说明了例 5.2 中函数 min 的原型：

```
double min(double, double);
```

设置函数原型的重要作用是可以使编译器检查一个函数调用中可能存在的问题，可以使程序更加安全，避免一些错误的发生。

【例 5.3】 函数原型示例程序。

```
#include<iostream>
using namespace std;

double circleArea(double);

int main()
{
    double area = circleArea(5.0);
    cout<<"area = "<<area<<endl;
    return 0;
}

double circleArea(double r)
{
    double pi=3.14;
    double area = pi * r * r;
    return area;
}
```

程序的运行结果如图 5.4 所示。

图 5.4　例 5.3 的运行结果

程序解析：

（1）这里定义了一个名为 circleArea 的函数，这个函数的功能是计算一个半径为 r 的圆的面积。函数 main()的定义放在前面，函数 circleArea 的定义放在后面，因此，在程序的开始位置有一条 circleArea 函数的原型说明语句：

```
double circleArea(double);
```

（2）在后面的程序中，当需要计算圆面积时，就可以直接使用这个函数了。

在函数原型说明中也可以给出参数名，例如：

```
double min(double first, double second);
```

参数名 first 和 second 对编译器没有意义，但如果取名恰当的话，这些名字可以起到说明参数含义的作用，以帮助程序员正确掌握函数的使用方法。

（3）当函数定义出现在函数被调用之前，则可以不构造函数原型，直接使用即可，如例 5.1。

注意： 在 C++中，main 是主函数，在程序中不被任何函数调用，它只由操作系统调用并返回操作系统。函数 main 是不需要构造原型的。

函　数

5.2 函数的调用

5.2.1 调用函数

函数被定义以后，凡要实现函数功能的地方，就可通过函数调用来完成。函数调用的一般格式为：

函数名（实参表）

函数调用时提供的参数称为**实际参数**，简称**实参**。实参表可包含多个实参，它们之间用逗号隔开，实参可以是常量、变量，也可以是表达式。实参出现的顺序、类型及个数要与形参一一对应。

无参函数的调用形式为：

函数名()

其中：函数名后的一对圆括号是不能省略的。

按函数调用在程序中的作用，分为两种不同类型的应用。

一是函数调用只是利用函数所完成的功能，被调函数为 void 类型。此时，将函数调用作为一条独立的语句。这种应用不要求函数返回值，参见例 5.1。

二是函数调用是利用函数的返回值，或用返回值继续进行表达式的计算，或输出函数返回值等。此时，函数调用必须放在一个表达式中。如：

```
W = min(u + v, a - b) + min(c, t) + 3.9;
cout<<min(u - v, a + b));
```

函数调用过程描述如下。

（1）为函数的形参分配内存空间。

（2）计算实参表达式的值，并将实参表达式的值赋给对应的形参。

（3）执行函数体内的语句序列。

（4）函数体执行完毕，或执行了函数体内的 return 语句（若 return 语句带表达式，则计算出该表达式的值，并以此值作为函数返回值）后，释放为这次函数调用分配的全部非 static（参见 5.5 节）内存空间。

（5）将函数值（如果有）返回到函数调用处继续执行。

下面以简单的例子说明函数调用的执行过程。

【例 5.4】 计算变量 a、b 之和。

```
#include<iostream>
using namespace std;

int sum(int x, int y)
{
    int temp;
    temp = x + y;
```

```
        return temp;
}

int main()
{
    int a, b, c;
    a = 10; b = 5;
    c = sum(a,b);
    cout<<a<<" + "<<b<<" = "<<c<<endl;

    return 0;
}
```

程序的运行结果如图 5.5 所示。

图 5.5　例 5.4 的运行结果

程序解析：

（1）main 为主调函数，sum 为被调用函数。函数调用表达式 sum(a,b)的类型为 int 型。调用 sum 函数时，会为形参 x 和 y 以及 sum 函数中的变量 temp 分配相应的内存空间。

（2）在函数调用过程中，实参 a 的值 10 赋给了形参 x，实参 b 的值 5 赋给了形参 y，程序转去执行函数 sum 中的第一条语句。return 语句将求和结果返回主调函数，返回值为 15，这个值就是调用表达式的值，可以作为操作数在表达式中参与运算（给变量 c 赋值）。函数的调用过程如图 5.6 所示。

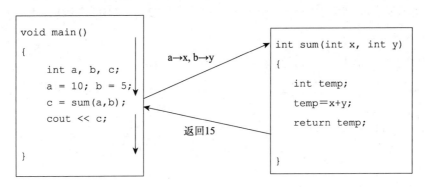

图 5.6　函数调用过程

（3）函数 sum 调用结束后，会释放变量 x、y 和 temp 所占的内存空间。

C++语言对在函数调用中使用的实参的求值顺序（是从左向右或是从右向左对每个实参求值）未进行规定，编译器将根据对代码进行优化的需要自行决定对参数的求值顺序。因而，下列程序的运行结果是不确定的，它依赖于特定的编译器对实参求值的顺序。

【例 5.5】 说明实参求值的顺序。

```
#include<iostream>
using namespace std;

int ncomp(int i,int j)
{
    if( i > j ) return 1;
```

```
        if( i == j ) return 0;
        return -1;
}

int main()
{
    int k=2;
    int n = ncomp(k, ++k);
    cout<<<n<<endl;
    return 0;
}
```

程序解析：

如果系统按从左向右顺序求实参的值，则函数调用 ncmp(k, ++k) 相当于 ncmp(2,3)，这样的调用将返回−1。反之，如果系统按从右向左顺序求实参的值，则函数调用 ncmp(k,++k)相当于 ncmp(3,3)，这样的调用将返回 0。

通过这个实例，读者可检验一下自己所使用的 C++语言编译系统对实参的处理顺序。为了避免上述错误的发生，影响程序的通用性，在程序设计中，程序员应避免将有副作用而依赖于特定计算顺序的表达式作为实参，这点希望读者注意。

5.2.2　参数传递机制

函数调用时，主调函数与被调函数之间要进行数据传递。在 C++语言中，可以使用两种不同的参数传递机制来实现。一种称为"传值"（值调用）调用，另一种称为引用调用。

1. 值调用

下面通过两个例子（例 5.6 和例 5.7）来说明值调用的机制。

【例 5.6】 输入两个整数，比较其大小，输出较大的数（求最大值用函数 max 实现）。

```
#include<iostream>
using namespace std;

int max(int u, int v)
{
    int w;
    w = u > v ? u:v;
    return w;
}

int main()
{
    int a,b,c;
    cout << "please input two numbers: ";
    cin >> a >> b;
    c = max(a,b);
    cout<<"a = "<<a<<"\tb = "<<b<<endl;
    cout<<"Max is "<<c<<endl;

    return 0;
}
```

程序的运行结果如图 5.7 所示。

程序解析:

函数 max 的功能是比较变量 u 和 v 的大小,并将较大的数返回主函数。main 函数将从键盘输入的两个变量 a 和 b 的值作为实参,传递给被调用函数 max 的形参 u 和 v。在该例中,a 和 b、u 和 v 分别是函数 main 和函数 max 在各自函数体内部定义的变量,因而它们各自占有不同的内存空间。在函数调用过程中,变量 a 和 b 所在存储空间的值被分别传递给 u 和 v 所在的存储空间,如图 5.8 所示(假设变量 a 和 b 的值分别为 3 和 5)。

图 5.7 例 5.6 的运行结果

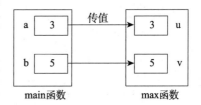

图 5.8 值调用的参数传递

【例 5.7】 求整数 10 的平方。

```cpp
#include<iostream>
using namespace std;

int sqr(int x)
{
    x = x * x;
    return x;
}

int main()
{
    int t = 10;
    int s = sqr(t);
    cout<<"t = "<<t<<'\t'
        <<"sqr("<<t<<") = "<<s<<endl;

    return 0;
}
```

程序的运行结果如图 5.9 所示。

程序解析:

例 5.7 中,函数 sqr 用来求某个数的平方。主函数完成对实参 t 的赋值(10),并将该值传递给形参 x,计算的结果(100)返回函数 main 并被赋给变量 s。函数 sqr 在执行过程中,形参 x 的值由 10 变为 100,但由于形参与实参占用不同的内存空间,因而形参的这种变化并未影响到主调函数 main 中实参 t 的值,如图 5.10 所示。这

图 5.9 例 5.7 的运行结果

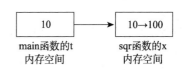

图 5.10 值调用中形参值的
变化不影响实参

个概念可以理解为:形参拥有实参值的另一个备份,当在函数中改变形参的值时,改变的是这个备份中的值,实参的值不受影响,这就是函数调用中的值调用方法。

上面的例子很好地说明了值调用的一个特点:值调用采用的是传值方式,实参的值被传递给形参,由于形参与实参占用不同的内存空间,因而当在函数中改变了形参的值时,相应的实参是不会受影响的。

函数的值调用并非适用于所有函数参数，原因有两个：其一，当需要将一个较大的对象作为参数传给函数时，用于存放该对象备份的空间较大，存放过程所需的时间较长，这对于实际应用来说是不能容忍的；其二，当主调函数希望得到修改后的参数值时，值调用也不再适用，参见例5.8。

【例 5.8】 用值调用的方法实现两个数据互换。

```cpp
#include<iostream>
using namespace std;

void swap(int u, int v);

int main()
{
    int a = 3;
    int b = 4;
    cout<<"a = "<<a<<"\tb = " <<b<<endl;
    swap(a, b);
    cout<<"a = "<<a<<"\tb = "<<b<<endl;

    return 0;
}

void swap(int u, int v)
{
    int temp;
    temp = u;
    u = v;
    v = temp;
}
```

图 5.11　例 5.8 的运行结果

程序的运行结果如图 5.11 所示。

程序解析：

程序中被调函数 swap 确实可以实现变量 u 和 v 之间的数据互换，但为什么程序运行结果显示 a 和 b 的值没有交换呢？再分析程序的执行过程，调用 swap 函数时，实参 a 和 b 的值被分别传递给形参 u 和 v，并且在 swap 函数中 u 和 v 的值进行了互换。根据值调用的特点，形参的变化不能影响主调函数中的实参，因而导致实参 a 和 b 的值没有如希望的那样实现互换。解决这个问题的较好办法是使用参数传递的另一种机制——引用调用。

2. 引用调用

一个变量可以声明为一个**引用变量**（简称为**引用**），它为该变量的别名。因此对引用进行操作，实际上就是对被引用的变量进行操作。引用运算符为"&"，声明的一般形式为：

数据类型 &引用变量名 = 变量名；

其中，"**&**"可以靠左、靠右或居中。例如：

```cpp
int num;
```

```
int &ref=num;
```

ref 被声明为一个 int 型引用，并初始化为对整型变量 num 的引用。即为整型变量 num 取一个别名 ref, ref 称为对 num 的引用，num 称为 ref 的引用对象。

注意： 编译系统不会为引用开辟相应的内存空间。

C++语言中的引用变量在 C 语言中是没有的，填补了 C 语言留下的一大空白，引用允许用户创建变量或者对象的别名，从而简化了编码工作，为函数及类的使用提供了更加直观的接口。

既然可以直接访问变量，为什么要通过引用来访问呢？引用真正的作用是在函数中作为形参，实现参数的引用调用。

要把形参声明为引用型，只需在参数名字前加上引用运算符&即可。将例 5.8 程序修改如下。

【例 5.9】 用引用调用的方法实现两个数据互换示例。

```cpp
#include<iostream>
using namespace std;

void swap(int &u, int &v);

int main()
{
    int a = 3;
    int b = 4;
    cout<<"a = "<<a<<"\tb = " <<b<<endl;
    swap(a, b);
    cout<<"a = "<<a<<"\tb = " <<b<<endl;

    return 0;
}

void swap(int &u,int &v)
{
    int temp = v;
    v = u;
    u = temp;
}
```

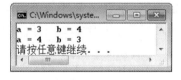

程序的运行结果如图 5.12 所示。

图 5.12　例 5.9 的运行结果

程序解析：

（1）在例 5.9 中，表达式 int &被称为一个类型表达式，这种类型被称为引用类型。swap 函数中的两个形参被声明为引用类型。当调用该函数时，形参 u 和 v 分别是实参 a 和 b 的引用，即它们的别名。被调函数 swap 对 u 和 v 的操作实质上是对主调函数 main 中的变量 a 和 b 的操作。这样，形参使用了与对应实参相同的内存空间，使得每一个实参对象都可以使用两个标识符来引用，如图 5.13 所示。

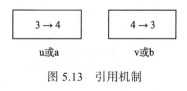

图 5.13　引用机制

（2）一个实参对象既可以使用 a 来引用，也可以使用 u 来引用。这就是说，对于同一个对象，main 函数和 swap 函数都可以操作，只是在 main 函数中，这个对象被命名为 a，而在 swap 函数中，这个对象被命名为 u。因此，下述程序段实际执行的内容为注释所描述的信息。

```
int temp = v;      // 用 main 函数中名为 b 的对象的值来更新 temp
v = u;             // 用 main 函数中名为 a 的对象的值来更新 main 函数中名为 b 的对象
u = temp;          // 用 temp 值来更新 main 函数中名为 a 的对象
```

注意：利用引用调用时，实参必须是变量而不能是常量，因为此时参数传递的是地址。实参可以由被调函数重新赋值。

5.2.3 函数返回值

利用 **return 语句**可以把被调函数的操作结果传递回主调函数。

return 是流程控制语句。它包含在函数体中，其一般语法格式为：

```
return (表达式);
```

其中：return 后面的括号部分可以省略。

当函数执行 return 语句或执行完函数体的语句序列后，函数的这次调用就执行结束，随之将控制返回函数调用处继续执行。

函数的返回值是通过执行 return 语句时，计算 return 之后的表达式值而获得的。如果函数不提供返回值，则 return 语句不应包含表达式。

为了明确指明函数不提供返回值，建议在函数定义时，在函数名之前写上 void。并在这样的函数体内，所有的 return 语句都不应该带表达式。

函数定义中的 return 语句的表达式类型应与函数定义中指明的返回值类型相一致。如果 return 语句中的表达式类型与函数定义指明的返回值类型不一致时，以函数的返回值类型为准，系统会自动进行类型转换。

一个函数体中可以使用多条 return 语句，但每次调用时只能执行其中的一条语句。

【例 5.10】 void 类型函数中 return 语句的作用示例。

```
#include<iostream>
using namespace std;

void display(int x, float y)
{
    cout << x << " "<< y;
    return;
}

int main()
{
    float a;
    int b;
    cin >> b >> a;
    display(b,a);
```

```
    return 0;
}
```

程序解析：

（1）在函数 display 中，return 语句仅有的作用是返回它的主调函数处。

（2）函数执行过程中遇到表示函数结束的右花括号时，程序就返回到它的主调函数处，并且没有返回值，因此，对于函数 display，最后一条 return 语句可以省略。

5.2.4 函数调用中的数据流

函数调用过程中，在主调函数与被调函数中存在一种数据流，包括参数传递和函数的返回值。

对于值传递方式的函数调用，通过参数的单向传递将数据由主调函数传递给了被调函数，再由被调函数中的 return 语句将数据（处理后的结果）回传给主调函数。一般情况下，在引用调用的被调函数中是不需要 return 语句的，它的数据流入和流出完全由参数传递来实现。

根据参数在数据流向中所承担的不同角色，将其分为以下三类。

（1）流入参数：为值调用，实参可为常量或为具有初始值的变量，由实参单向传递数据给形参。

（2）流出参数：为引用调用，实参必须为变量，由形参单向回传数据给实参。

（3）流入流出参数：为引用调用，实参必须为变量且具有初始值，先由实参传递数据给形参，再由形参将处理后的数据回传给实参，实现数据的双向传递。

为使程序具有更好的可读性，应该在不同类型的形参前面加上相应的注释：/*in*/ 表示流入参数，/*out*/表示流出参数，/*inout*/表示流入流出参数。

【例 5.11】 不同类型参数的示例程序（求一元二次方程的根）。

```
#include<iostream>
#include<cmath>
using namespace std;

void  GetRoots(/*in*/double, /*in*/double, /*in*/double,
                    /*out*/double&, /*out*/double&);
// 函数 GetRoots 用于求一元二次方程的两个根
// 前三个形参为流入参数，是值调用，分别用于接收主调函数传递的三个系数值
// 后两个形参为流出参数，是引用调用，将计算后的两个根回传给实参

int main()
{
    double a,b,c;
    double root1,root2;
    cout<<"输入方程的三个系数 a,b,c: "<<endl;
    cin>>a>>b>>c;
    GetRoots(a,b,c, root1,root2);
    // a、b、c 作为值调用的三个实参，必须要有初始值
```

103

```
    // root1、root2 作为引用调用的两个实参，可以没有初始值
    cout<<"root1= "<<root1<<" root2= "<<root2<<endl;

    return 0;
}

void GetRoots(/*in*/double a,/*in*/double b,/*in*/double c,
                /*out*/double& root1, /*out*/double& root2)
{
    double temp;
    temp = b * b - 4.0 * a * c;
    root1 = (-b + sqrt(temp)) / (2.0 * a);
    root2 = (-b - sqrt(temp)) / (2.0 * a);
}   // 注意 GetRoots 函数中没有 return 语句
```

程序解析：

形参 root1、root2 分别为实参 root1 和 root2 的别名，所以在被调函数 GetRoots 中为 root1 和 root2 赋值，实质上是对 main 函数中的变量 root1 和 root2 赋值。

【例 5.12】 为例 5.9 中 swap 函数的形参加上注释。

```
void swap(/*inout*/int &u, /*inout*/int &v)
// 两个参数均为流入流出参数，是引用调用，对应实参必须是变量且具有初始值
{
    int temp = v;
    v = u;
    u = temp;
}
```

5.3   函数的嵌套调用

在 C++语言中，所有的函数从定义关系上来看是平等的，也就是说在定义函数时，一个函数体内不能包含另一个函数的定义。但从调用关系上来看，函数之间存在一种关系，称为嵌套调用。这种关系表现为在某一个被调函数执行过程中，又可以对另一个函数进行调用。也就是说，函数在执行过程中，不是执行完一个函数再去执行另一个函数，而是可以在任何需要的时候对其他函数进行调用，这就是函数的嵌套调用。下面看一个模拟的例子：

```
int a();
int b();
int main()
{
    ...
    a();
    ...

    return 0;
}

int a()
{
```

```
     ...
     b();
     ...
}

int b()
{  ...  }
```

图 5.14 给出了上面程序的流程，序号表示执行的先后关系。这是一个两层的嵌套，main 函数调用了 a 函数，而函数 a 又调用了 b 函数。

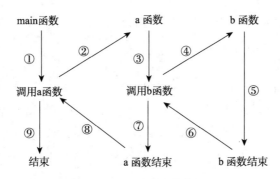

图 5.14　两层嵌套的执行过程

【例 5.13】　计算 $sum=2^2!+3^2!$。

本题可编写两个函数，一个是用来计算平方值的函数 f1，另一个是用来计算阶乘值的函数 f2。主函数先调用函数 f1 计算出平方值，再在 f1 中以平方值为实参，调用函数 f2 计算其阶乘值，然后返回给函数 f1，再返回主函数 main，在 for 循环中计算累加和。

```
#include<iostream>
using namespace std;

long f2(int);

long f1(int p)
{
    int k;
    long r;
    k = p * p;
    r = f2(k);
    return r;
}

long f2(int q)
{
    long fact = 1;
    for(int i = 1; i <= q; i++)
      fact *= i;
    return fact;
}
```

```
int main()
{
    int i;
    long sum = 0;
    for(i = 2; i <= 3; i++)
        sum += f1(i);
    cout<<"sum = "<<sum<<endl;
    return 0;
}
```

图 5.15　例 5.13 的运行结果

程序的运行结果如图 5.15 所示。

程序解析：

（1）在程序中，函数 f1 和 f2 的返回值均为 long，都在 main 函数之前定义，故不必再在 main 函数中对 f1 和 f2 加以说明。

（2）在 main 函数中，执行 for 循环依次把 i 值作为实参传递给 f1 函数的形参 p。在 f1 函数中，首先求出 p^2（即 i^2）值，然后调用 f2 函数，把 p^2 值作为实参传递给 f2 函数的形参 q，在 f2 函数中完成求 q!（即 $i^2!$）的计算。f2 函数执行完毕把 fact 值（即 $i^2!$）返回给 f1，再由 f1 返回 main 函数实现累加。至此，由函数的嵌套调用实现了题目的要求。

（3）由于运算过程中的数值很大，所以函数和一些变量的类型都说明为 long 类型，否则容易造成计算错误。

【例 5.14】 用弦截法求解 $f(x) = x^3 - 4x^2 + 6x - 10$ 的根。

弦截法的算法如下：

（1）取两个不同点 x_1、x_2，若 $f(x_1)$、$f(x_2)$ 符号相反，则 (x_1, x_2) 区间内必有一个根。首先从键盘输入 x_1、x_2，若输入的 x_1、x_2 不满足 $f(x_1)$、$f(x_2)$ 符号相反的条件，则重新输入，直到满足为止。

（2）连接 $f(x_1)$、$f(x_2)$ 两点，此线（即弦）交 x 轴于 x 点（见图 5.16）。x 点坐标可由下列公式导出（设计为 point 函数）：

$$x = \frac{x_1 f(x_2) - x_2 f(x_1)}{f(x_2) - f(x_1)}$$

（3）若 $f(x)$ 与 $f(x_2)$ 异号，则根必在 (x, x_2) 区间内，此时，将 x 作为新的 x_1。若 $f(x)$ 与 $f(x_2)$ 同号，则根必在 (x_1, x) 区间内，此时，将 x 作为新的 x_2。

（4）重复步骤（2）、步骤（3），直到 $|f(x)| < \varepsilon$ 为止（ε 为一个很小的数，如 1×10^{-6}），此时认为 $f(x) \approx 0$。

根据上述算法，在此设计三个函数分别来实现各部分的功能。

① 设计函数 $f(x)$ 用来求函数的值：x*x*x–4*x*x+6*x–10。

② 设计函数 point(x_1, x_2)，求 $f(x_1)$ 与 $f(x_2)$ 连线与 x 轴的交点坐标。

③ 设计函数 root(x_1, x_2)，求方程在 (x_1, x_2) 区间的根。

编程如下：

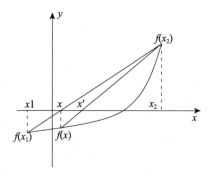

图 5.16　弦截法

```cpp
#include<iostream>
#include<cmath>
using namespace std;

float f(float x);                       // 求函数值
float root(float x1, float x2);    // 求函数的根
float point(float x1, float x2);   // 求与 x 轴的交点

int main()
{
    float x1, x2, y1, y2, x;
    do                                  // 输入 x1、x2，直到 f(x1)f(x2)异号
    {
        cout<<"请输入根所在的范围:";
        cin>>x1>>x2;
        y1 = f(x1);
        y2 = f(x2);
        cout<<"两端点的值为["<<y1<<", "<<y2<<"]"<<endl;
    }while(y1 * y2 >= 0);
    x = root(x1, x2);                   // 求(x1,x2)区间的根
    cout<<"在"<<x1<<"与"<<x2<<"之间，方程的解为"<<x<<endl;

    return 0;
}

float f(float x)
{
    return(x * x * x - 4 * x * x + 6 * x - 10);
}

float root(float x1, float x2)
{
    float y1,x,y;
    y1 = f(x1);
    do
    {
        x = point(x1, x2);
        y = f(x);
        if(y * y1 > 0)
        {
            y1 = y; x1 = x;
        }
        else x2 = x;
    }while(fabs(y) >= 0.0001);

    return x;
}

float point(float x1, float x2)
{
    float y;
    y = (x1 * f(x2) - x2 * f(x1)) / (f(x2) - f(x1));
```

```
        return y;
    }
```

程序的运行结果如图 5.17 所示。

程序解析：

（1）在 root 函数中要用到求绝对值的函数 fabs，它是一个标准的库函数，属于数学函数库，因此在程序开始处应有一条包含指令：#include<cmath>。

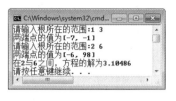

图 5.17　例 5.14 的运行结果

（2）程序执行过程中函数嵌套调用关系如图 5.18 所示。

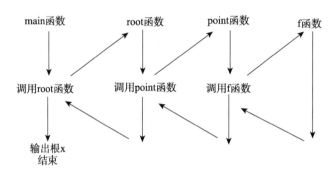

图 5.18　函数嵌套调用关系

5.4　递　归　函　数

一个函数在它的函数体内直接或间接调用它自身称为递归调用，这种函数称为递归函数。在递归调用中，主调函数又是被调函数。执行递归函数将反复调用其自身，每调用一次就进入新的一层。在程序设计技术中，经常会出现递归算法，如果某种程序设计语言能够支持算法的递归求解，那么，就可以设计出与问题的求解过程相一致的算法。C++语言允许函数的递归调用。

例如，有函数 f 如下：

```
int f(int x)
{
    int y, z;
    z = f(y);
    return z;
}
```

这个函数是一个递归函数。但是运行该函数将无休止地调用其自身，这当然是不正确的。为了防止递归调用无休止地进行，必须在函数体内有终止递归调用的手段。常用的办法是加条件判断，满足某种条件后就不再进行递归调用，然后逐层返回。

一个问题能否用递归实现，看其是否具有下面的两个特点。

（1）完成任务的递推公式。

（2）结束递归的条件。

编写递归函数时，程序中必须有相应的两条语句。

（1）一条递归调用语句。

（2）判断结束语句：进行条件判断，决定是否进行递归调用。

下面以求阶乘为例来说明 C++函数的递归执行过程，图 5.19 为此过程的示意说明。

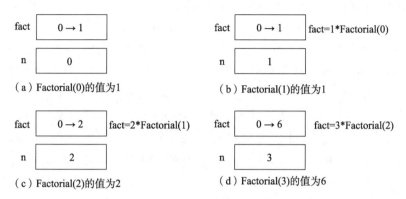

图 5.19　递归调用执行过程示意说明

【例 5.15】　用递归方法求 $n!$。

$$n! = \begin{cases} 1 & (n=0,1) \\ n \times (n-1)! & (n>1) \end{cases}$$

分析：求 $n!$的计算具备递归条件。首先有递推公式 $n!=n*(n-1)!$，第二有结束递归的条件，即 $n=0$ 或 $n=1$ 时不再递归。

```cpp
#include<iostream>
using namespace std;

double Factorial(int n);

int main()
{
    int a;
    double f;
    cout <<"input an integer number: ";
    cin>>a;
    f = Factorial(a);
    cout<<a<<"! = "<<f<<endl;

    return 0;
}

double Factorial(int n)
{
    double fact;
    if(n == 0)
        fact = 1;
    else
        fact = n * Factorial( n - 1);
```

```
    return fact;
}
```

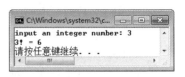

程序的运行结果如图 5.20 所示。

图 5.20　例 5.15 的运行结果

程序解析：

（1）从键盘输入 3 时，main 函数中的表达式 Factorial(a)为 Factorial(3)。当它被执行时，函数 Factorial 被调用，这时建立了如图 5.19 所示的环境（d），n 为 3，不为零，所以函数 Factorial 执行表达式 Factorial(2)，建立环境（c），以此类推，当执行表达式 Factorial(0)时，环境（a）被建立。这时，由于 n 为 0，执行语句 fact=1；从而使递归调用过程结束，控制开始返回到它的调用者那里。这时，表达式 t=n*Factorial(n–1)中的表达式 Factorial(n–1)的值为返回主函数时的 fact 值。这时，继续对这个表达式中未完成的操作（乘和赋值操作）求值。图 5.19（a）到图 5.19（d）给出了这个更新过程的示意说明。

（2）从上面的分析可知，当函数调用自己时，它就在环境中为新的局部变量和参数分配内存，函数代码用这些新的变量和参数重新执行。递归调用并不仅仅是把程序代码复制一遍，只要变量是新的，每次递归调用返回时，就从环境中消除老的局部变量和参数，并从函数内部的该函数调用处启动运行。

（3）编写递归函数时，应注意的一个问题是递归调用最终能被终止，否则，递归调用无限制地进行下去，最终会由于耗尽空间而导致系统崩溃。因而，在设计递归函数时，必须在函数的某些地方使用 if 语句，强迫函数在未执行递归调用时返回。如果不这样做，在递归调用后，它就永远无法返回。这是编写递归函数时经常犯的错误，在程序设计过程中应注意。

【例 5.16】 编程求出 Fibonacci 数列的第 *n* 项。

Fibonacci 数列定义如下：

$$F(n) = \begin{cases} 1 & \text{当} n = 1 \text{时} \\ 1 & \text{当} n = 2 \text{时} \\ F(n-1) + F(n-2) & \text{当} n > 2 \text{时} \end{cases}$$

分析：Fibonacci 数列的计算具备递归条件。首先有递推公式 $F(n)=F(n-1)+F(n-2)$，第二有结束递归的条件，即 *n*=1 或 *n*=2 时不再递归。

假定要求出 Fibonacci 数列的第 8 项，编程如下：

```cpp
#include<iostream>
using namespace std;

const int N = 8;
long fibo(int n);

int main()
{
    long f = fibo(N);
    cout<<"Fibonacci 数列第 8 项的值为: "<<f<<endl;
```

```
        return 0;
}

long fibo(int n)
{
    if(n == 1) return 1L;
    else if(n == 2) return 1L;
    else
        return fibo(n - 1) + fibo(n - 2);
}
```

程序的运行结果如图 5.21 所示。

图 5.21　例 5.16 的运行结果

5.5　作用域与生命期

5.5.1　作用域

在讨论函数的形参时曾经提到，函数形参变量只在被调用期间才分配内存单元，函数调用结束立即释放。这一点表明形参变量只有在函数内才是有效的，离开该函数就不能再使用了。这种变量有效性的范围称为**变量的作用域**。除了形参变量之外，C++语言中所有的变量都有自己的作用域。变量说明的方式不同，其作用域也不同。一个标识符的作用域是程序中的一段区域，该标识符在该段区域是可见的，也就是说可以在该区域内使用此标识符。C++语言规定了五种作用域：函数原型作用域、块作用域（局部作用域）、函数作用域、类作用域、文件作用域（全局作用域）。下面分别对这些作用域进行讨论。

1. 函数原型作用域

这是 C++语言中最简单的一种作用域，这个作用域开始于函数原型说明的左括号、结束于函数原型说明的右括号处。例如下面的函数原型说明：

```
double calNumber(double number);
```

其中，double number 只在圆括号内是有效的，在程序代码的其他地方，若需要用到标识符 number 时必须重新进行定义。

2. 块作用域

块是函数中一对花括号（包括函数定义所使用的花括号）所括起的一段代码区域。在块内说明的标识符具有块作用域，它开始于标识符被说明的地方，并在标志该块结束的右花括号处结束。

说明：

（1）如果一个块内有一个嵌套块，并且该块内的一个标识符在嵌套块开始之前说明，则这个标识符的作用域包含嵌套块。

（2）函数的形参具有块作用域，其开始点在标志函数定义开始的第一个左花括号处，结束于标志函数定义结束的右花括号处，例如：

```
void f(int x)
{                                    // 形参 x 的作用域开始于此
    int y = 3;                       // 局部变量 y 的作用域开始于此
    {
        int z = y + 2;              // y 的作用域包含该嵌套块的作用域，所以 y 在该块内可见
        ...
    }                                // z 的作用域结束于此
    int k;                           // k 的作用域开始于此
}                                    // x、y 和 k 的作用域结束于此
```

（3）在 if 语句中声明的标识符结束于该语句的右花括号处。例如：

```
void fun(int a)
{                                    // 形参 a 的作用域开始于此
    int b;
    cin >>b;
    if(b>0)
    {
        int c;
        ...
    }                                // c 的作用域结束于此
}                                    // a 和 b 的作用域结束于此
```

这个函数中有三处声明，分别定义了三个标识符。形参 a 的作用域最大，从函数定义开始直至函数定义结束的右花括号处。标识符 c 定义在 if 块中，因此这个标识符的声明只在 if 块中起作用。

人们也将块作用域称为局部作用域，所谓的局部变量就是指在这个作用域中所声明的变量。

3. 函数作用域

具有函数作用域的标识符在该函数内的任何地方可见。在 C++语言中，只有 goto 语句的标号具有函数作用域。这个标识符由下述语法形式进行声明：

标号：语句

在函数中做了上述声明后，所声明的标号就可在函数内的任何位置被引用。例如：

```
int main()
{
    int b,count=0;
    A:
    cin>>b;
    if(b>0)
    {
        cout<<b<<'\t';
        count++;
        if(count == 10)
            goto B;
        else
            goto A;
```

```
    }
    else
        goto A;
    B:  cout << "All done" << endl;
}
```

在上述程序中，说明了两个标号 A 和 B，在 main 函数的任意位置，可对这两个标号进行引用。在这里要注意一点，由于标号的作用域为整个函数范围，因此，标号在一个函数体内定义必须是唯一的。该程序的功能是从键盘上输入数据，当输入 10 个正数时程序结束。

注意：goto 语句是危险的，不推荐使用。

4. 类作用域

类及其对象有特殊的访问和作用域规则，关于类作用域的问题会在后面的相关章节中给予说明。

5. 文件作用域

在函数和类之外说明的标识符具有文件作用域。文件作用域从说明点开始，在文件尾处结束。在前面的所有程序中，函数定义和函数原型都是在文件作用域中进行声明，所以，所声明的函数名具有文件作用域。

如果一个标识符出现在头文件中，则该标识符的作用域扩展到包含了这个头文件的程序，直到该程序结束。例如，在程序中经常用到的标识符 cout 和 cin 就是在头文件 iostream 中声明的，这两个标识符的作用域也延伸到包含 iostream 文件的文件作用域中。

在一个文件作用域中，可能包含着其他类型的作用域（函数作用域、块作用域、类作用域）。标识符的声明规则为：在同一作用域中不能声明相同的标识符，但在不同的作用域中可包含同一个标识符。因此，若某个程序中含有多个作用域，可能会出现同名标识符的情况。例如例 5.17。

【例 5.17】 文件作用域示例。

```
#include<iostream>
using namespace std;

int i;                              // 文件作用域

int main()
{
    i = 5;                          // 给文件作用域的变量 i 赋值
    {
        int i;                      // 块作用域
        i = 7;
        cout<<"内层 i = "<<i<<endl;  // 输出 7
    }
    cout<<"外层 i = "<<i<<endl;      // 输出 5

    return 0;
}
```

程序的运行结果如图 5.22 所示。

程序解析：

图 5.22　例 5.17 的运行结果

在这个程序中，最外层的 i 具有文件作用域，最内层的 i 具有块作用域，最内层的 i 只与内层块的声明有关，而与外层块的声明无关。内层块的 i 屏蔽最外层的 i，因此在最内层无法存取文件作用域的 i。解决这一问题的方法是使用作用域运算符::，它可以在块作用域中存取被屏蔽的文件作用域中的标识符。

【例 5.18】 作用域运算符的使用示例。

```cpp
#include<iostream>
using namespace std;

int i = 1;                          // 定义具有文件作用域的变量 i

int main()
{
    cout<<"i = "<<i<<endl;          // 输出具有文件作用域的变量 i 的值 1
    int i = 5;                      // 定义局部变量 i，此时覆盖文件作用域变量 i
    cout<<"i = "<<i<<endl;          // 此时输出上一条语句定义的局部变量 i 的值 5
    {
        int i = 7;                  // 定义块作用域变量 i，此时覆盖前面定义的两
                                    // 个变量 i
        cout<<"i = "<<i<<endl;      // 输出块作用域变量 i 的值 7
        cout<<"i = "<<::i<<endl;    // 输出文件作用域变量 i 的值 1
    }
    cout<<"i = "<<i<<endl;          // 输出局部变量 i 的值 5
    cout<<"i = "<<::i<<endl;        // 输出文件作用域变量 i 的值 1

    return 0;
}
```

程序的运行结果如图 5.23 所示。

5.5.2 全局变量和局部变量

变量可以在文件作用域或块作用域中声明，在文件作用域中声明的变量称为**全局变量**，在块作用域中声明的变量称为**局部变量**。

图 5.23　例 5.18 的运行结果

1. 局部变量

一般来说，在一个函数内部声明的变量为局部变量，其作用域只在本函数范围内。也就是说，局部变量只能在定义它的函数体内部使用，而不能在其他函数内使用这个变量。

例如：

```
char f2(int x, int y)        // 形参 x、y 在函数内定义，属于局部变量
{
    int i,j,b,c;             // i,j,b,c 均是函数 f2 的局部变量
    ...
}
int main()
{
    int m,n;                 // m、n 是主函数的局部变量，只在 main 中有效
    ...
}
```

注意：

（1）main 函数本身也是一个函数，因而在其内部声明的变量仍为局部变量，只能在 main 函数内部使用，而不能在其他函数中使用。

（2）在不同的函数中可声明具有相同变量名的局部变量，系统会自动进行识别。

（3）形参也是局部变量，其作用域在定义它的函数内。所以形参和该函数体内的变量是不能重名的。

2. 全局变量

在文件作用域中声明的变量称为全局变量。全局变量的作用域是从声明该变量的语句位置开始，直至本文件结束。因而全局变量声明后可以被很多函数使用。请看下面的例子：

```
int x,y;                    // 全局变量

void f1()
{...}

float a,b;                  // 全局变量

int f2(int c)
{int z;}

void main()
{
    int m,n;
    ...
}
```

说明：

（1）全局变量的作用域是从声明该变量的位置开始直到程序结束处。因此，在一个函数内部，可以使用在此函数前声明的全局变量，而不能使用在该函数定义后声明的全局变量。比如上面的例子，main 函数和 f2 函数可以使用全局变量 a、b、x、y，而在 f1 函数内只能使用全局变量 x 和 y。

（2）如果想在声明全局变量之前使用该变量，而不需要重新声明，就必须使用 extern 关键字对其加以说明。这种全局变量称为"外部变量"。请看下面的例子，虽然全局

变量 a 和 b 的声明在程序的结尾，但由于被声明为外部变量，因此其作用域应为整个程序。

【例 5.19】 外部变量的使用示例。

```cpp
#include<iostream>
using namespace std;

int max (int x, int y)
{
  int z;
  z = x > y ? x : y;
  return z;
}

int main()
{
    extern int a,b;            // 外部变量说明
    cout<<max(a,b)<<endl;

    return 0;
}

int a = 13, b = -8;            // 全局变量定义
```

（3）全局变量的作用域为函数间传递数据提供了一种新的方法。如果在一个程序中，各个函数都要对同一个变量进行处理，就可以将这个变量定义成全局变量。采用这种方式可以从某个函数内部得到多个计算值。

【例 5.20】 对一个一维数组进行排序示例。

```cpp
#include<iostream>
using namespace std;

void sort(int);               // 排序函数
void echoa();                 // 显示数组 a 的各元素值
int a[5] = {6, 3, 9, 8, 2};   // 定义全局数组 a

int main()
{
    cout<<"原始数组元素为: "<<endl;
    echoa();
    sort(5);
    cout<<"升序排序后的数组元素为: "<<endl;
    echoa();

    return 0;
}

void echoa()
{
    for(int i = 0; i < 5; i++)
        cout<<a[i]<<'\t';
```

```
        cout<<endl;
}

void sort(int n)                // 选择法排序
{
    int i, j, min, temp;
    for(i = 0; i < n - 1; i++)
    {
        min = i;
        for(j = i + 1; j < n; j++)
         if(a[j] < a[min])
                min = j;
        temp = a[i]; a[i] = a[min]; a[min] = temp;
    }
}
```

程序的运行结果如图 5.24 所示。

程序解析：

在这个程序中将数组 a 定义为全局变量，这样在 main 函数中就不用再定义数组，函数间省去了参数的传递。

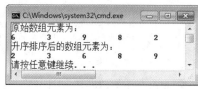

图 5.24　例 5.20 的运行结果

（4）在一个函数内部，如果一个局部变量和一个全局变量重名，则在局部变量的作用域内，全局变量不起作用。

【**例 5.21**】　重名的局部变量和全局变量的作用域示例。

```
#include<iostream>
using namespace std;
int a = 3, b = 5;           // 定义全局变量 a、b

int main()
{
    int a = 8;              // a 是局部变量
    int c;
    c = a > b ? a : b;      // 此时，a 为 8,b 为 5
    cout<<c<<endl;

    return 0;
}
```

程序解析：

全局变量 a、b 可以在 main 函数内起作用，但由于 main 函数内有相同名称的局部变量 a，因而全局变量 a 不再起作用。程序运行结果为 8。

（5）建议尽量少使用全局变量。原因如下。

① 全局变量使各函数互相关联，结构性差。设计函数的目的是让它能够独立完成一定的功能，将来在需要的时候可以不加修改地在其他程序中使用。全局变量使得各模块间独立性减弱，不符合结构化程序设计要求。

② 降低程序可读性。因为全局变量的值随时可能被其他位置的程序修改，不便于阅读，使程序容易出错。

117

5.5.3 生命期

程序中的各种变量都有一个在需要时被创建，而在不需要时被删除的过程。在创建和删除之间所经过的时间就被称为**生命期**。

在计算机系统运行过程中，内存被分为两大块。一块是系统区，存储操作系统等内容；另一块是用户区，存放要运行的用户程序。

当一个 C++程序运行时，C++程序在用户区被分为三部分。第一部分是程序代码区，用来存放 C++程序代码。第二部分是静态存储区，存储在这个区域中的变量，在程序运行过程中占据固定的存储空间，通常，这类变量在程序开始执行时被创建，程序执行完毕才释放存储空间，因而具有静态生命期。全局变量、静态变量、字符串常量和符号常量存放在静态存储区。第三部分是堆栈区，其中，为函数运行而分配的函数参数、局部变量和返回地址存放在栈（stack）区，而动态分配的内存存储在堆（heap）区。具体地说，变量分为四种存储类型：自动的（auto）、静态的（static）、寄存器的（register）、外部的（extern）。以下分别讨论局部变量和全局变量的存储类型。

1. 局部变量的存储方式

1）自动（auto）存储方式

局部变量，如不进行专门说明（专门说明为静态变量），都存放在堆栈区。这种变量只在定义它们的时候才创建，在定义它们的函数返回时系统自动回收变量所占存储空间。对这些变量存储空间的分配和回收是由系统自动完成的，所以也叫自动变量。一般情况下，不进行专门说明的局部变量，均是自动变量。自动变量可用关键字 auto 进行说明。在 C++ 11 标准的语法中，auto 被定义为自动推断变量的类型。C++ 11 标准的 auto 关键字有一个限定条件：必须给声明的变量赋予一个初始值，否则编译器在编译阶段将会报错。例如：

```
int f(int a)
{
    auto c = 3;        // 变量 c 被推断为 int 型，且 C++ 11 标准中必须进行初始化
    int x = 2;         // x 未说明存储类型，则为默认类型（auto）
    ...
}
```

2）静态（static）存储方式

局部变量用关键字 static 进行说明后，成为静态局部变量。静态局部变量属于静态存储类型，被分配在静态存储区，即使在函数调用结束后，其所占内存空间也不被释放，静态变量仍然保存它的值。

说明：

（1）对静态局部变量的初始化是在编译阶段完成的，即在程序运行前就已经初始化完毕了。在程序运行时它已有初值，以后每次调用函数时不再重新初始化而只是直接使用上次函数调用结束时保存下来的值。

（2）如果在程序中没有对静态局部变量进行初始化，那么系统编译时自动对数值型

变量赋值为 0，对字符型变量赋值为'\0'。

（3）虽然静态局部变量在函数返回后依然存在，但由于它是局部变量，所以其他函数是不能使用这个变量的。

（4）局部变量不进行专门说明时，为自动变量；用关键字 static 加以说明后，为静态局部变量。两种变量的区别见表 5.1。

表 5.1   静态局部变量和自动变量比较

	静态局部变量	自动变量
存储类别	静态存储类别，在静态存储区分配内存，程序整个运行期间内存都不释放	动态存储类别，在堆栈区分配内存，函数调用结束后内存即被释放
赋初值时间	在程序编译时赋初值，因此只赋一次初值，以后每次函数调用时，不重新赋初值，而使用上次函数调用结束时的保存值	在程序运行时赋初值，每调用一次都重新赋初值
是否赋初值	编译时自动赋初值 0（数值型变量）或'\0'（字符型变量）	初值是一个不确定的数。因为每次函数调用时均释放其内存单元，下次调用时重新分配，重新分配的内存单元的值是随机的
其他函数调用情况	不可以被其他函数使用	不可以被其他函数使用

【例 5.22】   自动变量与静态局部变量使用示例。

```cpp
#include<iostream>
using namespace std;

int f(int a)
{
    auto b = 0;                 // b 为自动变量
    static int c = 3;           // c 为静态局部变量
    b++;
    c++;
    return(a + b + c);
}

int main()
{
    int a = 2, i;
    for(i = 0; i < 3; i++)      // 三次调用 f 函数
        cout<<f(a)<<endl;

    return 0;
}
```

图 5.25   例 5.22 的
运行结果

程序的运行结果如图 5.25 所示。

程序解析：

（1）第 1 次调用 f 函数时，b 的初值为 0，c 的初值为 3；第 1 次调用结束后，b=1，c=4，a+b+c=7。由于 c 为静态局部变量，在函数调用结束后，其所占内存空间不被释放，仍然保存它的值 c=4；而 b 为自动变量，再次调用时将被重新初始化。

（2）第 2 次调用 f 函数时，b 的初值为 0，c 的值为 4；第 2 次调用结束后，b=1，c=5，a+b+c=8。

（3）第 3 次调用 f 函数时，b 的初值为 0，c 的值为 5；第 3 次调用结束后，b=1，c=6，a+b+c=9。

从上述例子可以看到，在程序中，若需要保留函数上一次调用结束时的值，那么在函数体中定义静态局部变量可达到这一目的。

【例 5.23】 打印连续整数的阶乘（使用静态局部变量）。

```cpp
#include<iostream>
using namespace std;

int fun(int);

int main()
{
    int i,k;
    cout<<"请输入一个非负整数: ";
    cin>>k;
    for(i = 1; i <= k; i++)
        cout<<i<<"! = "<<fun(i)<<endl;

    return 0;
}

int fun(int n)
{
    static int f = 1;          // f 为静态局部变量，每一次函数执行后 i!的值都会保留
    f = f * n;
    return f;
}
```

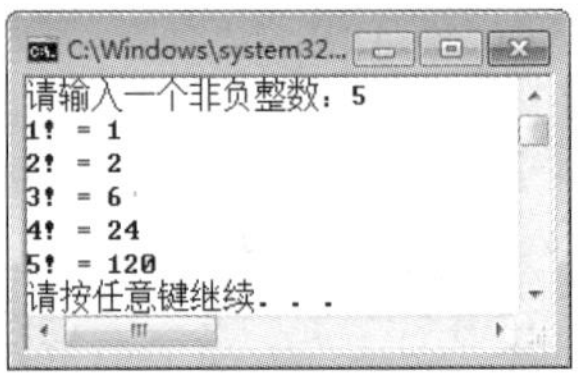

程序的运行结果如图 5.26 所示。

3）寄存器（register）存储方式

一般情况下，变量的值存放在内存中（包括静态存储方式和动态存储方式）。只有程序指令需要时，才从内存中

图 5.26　例 5.23 的运行结果

读取到 CPU 内。如果一个变量在某一段时间内重复使用的次数很多，如循环变量，那么，这种从内存取数的过程将花费大量的时间。所以对这种频繁使用的变量，C++语言允许将它存放在 CPU 内部的寄存器中，以提高程序的运行效率。这种存储在寄存器中的变量称为"寄存器变量"，用关键字 register 声明。

在程序中定义 register 变量对编译系统只是建议性的，而不是强制性的。现在的优化编译系统能够识别频繁使用的局部变量，从而自动将其放到 CPU 的寄存器中，而不需要程序员指定。因此，实际上用 register 声明变量是不必要的。

【例 5.24】 打印连续整数的阶乘（使用寄存器变量）。

```cpp
#include<iostream>
```

```cpp
using namespace std;

int fun(int);

int main()
{
    int i,k;
    cout<<"请输入一个非负整数: ";
    cin>>k;
    for(i = 1; i <= k; i++)
        cout<<i<<"! = "<<fun(i)<< endl;
    return 0;
}

int fun(int n)
{
    register int i, f = 1;      // 变量 i 和 f 是寄存器变量
    for(i = 1; i <= n; i++)
        f = f * i;
    return f;
}
```

程序的运行结果同图 5.26 所示。

注意：

（1）只有自动变量和形参可以作为寄存器变量，而其他变量（全局变量、局部静态变量）不可以。

（2）一个变量被定义为寄存器型，则 C++语言编译系统将尽可能地用寄存器来存储该变量。由于计算机系统中寄存器的数目是非常有限的，所以决定了在 C++程序中寄存器变量的数目有一定的限制，不能定义太多的寄存器变量。

2. 全局变量的存储方式

全局变量采用静态存储方式，放在程序的静态存储区。通常，一个程序可以由多个源程序文件组成。根据某个文件中的全局变量是否能被其他源程序文件使用，又将全局变量分为外部全局变量和内部全局变量。

（1）未加特别说明（说明为静态的）的全局变量是外部的，能被其他文件中的函数使用。而在引用它的文件中，需要用关键字 extern 说明。

【例 5.25】 全局变量使用举例。

```cpp
// 文件 file1.cpp
#include<iostream>
using namespace std;

int a;                      // 全局变量
int power(int n);           // 原型说明

int main()
{
    int b = 3, c, d, m;
```

```
    cout << "enter a and m:" << endl;
    cin >> a >> m;
    c = a * b;
    cout <<"a = "<<a<<"\tb = "<<b<<"\tc = "<<c<< endl;
    d = power(m);               // 调用 power 函数，求 a 的 m 次方
    cout <<"a = "<<a<<"\tm = "<<m<<"\td = "<<d<<endl;

    return 0;
}


 // 文件 file2.cpp
extern int a;

int power(int n)              // 该函数的功能是求 a 的 n 次方
{
    int i,y = 1;
    for(i = 1; i <= n; i++)
    y *= a;

    return y;
}
```

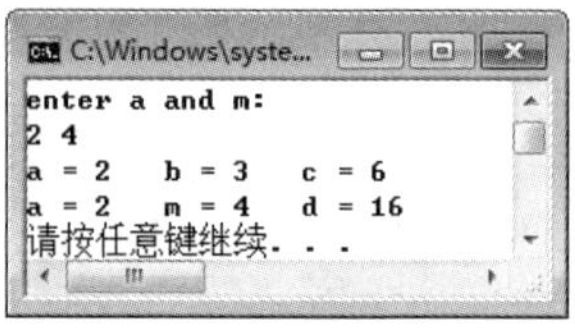

图 5.27　例 5.25 的运行结果

程序的运行结果如图 5.27 所示。

程序解析：

文件 file1.cpp 定义一个全局变量 a，文件 file2.cpp 要使用到这个变量 a，需要在文件 file2.cpp 中进行外部变量使用说明：

```
extern int a;
```

它表明在本文件中使用的变量 a 是一个已在其他文件中定义过的外部变量，可以直接使用。注意，这里的 extern 只是起一个说明作用，它不产生新的变量。

（2）用关键字 static 声明的全局变量是内部的，其作用域为本文件，其他文件不能使用该变量。例如，在下面这三个源程序文件中，共定义了两个全局变量。一个为文件 f3.cpp 中的变量 a，另一个是文件 f2.cpp 中的变量 a。由于在 f2.cpp 中，全局变量 a 用 static 说明，则这个变量的作用域被限定在本文件内，其他源文件（f3.cpp 和 f1.cpp）不能使用。这样 f1.cpp 中的所声明的外部变量 a 实际上是 f3.cpp 中的全局变量 a。

源文件一（f1.cpp）：

```
extern int a;          // 外部变量 a 实际上是 f3.cpp 中的全局变量 a
                       // 在引用它的文件中，需要用关键字 extern 说明
echoa()
{
    int i;
    for(i = 0; i < 5; i++)
        cout<<a++;
}
```

源文件二（f2.cpp）：

```
static int a=10;     // a 用 static 说明，则这个变量的作用域被限定在本文件内
```

```
f1()
{
    ...
}
```
源文件三（f3.cpp）：

```
int a;                  // a 是外部的全局变量，能被其他文件 f1.cpp 和 f2.cpp 使用
int main()
{
    cin>>a;
    echoa();

    return 0;
}
```
工程文件（sj.dsp）：

```
f1.cpp
f2.cpp
f3.cpp
```

3. 存储方式小结

从作用域角度来看，变量可分为全局变量和局部变量。对于局部变量，若使用 static 说明（静态局部变量），则其存储方式为静态存储方式，存放在静态存储区；未加说明的局部变量，一般为自动变量，存放在堆栈区，函数结束后释放其存储空间。

对于全局变量，均使用静态存储方式。使用 static 声明的全局变量，只限在本文件中使用；未加 static 的全局变量则在全部源程序文件中均可以被引用。

5.6　函数的其他特性

除了上述函数的特性之外，C++语言中的函数还有一些其他特性，如内联函数、带默认参数的函数、函数重载、函数模板等，下面分别加以讲述。

5.6.1　内联（inline）函数

在执行程序过程中如果要进行函数调用，则系统要将程序当前的一些状态信息存到栈中，之后进行虚实结合，同时转到函数的代码处去执行函数体语句，这些参数保存与传递的过程中需要时间和空间的开销，使得程序执行效率降低，特别是在程序频繁地进行函数调用以及函数体语句比较少时，这个问题会变得更为严重。为了解决这个问题，C++引入了内联函数机制。

内联函数是 C++语言特有的一种函数特性，是通过在函数声明之前插入 inline 关键字实现的。编译器会将编译后的全部内联函数的目标机器代码复制到程序内所有的引用位置并把往返传递的数据也都融合进引用位置的计算当中，用来避免函数调用机制所带来的开销，从而提高程序的执行效率。显然这是以增加程序代码空间为代价换来的。程序员可以将那些仅由少数几条简单语句组成，无 switch 语句和循环语句的函数定义为内

联函数。对使用了 inline 关键字的函数，编译器也按一定准则判断是否按其指定的 inline 方式处理。对不同公司和不同版本的 C++编译器，这个判决标准也不一样。有些编译器还会对 inline 函数中的循环语句（如 for、while 等）报警或报错。

使用内联函数是一种用空间换时间的措施，若内联函数代码较多，且调用太频繁时，程序将加长很多。因此，通常只有较短的函数才定义为内联函数，对于代码较多的函数最好作为一般函数处理。

一般情况下，对内联函数做如下的限制。

（1）不能有递归。

（2）不能包含静态数据。

（3）不能包含循环。

（4）不能包含 switch 和 goto 语句。

（5）不能包含数组。

若一个内联函数定义不满足以上限制，则编译系统把它当作普通函数处理。

【例 5.26】 内联函数的使用示例。

```cpp
#include<iostream>
using namespace std;

inline double circumference(double radius);
/* 内联函数的声明，如果此处省略 inline 关键字，即使在函数定义时加上 inline 关键字，
编译程序也不认为是内联函数*/

int main()
{
    double r=3.0,s;
    s=circumference(r);
    cout<<"the circumference is "<<s<<endl;
    return 0;
}

inline double circumference(double radius)
// 内联函数的定义，此处也可以省略 inline 关键字
{
    return 2*3.1415926*radius;
}
```

程序的运行结果如图 5.28 所示。

图 5.28　例 5.26 的运行结果

5.6.2　带默认参数的函数

如果在函数说明或函数定义中为形参指定一个默认值，则称此函数为**带默认参数的函数**（或称为带默认形参值的函数）。如果在调用时，指定了形参相对应的实参，则形参使用实参的值。如果未指定相应的实参，则形参使用默认值，这为函数的使用提供了很大的便利。例如，函数 init 可以被说明为：

```cpp
void init(int x = 4);
```

如果调用语句为"init(10);",则这个调用语句传递给形参的值为 10,如果调用语句为"init();",则形参使用默认值 4。C++编译器根据函数说明补足了调用 init()函数时缺少的参数。

指定了初始值的参数称为**默认参数**。如果函数有多个默认参数,则默认参数必须是从右向左定义,并且在一个默认参数的右边不能有未指定默认值的参数。例如:

```
void fun(int a, int b = 1, int c = 4, int d = 5);
```

这个函数声明语句是正确的,默认参数从最右边开始,中间没有间隔非默认参数,但是下面的函数声明语句:

```
void fun(int a = 3, int b = 6, int c, int d);
void fun(int a = 65, int b = 3, int c, int d = 3);
```

都是错误的。因为当编译器将实参与形参进行比较时,是从左到右进行的,如果省去提供中间的实参,编译器就无法区分随后的实参对应哪个形参。

注意:默认参数值的说明必须出现在函数调用之前,如果存在函数原型,则形参的默认值应在函数原型中指定。若函数原型中已给出了形参的默认值,则在函数定义中不得重复指定。

思考:如果函数原型中参数无默认值,但在函数定义中参数带有默认值,编译能否通过?当然,这要视情况而定。实质上这样的程序是不健壮的,在这种情况下写默认参数没有任何意义。若某函数原型为:

```
void display(int a, int b);
```

而函数定义为:

```
void display(int a=20, int b = 30)
{}
```

则函数调用"display(5,6);"是正确的,而函数调用"display();"是错误的。

请读者考虑如果函数原型和函数说明部分的缺省参数不同,会产生什么后果?

5.6.3 函数重载

C++语言编译系统允许为两个或两个以上的函数取相同的函数名,但是形参的个数或者形参的类型不应相同。编译系统会根据实参和形参的类型及个数的最佳匹配,自动确定调用哪一个函数,这就是所谓的**函数重载**。

函数重载使函数方便使用,便于记忆,也使程序设计更加灵活,增加了程序的可读性。例如,求两个数中最大值的函数 max,不管其参数类型是 int、float、double、char等,都可以使用同名函数来实现,调用时只需使用 max 就可以了,编译器将根据实参的类型判断应该调用哪一个函数。

函数重载无须特别声明,只要所定义的函数与已经定义的同名函数形参形式不完全相同,C++语言编译器就认为是函数的重载。例如:

```
#include<iostream.h>
int max(int a, int b)
```

```
{
    if(a > b)
        return a;
    else
        return b;
}
float max(float a, float b)
{
    if(a > b)
        return a;
    else
        return b;
}
char * max(char *a, char *b)
{
    if(strcmp(a,b) > 0)
        return a;
    else
    return b;
}
```

这里定义了三个名为 max 的函数，它们的函数原型不同。C++语言编译器在遇到程序中对 max 函数的调用时将根据参数形式进行匹配，如果找不到对应的参数形式的函数定义，将认为该函数没有函数原型，编译器会给出错误信息。

C++语言允许重载函数有数量不同的参数个数。当函数名相同而参数个数不同时，C++语言会自动按参数个数定向到正确的要调用的函数。通过例 5.27 可以说明这一特性。

【例 5.27】 重载函数应用举例。

```cpp
#include<iostream>
using namespace std;

int add(int x,int y)
{
    int sum;
    sum = x + y;
    return sum;
}

int add(int x,int y,int z)
{
    int sum;
    sum = x + y + z;
    return sum;
}

int main()
{
    int a,b;
    a = add(5, 10);
    b = add(5, 10, 20);
    cout<<"a = "<<a<<endl;
    cout<<"b = "<<b<<endl;

    return 0;
}
```

程序的运行结果如图 5.29 所示。

使用重载函数时要注意以下两点。

图 5.29　例 5.27 的运行结果

（1）不可以定义名称相同、参数类型相同、参数个数相同，只是函数返回值不同的两个函数。例如，以下定义是 C++语言不允许的：

```
int func(int x);
float func(int x);
```

C++语言按函数的参数表分辨相同名称的函数。如果参数表相同，则认为是错误的说明。

（2）如果某个函数参数有默认值，必须保证其参数默认后调用形式不与其他函数混淆。例如，下面的重载是错误的：

```
int f(int a, float b);
void f(int a, float b, int c = 0);
```

因为第二个函数默认参数 c 后，其形式与第一个函数参数形式相同。下面的函数调用语句

```
f(10, 2.0);
```

具有二义性，既可以调用第一个函数，也可以调用第二个函数，因此编译器不能根据参数的形式确定到底调用哪一个。

5.6.4　函数模板

C++语言提供的函数模板可以定义一个对任何类型变量进行操作的函数，从而大大增强了函数设计的通用性。这是因为普通函数只能传递特定数据类型的参数，而函数模板提供了传递不同数据类型的机制。使用函数模板的方法是先说明函数模板，然后实例化成相应的模板函数进行调用。

1. 函数模板

函数模板的一般说明形式如下：

```
template<模板参数表>
<返回值类型> <函数名>(函数模板形参表)
{
    // 函数模板定义体
}
```

其中，<模板参数表>尖括号中不能为空，参数可以有多个，用逗号分开。模板参数主要是模板类型参数。模板类型参数代表一种类型，由关键字 class 或 typename 后加一个标识符构成，在这里，两个关键字的意义相同，它们表示后面的参数名代表一个基本数据类型或用户自定义数据类型。

如果模板参数多于一个，则每个类型形参都要使用 class 或 typename。<模板参数表>中的参数必须是唯一的，而且在"函数模板定义体"中至少出现一次。

127

例如：template<class T>，则 T 可以在程序运行时被 C++语言支持的任何数据类型所取代。如有两个以上的模板参数时，使用逗号分隔，例如：template<class T1,class T2>。由于模板是专门为函数安排的，所以模板声明语句必须置于与其相关的函数声明或定义语句之前，但附于函数声明语句和定义语句前的模板参数表的替代类型标识符可以不一致。

函数模板定义不是一个实实在在的函数，编译系统不为其产生任何执行代码。该定义只是对函数的描述，表示它每次能单独处理在模板参数表中说明的数据类型。

2. 模板函数

函数模板只是说明，不能直接执行，需要实例化为模板函数后才能执行。编译系统发现有一个函数调用语句如下：

函数名(实参表);

这时，将根据实参表中的类型生成一个重载函数，即模板函数。该模板函数的定义体与函数模板的函数定义体相同，而形参表的类型则以实参表的实际类型为依据。

模板函数有一个特点，虽然模板参数 T 可以实例化成各种类型，但是采用模板参数 T 的各参数之间必须保持完全一致的类型。模板类型并不具有隐式的类型转换，例如，在 int 与 char 之间、float 与 int 之间、float 与 double 等之间的隐式类型转换，而这种转换在 C++语言中是非常普遍的。

函数模板方法克服了 C 语言用大量不同函数名表示相似功能的坏习惯；避免了宏定义不能进行参数类型检查的弊端；省去了 C++语言函数重载用相同函数名字重写几个函数的烦琐。因而，函数模板是 C++语言中功能较强的特性之一，具有宏定义和重载的共同优点，是提高软件代码重用率的重要手段。

【例 5.28】 编写一个对具有 n 个元素的数组 a[ ]求最小值的程序，将求最小值的函数设计成函数模板。

```
#include<iostream>
using namespace std;

template<class T>              // 函数模板的定义
T min(T a[], int n)
{
    int i;
    T minv = a[0];
    for(i = 1; i < n; i++)
        if(minv > a[i])
            minv = a[i];

    return minv;
}

int main()
{
    int a[] = {1,3,0,2,7,6,4,5,2};
```

```
    double b[] = {1.2,-3.4,6.8,9,8};
    cout<<"a 数组的最小值为：  "<<min(a,9)<<endl
        <<"b 数组的最小值为：  "<<min(b,4)<<endl;

    return 0;
}
```

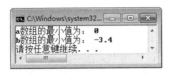

程序的运行结果如图 5.30 所示。

图 5.30　例 5.28 的运行结果

程序解析：

例 5.28 中，如果不采用函数模板，则需要用户自定义以下两个函数（这两个函数的算法完全相同）才可以使程序正常运行，通过例 5.28 也可以体会到使用函数模板的好处。

```
double min(double a[],int n)
{
    int i;
    double minv = a[0];
    for(i = 1; i < n; i++)
        if(minv > a[i])
            minv = a[i];
    return minv;
}

int min(int a[], int n)
{
    int i;
    int minv = a[0];
    for(i = 1; i < n; i++)
        if(minv > a[i])
            minv = a[i];
    return minv;
}
```

3. 模板函数与重载函数

当模板函数与重载函数同时出现在一个程序中时，C++语言编译器的求解次序是先调用重载函数；如果不匹配，则调用模板函数；如果还不匹配则进行强制类型转换，若前面的几种方法都不对，则报告出错。

【例 5.29】　模板函数与重载函数同时出现在一个程序体内示例。

```
#include<iostream>
using namespace std;

const double PI = 3.1415926;

template<class T>
double Circle_Square(T x)
{
    return x * x * PI;
}

double Circle_Square(long x)
```

```
{
    return x * x * PI;
}

int main()
{
    int r1 = 1;
    double r2 = 2.0;
    long r3 = 3;
    cout<<"The first circle square is  "<<Circle_Square(r1)<<endl
        <<"The second circle square is "<<Circle_Square(r2)<<endl
        <<"The third circle square is  "<<Circle_Square(r3)<<endl;

    return 0;
}
```

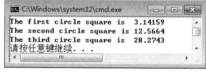

程序的运行结果如图 5.31 所示。

程序解析：

图 5.31 例 5.29 的运行结果

例 5.29 中 Circle_Square(r1)、Circle_Square(r2)

调用的是模板函数，而 Circle_Square(r3)调用的是重载函数 double Circle_Square(long x)。

习　　题

1. 说明下列程序的执行过程和执行结果。

```
#include<iostream>
#include<cmath>
using namespace std;

double squ(double x);

int main()
{
    double x;
    cout<<"please input x: ";
    cin>>x;
    cout<<"The square root of "<<x<<" is "<<squ(x)<<endl;

    return 0;
}

double squ(double x)
{
    double s1, s2;
    s1 = 0.5 * (1.0 + x);
    do
    {
        s2 = s1;
        s1 = (s2 + x / s2) * 0.5;
    }while(fabs(s2 - s1) > 1.0E-6);

    return s1;
```

}

2. 不用库函数，自己编写求整数次幂的函数 long intPower(int base, int exponent)，求 base 的 exponent 次幂。

3. 编写判断一个正整数是否是素数的函数，并加以测试。

4. 编写一个函数，返回与所给十进制正整数数字顺序相反的整数。已知整数是 1234，函数返回值是 4321，并加以测试。

5. 编写一个函数，按所给的百分制分数，返回与该分数对应的等级代号字符，并加以测试。

6. 编写一个函数，求 n 个学生的平均成绩，并加以测试。

7. 编写两个函数，分别求两个整数的最大公约数和最小公倍数。用主函数调用这两个函数，并输出结果，两个整数由键盘输入。

8. 编写三个函数，分别以三种不同的方式输出乘法口诀表：

（1）将 9 行 9 列乘法表全部输出；

（2）输出乘法表中主对角线以上的元素；

（3）输出乘法表中主对角线以下的元素。

9. 编写程序求出三个整数中的最大值、最小值及平均值，要求三个整数在 main 函数中输入，最大值、最小值及平均值由函数求出。要求分别用以下三种方式实现主调函数与被调函数之间的数据传递：

（1）值调用；

（2）引用调用；

（3）用全局变量。

10. 下面的程序定义了全局变量、静态局部变量和局部变量，写出程序的运行结果。

```cpp
#include<iostream>
using namespace std;

void func();
int n = 1;

int main()
{
    static int a;
    int b = -10;
    cout<<"a: "<<a<<"\tb: "<<b<<"\tn: "<<n<<endl;
    b += 4;
    func();
    cout<<"a: "<<a<<"\tb: "<<b<<"\tn: "<<n<<endl;
    n += 10;
    func();

    return 0;
}

void func()
```

```
    {
        static int a = 2;
        int b = 5;
        a += 2;
        n += 12;
        b += 5;
        cout<<"a: "<<a<<"\tb: "<<b<<"\tn: "<<n<<endl;
    }
```

第6章 指　针

6.1　指针的基本概念

在程序运行时 C++语言能够获得变量的地址，并且能够操纵地址，这种用来操纵地址的特殊类型变量就是指针。C++语言的高度灵活性和表达能力在一定程度上来自巧妙而恰当地使用指针，指针也是 C++语言区别于其他程序设计语言的主要特征。指针在 C++程序中有以下作用。

（1）利用指针能间接引用它所指的对象。

（2）指针能用来描述数据和数据之间的关系，以便构造复杂的数据结构。当一个数据 A 要关联另一个数据 B 时，在数据 A 中增加一个指向数据 B 的指针就可实现。结合系统提供的动态内存分配，又能构造出各种动态数据结构。

（3）利用各种类型的指针形参，能增加函数的功能。

（4）指针与数组结合使用，使引用数组元素的形式更加多样，访问数组元素的手段更加灵活。

（5）熟练正确地使用指针能写出更加紧凑高效的程序。

指针对于成功地进行 C++语言程序设计是至关重要的，指针也是 C++语言中最为困难的一部分，在学习中除了要正确理解基本概念，还必须要多进行编程并上机调试和实践。

6.1.1　指针的概念

在讨论指针之前，首先要弄清楚数据在内存中是如何存储、如何读取的。在计算机中，内存是按字节编址的，字节就是一个基本的存储单位，称为存储单元。每个存储单元都有一个编号，这个编号就称为该存储单元的"地址"。按地址可以找到相应的存储单元进而对该存储单元的数据进行存取操作。因此系统对数据的存取最终是通过内存单元的地址进行的。

程序在执行时，程序中的变量将在内存中占据一定的存储单元，用于存放变量的当前值。这些存储单元的开始地址称为**变量的地址**，在这些存储单元中存储的数据信息称为**变量的内容**。现实世界中的数据对象在程序中用变量与其对应，程序用变量定义引入变量、指定变量的类型和名称。变量的类型是供编译系统参考的，根据类型确定变量所需内存空间的字节数量和它的值的表示形式，检查程序对变量操作的合法性，将合法的操作翻译成相应的计算机指令。变量的名称供程序引用，程序按名称引用变量的内容或变量的地址。如有 C++代码：

```
int x = 1;
x = x + 2;
```

其中语句"x = x + 2;"中的第 1 个 x 表示引用变量 x 的地址，第 2 个 x 表示引用变量 x 的内容。该语句的意义是：完成"取 x 的内容，加上 2"的计算，并将计算结果存入变量 x 的地址所对应的单元中。在程序执行时，源程序中按名称对变量的引用，已被转换成按地址引用，利用变量的地址取其内容或存储值。

系统根据数据类型的不同，给变量分配一定大小的存储空间。例如，有的系统给整型变量分配 4 字节，给实型变量分配 4 字节，字符型变量分配 1 字节。如果程序中有如下语句：

```
int a = 3;
int b = 4;
```

则编译系统给整型变量 a、b 分别分配 4 字节作为它们的存储空间，如图 6.1 所示。系统分配 00654000H～00654003H 字节给变量 a，00654004H～00654007H 字节给变量 b。变量 a 的地址是 00654000H，地址 00654000H 指向的存储空间中存放的是数据 3，也就是存储空间的内容为 3，即 a 的值。同样变量 b 的地址为 00654004H。

注意：在内存中并不存在变量名，对变量值的存取都是通过地址进行的。

所谓**指针**，就是一个变量的地址。如变量 a 的地址是 00654000H，则 00654000H 就是变量 a 的指针。

图 6.1　变量的存储

6.1.2　指针变量的定义

综上所述，指针就是变量的地址。定义指针的目的是通过指针去访问内存单元。

在 C++语言中，允许用一个变量来存放指针，这种变量称为指针变量。因此，一个指针变量的值就是某个内存单元的地址或称为某个内存单元的指针。指针变量和普通变量一样占有一定的存储空间，但它与普通变量的不同之处在于指针变量的存储空间中存放的不是普通的数据，而是一个变量的地址。

由于指针变量是一个变量，所以它具有和普通变量一样的属性，即指针变量也有一定的存储类型、数据类型和使用范围。因此，在使用指针变量之前，必须对指针变量进行定义，以说明该指针变量的性质。当指针变量 p 的值为变量 v 的地址时，就说指针变量 p 指向变量 v。为了便于类型检查，一种指针变量不能指向多种类型的变量，在定义指针变量时需指明它所指向的变量的类型。

指针变量定义的一般形式为：

存储类型　数据类型　* 标识符；

"标识符"就是指针变量名。例如，下面语句定义了名为 p 和 q 的两个不同类型的指针变量：

```
int *p;
float *q;
```

标识符前的*，表示其后的名字是一个指针变量名。在本例中，指针变量名是 p 和 q，而不是*p 和*q。C++语言中定义指针变量时，以下形式均为合法：

```
int* p;           // *靠左
float * q;        // *两边都不靠
```

指针的存储类型是指针变量本身的存储类型。它与普通变量一样，分为 auto 型（可默认）、register 型、static 型和 extern 型，不同存储类型的指针使用的存储区域不同。与普通变量一样，指针变量的存储类型及指针定义在程序中的位置决定了指针变量的生命期和作用域，即指针变量分为内部的和外部的，或局部的和全局的。

指针变量的数据类型并不是指针变量本身所持有数据的数据类型，因为指针变量的内容总是一个地址值。在定义指针变量时给定的数据类型，实际上是指针变量所指向变量的数据类型，即指针变量指向的存储单元中数据的数据类型。由前面讨论可知，指针所指向的变量才是参加处理的数据，它们可以是不同的数据类型，指针定义时说明的数据类型，实际上就是指针所指向的变量的数据类型。为便于叙述，通常将指针变量指向的数据类型称为指针变量的数据类型。例如，上例给出的指针变量定义中，p 称为 int 型指针变量，说明指针变量 p 中存放的是 int 型变量的地址，p 为指向 int 型变量的指针；而 q 称为 float 型指针变量，即 q 为指向 float 型变量的指针变量。

一个指针变量只能指向同一类型的变量。例如，p 不能忽而指向一个 int 型变量，忽而指向一个 float 型变量，p 所指向的变量必须是 int 型变量，q 所指向的变量必须是 float 型变量。

6.1.3　指针变量运算符

有两个与指针变量有关的运算符"&"和"*"，下面对它们进行介绍并说明它们之间的关系。

1. 取地址运算符：&

该运算符表示的是对"&"后面的变量进行取地址运算。例如有定义：

```
int a;
```

则表达式&a 表示取变量 a 的地址，该表达式的值为变量 a 的地址。

既然指针变量是用来存放变量地址的变量，因此可以通过"&"运算符将某一变量的地址赋值给指针变量。例如，下面语句：

```
int a = 3;
int *p;
p = &a;
```

定义整型变量 a 和指向 a 的指针变量 p，若变量 a 的地址为 00654000H，则通过"&"运算符将变量 a 的地址赋给指针变量 p，此时指针变量 p 的内容应为变量 a 的地址 00654000H，如图 6.2 所示。

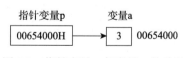

图 6.2　指针变量 p 与变量 a 的关系

2. 指针运算符：*

该运算符也称为"取内容运算符"，它后面必须是一个指针变量。表示的是访问该指针变量所指向的变量，即访问指针所指向的存储空间中的数据。

例如，对上例的指针变量 p，由于 p 中保存着变量 a 的地址 00654000H，则*p 运算就是访问指针变量 p 指向的变量 a，即*p 就是 a，所以*p 的值为 3。

通过上面的说明可以看出，*运算和&运算互为逆运算。若已有上述语句，则分析下述表达式的含义分别是什么？

① &(*p)
② *(&a)
③ (*p)++

对表达式①，先进行*p 运算，它就是变量 a，再进行&运算，即取变量 a 的地址，因此 &(*p)与&a 相同，即是 p。对表达式②，先进行&a 运算，得到 a 的地址，再进行*运算，即 &a 所指向的变量，*(&a)与*p 的作用是一样的，它们等价于变量 a，即*(&a)与 a 等价，如图 6.3 所示。对表达式③，相当于 a++。如果没有括号，就成为*p++，等价于*(p++)，这时先按 p 的原值进行*运算，得到 a 的值，然后使 p 的值自增，指向下一个内存单元，这样 p 就不再指向变量 a 了。

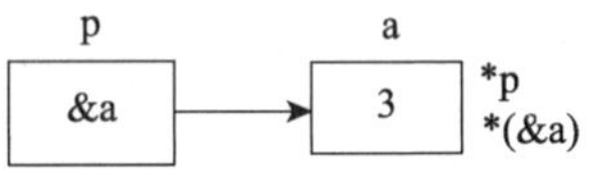

图 6.3　*p 与 a 的关系

由上述说明可以看出，指针具有鲜明的特点，通过指针，不需要变量名就可以直接处理内存中的数据，从而为数据处理提供了一种强有力的工具。此外，利用指针可以访问数据的特点，在函数之间可以非常方便地进行数据的传递。这些内容在后续章节中会逐步介绍。

由于引进了指针的概念，读者在程序中必须注意区分有关指针的各种表示形式以及它们所具有的不同意义。指针也是变量，是变量就具有内存地址，所以指针也有地址。一个指针变量 p 在程序中通常有如下使用形式。

p——指针变量，它的内容是地址值。

*p——指针所指向的变量，是指针所指向的内存空间中的数据。

&p——指针变量所占存储空间的地址。

【例 6.1】　通过本例来理解指针的几种表示形式。

```cpp
#include<iostream>
using namespace std;

int main()
{
    int a = 10;
    int *p;
    p = &a;
    cout<<"a = "<<a<<endl;
    cout<<"p = "<<p<<endl;
    cout<<"&a = "<<&a<<endl;
    cout<<"*p = "<<*p<<endl;
    cout<<"&p = "<<&p<<endl;
    cout<<endl;
    *p = 15;
    cout<<"a = "<<a<<endl;
    cout<<"p = "<<p<<endl;
    cout<<"&a = "<<&a<<endl;
    cout<<"*p = "<<*p<<endl;
    cout<<"&p = "<<&p<<endl;
```

```
        return 0;
    }
```

程序的运行结果如图 6.4 所示。

程序解析：

（1）运行结果中，003FFCE4 是指针 p 的值，即
变量 a 的地址；003FFCD8 是指针 p 的地址，两者是
有区别的。

（2）不同机器上程序的运行结果不同，即使是同
一台机器，在不同时刻运行结果也有可能是不同的。

图 6.4　例 6.1 的运行结果

有了取地址运算符"&"和取内容运算符"*"后，
就有了五种对变量的操作，并且应该正确理解这五种操作的意义。它们是 a、p、*p、&a、
&p（其中 a 为一般变量，p 为指针变量）。注意*a 是非法的，如果访问*a，则编译系统会提
示出错信息。

注意： 指针在使用之前，要先进行赋值。

如以下语句：

```
int x;
int *p;
*p = 5;
```

由于 p 没有赋值，因此指针 p 的内容是一个随机地址值。语句"*p = 5；"是把 5 赋给 p 所
指的内存中的随机单元，因此有可能破坏该单元中的原内容（可能是指令），还可能导致计
算机死机或进入死循环等。正确的形式应为：

```
int x;
int *p;
p = &x;
*p = 5;
```

6.1.4　指针变量的初始化与赋值

与其他变量一样，在定义指针变量的同时，也可以对其赋初值，称为**指针变量的初始化**。
由于指针变量是存放地址的变量，因此对指针变量初始化时所赋的初值必须是地址值。指针
变量初始化的一般形式为：

存储类型　数据类型 * 指针变量名 = 初始地址值；

在指针变量初始化时，系统首先按照用户给出的存储类型、数据类型，在一定的存储区
域为该指针变量分配存储空间，同时把初始地址值置于该指针的存储空间，从而使指针变量
指向了初始地址值所给定的存储空间。例如：

```
int a;
int *p = &a;
```

上述语句在定义指针变量 p 的同时，把整型变量 a 的地址作为初始值赋给了变量 p，从而使
p 指向了变量 a 的存储空间。*仅是一个标记，说明 p 是一个指针变量，在定义的同时将 a

的地址赋予了指针变量 p。上述两条语句还可以写成以下形式：

```
int a,*p = &a;
```

当用一个变量的地址去初始化指针变量时，该变量一定在指针变量初始化前已被定义过，因为只有定义了变量之后，系统才会为变量分配一定的内存空间，进而由变量的地址去初始化指针才有意义。

为明确表示指针变量不指向任何变量，在 C++语言中用 0 值给指针变量赋值表示这种情况，记为 NULL。例如：

```
int *p = NULL;
```

或

```
int * p = 0;
```

指针值为 0 的指针变量为**空指针**。对于静态的指针变量，如在定义时未给它指定初值，系统自动给它指定初值为 0。空指针并不是指针存储空间为空的意思，这里的 0 也不是数值的 0，而是 NULL 字符的 ASCII 码值。空指针表示指向一个不被使用的地址，表示指针的一种状态，它在程序中经常作为一种状态标志使用。在大多数系统中，都将 0 作为不被使用的地址。

在 C++语言中，当定义局部指针变量时，若未给它指定初值，则其值是不确定的。程序在使用它们时，应首先给它们赋值。误用其值不确定的指针变量会引起意想不到的错误。

另外，指针变量对所指变量也有类型限制，不能将一个其他类型变量的地址赋给指针变量。例如，有以下定义：

```
int i = 100, j, *ip, *intpt;
float f, *fp;
ip = &i;
```

以下都是不正确的赋值语句：

```
ip = 100;      // 指针变量不能赋整数值
intpt = j;     // 指针变量不能赋整型变量的值
fp = &i;       // 指向 float 型变量的指针变量 fp，不能指向 int 型变量
fp = ip;       // 两种指向不同类型变量的指针变量不能相互赋值
```

几种常见的指针赋值运算形式如表 6.1 所示。

表 6.1　指针的赋值运算

运　　算	说　　明
p = &x	把变量 x 的地址赋给指针 p，使 p 指向变量 x
p = q	把指针变量 q 的值赋给相同类型的指针变量 p，p 和 q 指向同一存储空间
p = DATA	把数组 DATA 的首地址赋给指针变量 p，使 p 指向数组 DATA 的起始地址
p =&DATA[i]	把数组元素 DATA[i]的地址赋给指针变量 p，使 p 指向数组元素 DATA[i]
p = (类型*)0x0065FDF4	将整型常数 0x0065FDF4 强制转换成存储给定类型数据的地址值，并将其赋给指针变量 p，使 p 指向地址 0x0065FDF4

【例 6.2】 输入两个整数，按由大到小的顺序输出示例一。

```cpp
#include<iostream>
using namespace std;

int main()
{
    int a, b;
    int *p = &a, *q = &b, *tp;
    cout<<"请输入两个数：";
    cin>>a>>b;
    if(a < b)                 // 如果 a 小于 b，则交换指针变量 p 和 q 的内容
    {
        tp = p; p = q; q = tp;
    }
    cout<<"初始的两个数为："<<a<<"  "<<b<<endl;
    cout<<"从大到小排序后的数为："<<*p<<"  "<<*q<<endl;

    return 0;
}
```

程序的运行结果如图 6.5 所示。

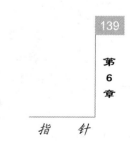

程序解析：

（1）程序中定义了三个指向整型变量的指针变量 p、
q、tp，并对 p、q 进行初始化，使 p、q 分别指向整型变
量 a 和 b（如图 6.6 所示）。指针变量 tp 作为中间指针变量
使用。

图 6.5　例 6.2 的运行结果

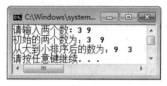

（2）在本例中通过比较整数 a 和 b 的大小，交换指针
变量 p 和 q，使 p 指向较大数的存储空间，q 指向较小数
的存储空间。如图 6.7 所示，变量 a 和 b 并没有被交换，
它们仍保留原来的值。由于指针变量 p 和 q 进行了交换，
p 由原来的指向变量 a 变为指向变量 b，而 q 由原来的指
向变量 b 变为指向变量 a，因此在输出 *p 和 *q 时，是先输
出变量 b 的值，然后再输出变量 a 的值。互换后的情况如
图 6.7 所示。

图 6.6　交换前 p 和 q 的指向

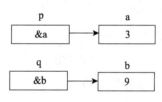

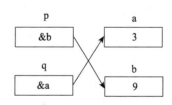

图 6.7　交换后 p 和 q 的指向

【例 6.3】 将两个整数按由大到小的顺序输出示例二。

```cpp
#include<iostream>
using namespace std;

int main()
{
    int a,b,temp;
    int *p = &a, *q = &b;
    cout<<"please input a and b: ";
    cin>>a>>b;
    cout<<"初始的两个数为："<<a<<"  "<<b<<endl;
```

```
      if(a < b)               // 如果 a 小于 b, 则交换*p 和*q, 实质上交换的是 a 和 b 的值
      {
          temp = *p; *p = *q;*q = temp;
      }
      cout<<"从大到小排序后的数为: "<<*p<<"  "<<*q<<endl;

      return 0;
}
```

程序的运行结果同图 6.5 所示。

程序解析：

在本例中进行交换的是*p 和*q, 也就是使 a 和 b 的
值互换。互换后的情况如图 6.8 所示。本例中的变量 temp
是一个 int 型变量, 仍是作为中间变量使用。

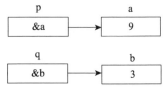

图 6.8　互换后 p 和 q 的指向

6.1.5　指针的运算

指针变量可以像一般变量一样作为操作数参加运算, 但指针变量又与一般变量不同, 其
内容为地址值, 因此指针运算是以指针变量所持有的地址值为运算量所进行的运算, 其实质
是地址的运算。

1. 指针的算术运算

指针的算术运算只有两种：加和减。设 p 和 q 是指向具有相同类型的一组数据的指针,
数据的排列是由前向后的, n 是整数, 则指针可以进行的算术运算有如下几种：

```
p+n      p-n      p++      ++p      p--      --p      p-q
```

1）指针与整数的加减运算

指针可以加减一个整数, 当指针变量 p 指向内存中某一数据时, p+n 就是以该数据的
地址为基点向后数 n 个数据的地址, 而 p-n 则是以该数据的地址为基点向前数 n 个数据的
地址。

由此可见, 指针作为地址值, 与整数 n 相加减后, 运算结果仍为地址值, 它是指针当前
指向位置的后边或前边的第 n 个数据的地址。

由于指针可以指向不同数据类型的变量, 而不同数据类型的变量所占存储空间的大小不
同, 如 char 型数据占 1 字节, short 型数据占 2 字节, int 型数据占 4 字节, 即不同的数据类
型其数据长度是不一样的, 所以指针与一个整数 n 进行加减运算, 并不是简单地用指针的地
址值与整数 n 进行直接的加减运算, 而是先使 n 乘以数据类型变量实际存储时所占的字节数,
再与地址值进行加或减运算。如 char、short、int、float、double 型数据, 数据长度分别是 1、
2、4、4、8 字节。对不同类型的指针变量 p, p±n 表示的实际位置的地址值为：

(p) ± n × 数据长度（字节）

其中：（p）表示指针变量 p 的值, 即 p 指向的地址值。

2）指针加 1、减 1 运算

指针加 1、减 1 实际上是指针加减整数 n 的一个特例, 其物理意义就是指向指针当前指

向位置的下一个或上一个数据的位置。例如，指针 p 进行了 p++ 运算后，就指向了下一个数据的位置，而进行了 p-- 运算后，p 就指向了上一个数据的位置。如前所述，运算后指针的实际地址值取决于指针指向的数据类型。图 6.9 给出了不同数据类型的指针加 1、减 1 后的运算示意。

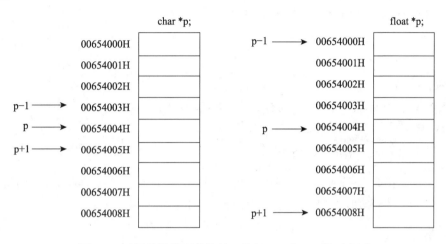

图 6.9　不同数据类型的指针 p 的加 1、减 1 运算示意图

与普通变量一样，指针的加 1 与减 1 运算也分为前置运算和后置运算，当它们与其他运算出现在同一表达式中时，要注意结合规则和运算顺序，否则会得到错误的结果。如有下面的 4 条语句，分析其分别执行的结果：

① x = *p++;
② x = *++p;
③ x = ++(*p);
④ x = (*p)++;

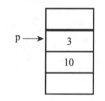

图 6.10　p 指向 3 所在的内存单元

这四条语句都是将指针变量 p 所指向的变量赋给变量 x，p 所指向的存储空间的情况如图 6.10 所示。由于运算优先级和运算顺序的不同，变量 x 中的结果是不同的。

语句①：根据运算符的优先级和运算顺序，* 和 ++ 的优先级比 = 高，而 * 和 ++ 是同级运算符，结合性为右结合性，++ 与 p 先结合，因此，该语句相当于 *(p++)，而 p++ 是后置运算，因此该语句的含义是先访问 p 的当前值指向的存储空间，将其赋给变量 x，然后 p 加 1 指向下一个数据，其结果是 x 得到的值为 3，而 p 指向下一个数据 10。

语句②：相当于 x = *(++p)，其含义是 p 先自增 1，指向下一个数据 10，然后通过 * 运算符取出当前 p 所指向的内存空间的值 10，赋值给变量 x，因此 x 的值为 10。

语句③、④则是对 p 所指向的存储空间进行加 1 运算。语句③中先将 p 所指向的存储空间的值加 1，再赋给 x，因此 x 为 4。语句④是后置运算，先将 p 所指向的存储空间的值赋给 x，因此 x 为 3，然后将该存储空间的值加 1 变成 4。

3）指针的相减

C++语言中允许两个相同数据类型的指针做相减运算，但两个指针的相减不是在它们所指向的两个地址之间做直接的减法运算。C++语言关于地址计算的规则规定：两个指针做相减运算其结果是一个整数，它是两个指针所指向的内存地址位置之间的数据的个数。如在图 6.11 中，short 型指针 p 和 q 中的地址值分别为 2008H 和 2002H，在执行 p－q 的运算时，并不是进行如下运算：

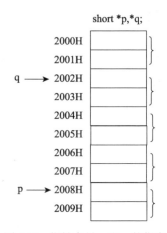

图 6.11　指针变量 p 和 q 的指向

```
2008H - 2002H = 6
```

而是按地址运算规则得出 p－q ＝ 3（short 型数据占 2 字节），即在指针 p 和 q 指向的位置之间有 3 个 short 型数据。

通常指针 p 和 q 相减可通过下列公式得出结果：

```
p - q = ((p) - (q)) / (数据长度)
```

上面的公式中，(p)和(q)分别表示 p 和 q 中的地址值，数据长度随数据类型的不同而变化。根据上面的公式，可以计算出图 6.11 中指针 p 和 q 相减的结果：

```
(2008H - 2002H) / 2 = 3
```

2. 指针的关系运算

两个指针进行关系运算时，它们必须指向同一数据类型，指针的关系运算表示它们所指向的变量在内存中的位置关系。由于数据在内存中的存储顺序是由前向后，若指针 p 和 q 指向同一类型的数据，则指针的关系运算如表 6.2 所示。

表 6.2　指针的关系运算

p 和 q 的关系表达式	关系表达式的结果
p < q	当 p 指向位置在 q 指向位置之前时为真
p > q	当 p 指向位置在 q 指向位置之后时为真
p <= q	当 p 指向位置在 q 指向位置之前或两指针指向同一位置时为真
p >= q	当 p 指向位置在 q 指向位置之后或两指针指向同一位置时为真
p == q	当 p 指向位置和 q 指向位置相同时为真
p != q	当 p 指向位置和 q 指向位置不同时为真

注意：在指向不同数据类型的指针之间进行关系运算是没有意义的，指针与一般整数常量或变量之间进行关系运算也是没有意义的。但指针与整数 0 之间可进行等或不等的关系运算，即

```
p == 0;
```

或

```
p != 0
```

用于判断指针是否为空指针。

【**例 6.4**】　指针的关系运算。

```
#include <iostream>
```

```
using namespace std;

int main()
{
    int a = 10, b = 10, *ptr1, *ptr2;
    ptr1 = &a;
    ptr2 = &b;
    cout<<boolalpha<<(*ptr1 == *ptr2)<<endl;
    // 上述语句实质上比较的是变量 a 和 b 的值是否相等
    cout<<boolalpha<<(ptr1 == ptr2)<<endl;
    // 上述语句比较指针变量 ptr1 和 ptr2 的值是否相等

    return 0;
}
```

程序的运行结果如图 6.12 所示。　　　　　　　　图 6.12　例 6.4 的运行结果

6.2　指针与数组

6.2.1　指向数组的指针

　　一个数组包含若干元素，每个数组元素都在内存中占用存储单元，它们都有相应的地址。指针变量既可以指向变量，也可以指向数组或数组元素（把数组起始地址或某一数组元素的地址赋值给指针变量）。

　　引用数组元素可以用下标法（如 a[1]），也可以用指针法，即通过指向数组元素的指针找到所需的元素。

　　利用数组下标的变化可以实现对数组中各元素的处理，如有如下语句：

```
int a[10];
```

定义了包含 10 个数组元素的整型数组 a，则系统在内存中为数组 a 分配存放 int 数据的 10 个连续的存储空间，分别为 a[0]，a[1]，a[2]，…，a[9]。

　　由于数组的存储位置是由系统分配的，并且不允许用户在程序中任意设定或改变数组的存储位置，所以，表示数组首地址的数组名是一个地址常量，不能向它赋值。此外，可以对数组元素进行取地址运算而得到该元素的存储地址，但对数组名进行取地址运算是没有意义的，因为数组名本身就是一个地址常量。

　　根据上述介绍可知 a 与&a[0]是等价的。若在程序中说明一个 int 型指针变量：

```
int *p;
```

并进行如下赋值运算：

```
p = a;
```

或

```
p = &a[0];
```

则指针变量 p 就指向了数组 a 的首地址，把 p 称为指向数组 a 的指针，此时，指针 p 所指向的变量*p 就是 a[0]（如图 6.13 所示）。

注意：a 不代表整个数组，语句"p＝a；"的作用是把数组 a 的首地址赋给指针变量 p，而不是把数组 a 各元素的值赋给 p。

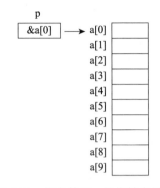

图 6.13　指向数组 a 的指针变量 p

根据 6.1.5 节介绍的指针运算规则，p + 1 指向的是下一个数据的地址，则其所指向的变量*(p+1)就是该地址中的数据，即 a[1]。同样*(p+2)是 a[2]，以此类推，对整型变量 i，*(p+i)对应的就是 a[i]。当 i 发生变化时，通过指针运算*(p+i)就可以依次访问数组 a 的各个元素。由此可知，在 C++语言中，使用指针也可以依次访问内存中连续存放的一系列数据，即指针与数组在访问数组元素时功能是完全等价的。

由于"*(指针+i)"和"数组名[i]"都可以处理内存中连续存储的数组元素，说明这两者之间存在某种内在的联系，实际上，在 C++语言中，a[i]也是一个运算表达式，其运算符就是下标运算符[]，也称为访问数据运算符。在 C++语言的运算符优先级中，它是第一优先级的运算符。访问数据运算表达式的一般形式如下：

地址值[整数 n]

该运算表达式的含义是访问以地址值为起点的第 n+1 个数据。

访问数据运算表达式 a[i]的运算过程是：首先用地址值 a 与整数 i 相加，得到第 i+1 个数组元素的地址（a[0]称为第 1 个数组元素），然后访问该地址中的数据，其中 a+i 是按照地址计算规则进行的。因此，表达式 a[i]的运算结果是以地址 a 为起点的第 i+1 个数据。如果 a 是某个数组的数组名，则 a[i]恰好就是该数组的第 i+1 个元素。由此可知，数组元素的表示形式实质上是访问数据运算表达式，因此，对数组元素 a[i]，也可以从地址的角度加以描述，即 a[i]表示从数组存储首地址开始的第 i+1 个元素。

由上述 a[i]的运算过程可以看出，它与表达式*(a+i)的运算完全相同，它们的含义都是访问以地址值 a 为起点的第 i+1 个数据，因此，从地址的角度来看，a[i]和*(a+i)是完全等价的表示形式。

另一方面，对一个指向数组的指针 p，其对数组元素的访问操作*(p+i)又可以写为 p[i] 的形式，它表示了一个访问数据运算的表达式，其含义是访问以地址 p 为起点的第 i+1 个数据。

综上所述，引用一个数组元素，可以用下标法和指针法。

下标法：如 a[i]或 p[i]。

指针法：如*(a+i)或*(p+i)。其中 a 是数组名，p 是指向数组的指针变量，其初值为 a。

数组元素 a[i]的地址可以表示为&a[i]、p+i、a+i，如图 6.14 所示。

【例 6.5】 使用指针处理数组，输出数组所有元素示例，可以有三种方法。

方法一：下标法。

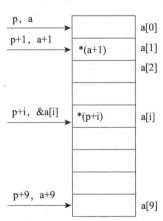

图 6.14　数组元素 a[i]的地址表示

```cpp
#include<iostream>
#include<iomanip>
using namespace std;

int main()
{
    int a[10],i;
    for(i = 0; i < 10; i++)                      // 为数组元素赋值
        a[i] = 2 * (i + 1);
    for(i = 0; i < 10; i++)                      // 输出数组元素
        cout<<setw(4)<<a[i];
    cout<<endl;

    return 0;
}
```

方法二：通过数组名计算数组元素地址，找出元素的值。

```cpp
...
for(i = 0; i < 10; i++)                          // 为数组元素赋值
    *(a + i) = 2 * (i + 1);
for(i = 0; i < 10; i++)                          // 输出数组元素
    cout<<setw(4)<<*(a + i);
...
```

方法三：用指针变量指向数组元素。

```cpp
...
for(int i = 0, *p = a; p < a + 10; p++,i++)      // 为数组元素赋值
    *p = 2 * (i + 1);
for(int *p = a; p < a + 10; p++)                 // 输出数组元素
    cout<<setw(4)<<*p;
...
```

以上三个程序的运行结果均如图 6.15 所示。

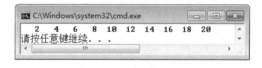

图 6.15　例 6.5 的运行结果

程序解析：

（1）方法一和方法二的执行效率是相等的。系统是将 a[i]转换成*(a+i)处理的，即先计算元素地址。因此这两种方法查找数组元素费时较多。

（2）方法三比方法一、方法二执行效率高，用指针变量直接指向数组元素，不必每次都重新计算元素地址，像 p++这样的自增操作是比较快的。这种有规律地改变地址值（p++）的方式能大大提高执行效率。

（3）用下标法比较直观，能直接知道是第几个元素。例如，a[3]是数组中第 4 个元素。用地址法或指针变量的方法不直观，难以很快地判断当前处理的是哪一个元素。例如，方法三中，要仔细分析指针变量 p 的当前指向，才能判断当前输出的是第几个元素。

例 6.5 表明，使用指针法和下标法在访问数据时，其表现形式是可以互换的，如*(a+i)

第 6 章

指　针

和*(p+i)是等价的，因为数组名和指针都是地址值。

注意：指针和数组名在本质上是不同的，指针是地址变量，而数组名是地址常量。

指针可以使本身的值发生改变，例如，例6.5中用p++使p的值不断改变，从而使p指向不同的数组元素。如果将方法三中的程序改为：

```
for(p = a; a < p + 10; a++)           // 出错
    cout<<setw(4)<<*a;
```

p值不变，而使a变化（用a++实现），这样做是不合法的，因为a是数组名，是数组的首地址，它的值在程序运行期间是固定不变的，因此对数组名a不能进行赋值操作。

6.2.2 指针与字符数组

在C++程序中，实现一个字符串有两种方法。

一是用字符数组实现，例如下面的语句：

```
char s1[] = "Hello world";
```

其中：s1是数组名，代表数组存储的首地址。

二是用字符指针实现，即不定义字符数组，而定义一个字符指针。用字符指针指向字符串中的字符，如：

```
char *s1= "Hello world";
```

在这里虽然没有定义字符数组，但在C++中，字符串常量是按字符数组处理的，实际上在内存中开辟了一个字符数组来存放字符串常量，并将字符串的首地址（即存放字符串的字符数组的首地址）赋给字符指针变量s1。该语句同以下两条语句的功能是等价的：

```
char *s1;
s1 = "Hello world";
```

s1是一个指向字符型数据的指针变量，在这里是把字符串"Hello world"的首地址赋给指针变量s1，而不是把"Hello world"这些字符存放到s1中，如果写成下面的语句则是错误的：

```
*s1= "Hello world";
```

通过字符指针变量输出字符串时，可以使用如下语句：

```
cout<<s1;
```

利用字符数组名或字符指针变量，可以把字符串看成一个整体进行输入输出，注意在内存中，字符串的最后被自动加了一个字符串结束标志'\0'，因此在输出时能确定字符串的终止位置。

【例6.6】 使用字符指针变量实现将字符串a赋值到字符串b中。

```
#include<iostream>
using namespace std;

int main()
```

```
{
    char a[]="Hello world", b[20], *p, *q;
    p = a, q = b;
    for( ; *p != '\0'; p++, q++)
        *q = *p;
    *q = '\0';
    cout<< "string1 is: "<<a<<endl;
    cout<< "string2 is: "<<b<<endl;

    return 0;
}
```

程序的运行结果如图 6.16 所示。

图 6.16　例 6.6 的运行结果

程序解析：

p 和 q 是指向字符型数据的指针变量，通过语句"p=a,q=b;"将字符数组 a 和 b 的首地址赋给 p、q，从而使 p、q 分别指向字符数组的第 1 个元素（即字符串的首字符位置）。在 for 循环中，通过"*q=*p;"将 p 指向的数组元素赋给 q 指向的数组元素，然后 p 和 q 分别加 1，指向下一个元素，程序应保证 p 和 q 同步移动，直到*p 的值为'\0'为止。

在使用字符指针时，应注意以下几点。

（1）在定义字符指针时，可以直接用字符串常量作为初始值对其初始化。如：

```
char *s1= "Hello world";
```

使 s1 指向字符串 Hello world 的首字符位置。

（2）在程序中可以直接把一个字符串常量赋给一个字符指针。此时实际上是把该字符串的存储首地址赋给了指针变量。如：

```
char *s1;
s1 = "Hello world";
```

而对于字符数组，则不能用字符串常量直接赋值，如下语句是错误的：

```
char s1[50];
s1 = "Hello world";
```

这是因为 s1 是地址常量，不能对它赋值。

（3）字符指针不能是未经赋值或初始化的无定向指针，它必须在程序中已经被初始化或已经把存储字符串的存储空间的首地址赋给了字符指针。如下述语句：

```
char *p;
cin>>p;
```

由于 p 的值未给定，p 的值是一个随机地址值，它有可能指向内存中空白的存储区，也有可能指向存放指令或数据的内存区，这可能会破坏程序，甚至会造成严重的后果。因此，应改为：

```
char s[20],*p=s;
cin>>p;
```

先使 p 有确定的地址值，也就是使 p 指向数组的起始地址，然后输入字符串到该地址开始的若干内存单元中。

（4）指针变量的值是可以改变的。

【**例 6.7**】 通过改变指针变量的值输出相应的字符串。

```cpp
#include<iostream>
using namespace std;

int main()
{
    char *p = "student";
    for(; *p != '\0'; p++)
        cout<<p<<endl;

    return 0;
}
```

图 6.17 例 6.7 的运行结果

程序的运行结果如图 6.17 所示。

程序解析：

字符指针 p 在初始化时指向字符串 student，如图 6.18 所示。在 for 循环中，p++使 p 指向字符串的各个字符，输出字符串时是从 p 当时所指向单元的字符开始，直到遇到'\0'为止。

（5）在定义了指向字符串的指针变量后，也可以用下标的形式引用字符串中的字符。

【**例 6.8**】 用下标形式引用字符串中的字符示例。

```cpp
#include<iostream>
using namespace std;

int main()
{
    char *p = "student";
    for(int i = 0; p[i] != '\0'; i++)
        cout<<p[i];
    cout<<endl;

    return 0;
}
```

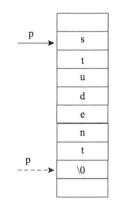

图 6.18 指针 p 指向字符串

图 6.19 例 6.8 的运行结果

程序的运行结果如图 6.19 所示。

说明：程序中并未定义字符数组，但字符串在内存中是以字符数组形式存放的。

【**例 6.9**】 利用指针相减的运算，计算字符串的长度示例。

```cpp
#include<iostream>
using namespace std;

int main()
{
    char s[50], *p = s;
    // 字符指针变量p指向数组的起始地址，其作用与数组名s等价，但使用起来更加灵活方便
    cout<<"please input a string: ";
    cin.get(p, 50);
```

```
    for( ; *p != '\0'; )        // 等价于 while(*p != '\0')
        p++;
    cout<< "the length is: "<<p-s<<endl;

    return 0;
}
```

程序的运行结果如图 6.20 所示。

图 6.20　例 6.9 的运行结果

程序解析：

（1）程序中定义了字符数组 s 以及指向字符型数据的指针变量 p，并将 p 初始化为字符数组 s 的首地址（s 或&s[0]），从而使 p 指向字符数组的第一个元素（即字符串的首字符位置），如图 6.21 所示。

（2）在 for 循环中，通过 "p++;" 语句改变指针指向，并由*p 判断 p 所指向的字符是否为字符串结束标志'\0'，以此判断字符串是否结束。p－s 即为字符串的长度，此时 p 指向'\0'，s 为字符串的首地址，两者相减就是两个地址间数据的个数，即字符串中字符的个数。

综上所述，在字符串处理过程中，使用字符指针比使用字符数组更加方便。

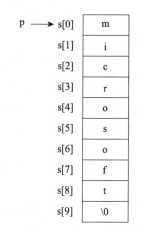

图 6.21　指向字符数组的指针变量 p

6.2.3　多级指针与指针数组

1. 多级指针

在前面的叙述中，一个指针变量可以指向一个相应数据类型的数据，例如：

```
int a,*p = &a;
```

使指针变量 p 指向变量 a，则 p 所指向的变量*p 就是要处理的数据变量 a。如果同时存在另一个指针 pp，并且把指针 p 的地址赋予指针变量 pp，即

```
pp = &p;
```

则 pp 就指向了指针 p，这时指针 pp 所指向的变量*pp 就是指针 p。在 C++语言中，把 pp 这样的指向指针的指针称为**多级指针**，如图 6.22 所示。

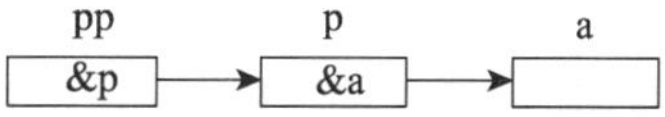

图 6.22　多级指针 pp

图中指针 p 指向要处理的数据，这样的指针称为**一级指针**。指向一级指针的指针 pp 称为**二级指针**，指向二级指针的指针称为**三级指针**，以此类推。

在使用二级指针 pp 处理数据时，首先要访问它所指向的变量*pp，它就是指针 p，是一个一级指针。再进一步访问这个一级指针所指向的变量**pp，它才是要处理的数据变量 a。所以使用 n 级指针处理数据，要经过 n 次访问变量的运算。

在程序中定义二级指针的一般形式如下：

存储类型　数据类型　**指针名；

在上面定义语句中，两个"*"号表示定义的指针为一个二级指针。在对**多级指针**进行定义时，指针名前有多少个"*"号，就表示定义的是多少级指针变量。例如图 6.22 所示的二级指针 pp 可用如下语句定义：

```
int **pp;
```

【例 6.10】 多级指针举例。

```
#include<iostream>
using namespace std;

int main()
{
    int i = 5, *p, **pp;
    p = &i;
    pp = &p;
    cout<<&i<<'\t'<<i<<endl
        <<&p<<'\t'<< p<<'\t'<<*p<<endl
        <<&pp<<'\t'<<pp<<'\t'<<*pp<<'\t'<<**pp<<endl;

    return 0;
}
```

程序的运行结果如图 6.23 所示。

程序解析：

变量 i 的存储空间地址（&i）为
0x003CFB9C，指针变量 p 的存储空间地址

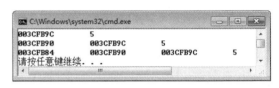

图 6.23　例 6.10 的运行结果

（&p）为 0x003CFB90，该存储空间中存放的内容是变量 i 的地址 0x003CFB9C，二级指针 pp 的存储空间的地址（&pp）为 0x003CFB84，该存储空间中存放的内容是指针变量 p 的地址 0x003CFB90。

在使用多级指针时，有以下两点应当注意。

（1）当访问一个指针所指向的变量时，只有一级指针指向的变量才是要处理的数据，而多级指针所指向的变量仍是一个指针，如例 6.10 中的*pp 是指针 p。

（2）多级指针的数据类型是它所指向的最终变量的数据类型，如例 6.10 中的二级指针 pp 为整型，因此，它指向的一级指针 p 所指向的数据类型也是整型，即所指向的最终变量 i 的数据类型是整型。

2. 指针数组

一系列有序变量的集合组成了数组，指针变量也是变量，因此，当一系列有次序的指针变量集合成数组时，就形成了指针数组。指针数组中的每一个元素都是一个指针变量（即地址值），并且它们具有相同的存储类型和指向相同的数据类型。与普通数组一样，在使用指针数组之前，必须先对其定义。指针数组的定义形式为：

存储类型　数据类型　* 指针数组名[元素个数];

与普通数组一样，系统在处理指针数组的定义时，按照给定的存储类型在一定的内存区域中为它分配连续的存储空间，这时指针数组名就表示该指针数组的存储首地址。例如，有

下面的指针数组定义：

```
int* p[2];
```

该语句定义了指针数组 p，p 由 p[0] 和 p[1] 两个数组元素组成，这两个数组元素都是指向 int 型数据的指针。

具有相同类型的指针数组可以在一起定义，它们也可以和变量、指针等一起定义，例如：

```
int a, *p, b[10], *p1[3];
```

该语句定义了 int 型变量 a、指向 int 型的指针变量 p、一维数组 b（有 10 个数组元素，每个数组元素都是 int 型）和指针数组 p1（有 3 个数组元素，每个元素都是指向 int 型的指针）。

【例 6.11】 指针数组举例。

```
#include<iostream>
using namespace std;

int main()
{
    int a[5] = {1, 2, 3, 4, 5};
    int *p[5] = {&a[0], &a[1], &a[2], &a[3], &a[4]};
    for(int i = 0; i < 5; i++)
        cout<<*p[i]<<'\t';
    cout<<endl;

    return 0;
}
```

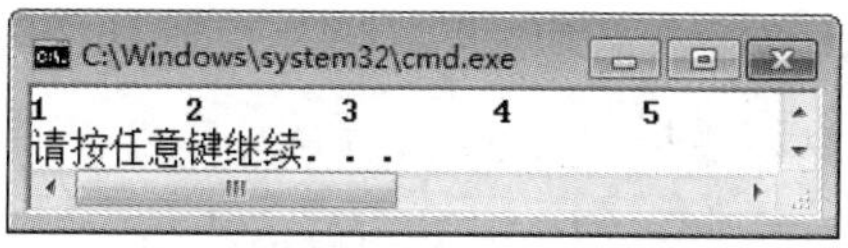

图 6.24　例 6.11 的运行结果

程序的运行结果如图 6.24 所示。

程序解析：

程序中定义了一维整型数组 a，对其进行了初始化；同时定义了指针数组 p，用数组 a 的各元素地址对其数组元素初始化，如图 6.25 所示，因此指针数组 p 中的各个元素就指向了整型数组 a 中的各个元素。

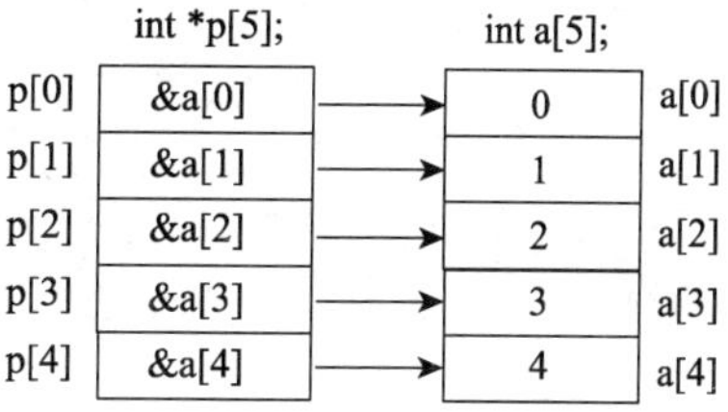

指针数组比较适合用来指向多个字符串，这样可以使字符串的处理更加方便灵活。

图 6.25　指针数组与一维数组

【例 6.12】 利用字符指针数组处理多个字符串。

```
#include<iostream>
using namespace std;

int main()
{
    char a[] = "computer system", b[] = "hardware", c[] = "software";
    char *p[4];
    p[0] = a;
    p[1] = b;
    p[2] = c;
    p[3] = NULL;
    for(int i = 0; p[i] != NULL; i++)
```

指　针

```
        cout<<p[i]<<endl;

    return 0;
}
```

程序的运行结果如图 6.26 所示。

图 6.26　例 6.12 的运行结果

程序解析：

（1）程序中定义了三个字符数组，并分别用字
符串常量进行了初始化；定义了一个指针数组 p，通
过赋值表达式语句使字符指针数组 p 中的前三个指
针指向了三个字符数组，即指向了三个字符串，第 4
个指针被赋值为空指针，如图 6.27 所示。

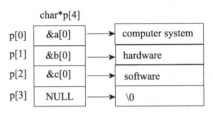

（2）在程序中，如果一个数组的长度不定，则
处理指针数组时可以利用在数组末尾设置 NULL 来

图 6.27　指针数组

解决。通过 for 循环，利用指针数组输出三个字符串，第 4 个空指针作为循环结束标志使用，
这是空指针的一种常用方法。注意 NULL 是一个指针值，任何类型的指针都可以赋予该值。

由例 6.12 可知，使用字符指针数组处理多个字符串时，各字符串的长度可以不等，若
利用二维字符数组处理多个字符串时，每一行的元素个数都相等，如果按最长的字符串来定
义列数，则会浪费许多内存单元。由此可见，使用指针处理字符串更加灵活、方便。

字符指针数组在初始化时，也可以把多个字符串的首地址分别直接赋给字符指针数组中
的各个元素。

【例 6.13】 用字符串初始化字符指针数组。

```
#include<iostream>
using namespace std;

int main()
{
    char *weekname[] = {"Sunday", "Monday", "Tuesday", "Wednesday",
                        "Thursday", "Friday", "Saturday"};
    int i;
    while(1)
    {
        cout<<"please input week No.: ";
        cin>>i;
        if(i < 0 || i > 6)
            break;
        cout<<"week No."<<i<<"——> "<<weekname[i]<<endl;
    }

    return 0;
}
```

程序的运行结果如图 6.28 所示。

程序解析：

程序中定义了一个字符指针数组，并对其进行了初
始化，使字符指针数组的各个元素分别指向各字符串的

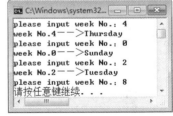

图 6.28　例 6.13 的运行结果

首地址。通过 while 做无限循环，当输入的整数在 0～6 时，利用指针数组中相应的指针，输出该指针指向的字符串。当输入的整数不在 0～6 时，则用 break 语句退出循环。

【例 6.14】 将若干字符串按英文字典排序（由小到大）。

```cpp
#include<iostream>
using namespace std;

int main()
{
    char * p[] = {"Rebacca", "Heaven", "Michael Chang", "Linda Tsai"};
                                        // 定义字符指针数组

    char * temp;
    int i, j, n = 4;
    for(i = 0; i < n - 1; i++)          // 冒泡法排序
    for(j = 0; j < n - 1 - i; j++)
        if(strcmp(p[j], p[j+1]) > 0)
        {
            temp = p[j]; p[j] = p[j + 1]; p[j + 1] = temp;
        }
    for(i = 0; i < n; i++)
        cout<<p[i]<<endl;               // 输出字符串

    return 0;
}
```

程序的运行结果如图 6.29 所示。

图 6.29　例 6.14 的运行结果

程序解析：

（1）在对多个字符串进行排序时，可以分别定义一些字符串，然后用指针数组中的元素分别指向各字符串。如果对字符串排序，不必改变字符串的位置，只需改变指针数组中各元素的指向（即改变指针数组中各元素的值，这些值是各字符串的首地址）。

（2）程序中定义了指针数组 p，它有 4 个元素，其初值分别是字符串 Rebacca、Heaven Chang、Michael、Linda Tsai 的首地址。这些字符串的长度不同（不是按同一长度定义的）。

（3）用冒泡法对字符串排序。strcmp 是字符串比较函数，p[j] 和 p[j+1] 是第 j 个和第 j+1 个字符串的起始地址。strcmp(p[j], p[j+1]) 的值为：如果 p[j] 所指向的字符串大于 p[j+1] 所指向的字符串，则此函数值为正值；若相等，则函数值为 0；否则，函数值为负值。当 p[j] 大于 p[j+1] 时，将 p[j] 和 p[j+1] 对换，也就是将指向第 j 个字符串的数组元素（char*型元素）与指向第 j+1 个字符串的数组元素对换。这样，p[0] 指向了最小的字符串，p[3] 指向了最大的字符串，如图 6.30 所示。

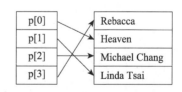

图 6.30　排序后指针数组的指向

6.2.4　指针与多维数组

1. 用指针数组处理多维数组

用指针变量可以指向一维数组，也可以指向多维数组。但在概念和使用上，多维数组的指针比一维数组的指针要复杂一些。

为了讲清楚多维数组的指针，先回顾一下多维数组的性质。设有一个 2×3 的二维数组 a 定义如下：

```
int a[2][3] = {{1, 2, 3}, {4, 5, 6}};
```

从一维数组的角度可以这样理解：a 是一个数组名，a 数组包含两个元素 a[0]和 a[1]，而每个元素又分别是一个一维数组，它们代表了二维数组的每一行，且各有三个元素，即 a[0][0]、a[0][1]、a[0][2]和 a[1][0]、a[1][1]、a[1][2]。由于 a[0]、a[1]分别代表两个一维数组，因此 a[0]、a[1]是地址值，它们分别表示了两个一维数组的首地址，即二维数组每一行的首地址，也就是 a[0]（&a[0][0]）和 a[1]（&a[1][0]）。

此外，还可以从指针数组的角度来理解：a 是一个指针数组，它包含两个地址元素，即 a[0]、a[1]。而 a[0]、a[1]又分别指向两个一维数组，它们各有三个元素，即 a[0][0]、a[0][1]、a[0][2]和 a[1][0]、a[1][1]、a[1][2]。由于多维数组与指针数组有着如此密切的联系，因此在程序中，经常使用指针数组处理多维数组。例如，程序中有一个二维数组，其定义如下：

```
int b[3][2];
```

根据前面介绍的降低数组维数的方法，这个二维数组可以分解为 b[0]、b[1]和 b[2]三个一维数组，它们各有两个元素。b[0]、b[1]和 b[2]就是三个一维数组的存储首地址。若同时存在一个指针数组：

```
int *p[3];
```

并把一维数组 b[0]、b[1]和 b[2]的首地址分别赋给指针数组元素 p[0]、p[1]、p[2]：

```
p[0]=b[0]; 或 p[0]=&b[0][0];
p[1]=b[1]; 或 p[1]=&b[1][0];
p[2]=b[2]; 或 p[2]=&b[2][0];
```

即三个指针指向了三个一维数组，这时通过三个指针就可以对二维数组中的数据进行处理，如图 6.31 所示。

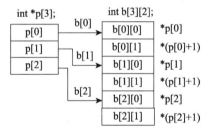

图 6.31　指针数组

【例 6.15】　用指针数组处理二维数组。

```cpp
#include<iostream>
using namespace std;

int main()
{
    int a[2][3], *p[2];
    int i, j;
    p[0] = a[0];
    p[1] = a[1];
    for(i = 0; i < 2; i++)        // 为二维数组元素赋值
    for(j = 0; j < 3; j++)
        a[i][j] = j + i;
    for(i = 0; i < 2; i++)        // 输出各元素值
    for(j = 0; j < 3; j++)
    {
```

```
        cout<<"a["<<i<<"][" <<j<<"]: ";
        cout<< *(p[i]+j)<<endl;
    }

    return 0;
}
```

程序的运行结果如图 6.32 所示。

2. 用二级指针处理多维数组和多个字符串

在实际应用中，还经常用二级指针来处理多维数组和多个字符串。二级指针是指向指针的指针，因此可以定义一个二级指针并使之指向指针数组，此时，可以利用二级指针的变化来

图 6.32　例 6.15 的运行结果

访问指针数组中的指针，进而对指针指向的存储空间的数据进行处理。在图 6.33 中，二级指针 pp 指向二维数组 a[3][2]，此时，*pp 所访问的变量是该二维数组第 0 行的首地址，即指向数组 a[0]的指针，而*(pp+1)所访问的变量是指向数组 a[1]的指针。

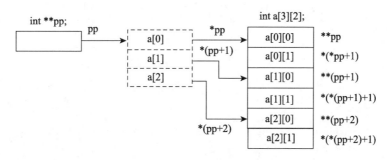

图 6.33　二级指针与二维数组

如果对一级指针进行取内容（*）运算，即可得到相应的数组元素，例如，*(*(pp+2)+1)表示访问一维数组 a[2]的第 2 个元素 a[2][1]，即二维数组第 3 行第 2 列的元素。

根据地址计算规则，利用多级指针访问变量也可用数组形式，即用下标运算符[]表示。例如，使用二级指针 pp 访问某个变量*(pp+i)的计算可以表示成 pp[i]，它表示一个一级指针。由这个一级指针计算出的某个目标变量*(*(pp+i)+j)就可以表示成 pp[i][j]。它的计算过程是以 pp 的地址值为起点访问第 i 个数据，即访问一级指针，再以此指针为起点访问第 j 个数据，即实际要处理的数据。如果将二级指针 pp 指向一个二维数组，则 pp[i][j]就表示访问该二维数组的第 i 行第 j 列的元素。在程序中经常把二级指针写成二维数组的形式，应理解其实质是两次访问数据[]运算的运算表达式。下面举例说明如何用二级指针处理二维数组。

【例 6.16】 利用二级指针处理二维数组。

```
#include<iostream>
using namespace std;

int main()
{
    int a[2][3], *p[2], **pp;
    int i, j;
    p[0] = &a[0][0];
```

```
        p[1] = &a[1][0];
        pp = p;
        for(i = 0; i < 2; i++)          // 给数组元素赋值
        for(j = 0; j < 3; j++)
            pp[i][j] = j + i;
        for(i = 0; i < 2; i++)          // 输出数组元素
        for(j = 0; j < 3; j++)
            cout<<"a["<<i<<"][" <<j<<"]: "<< *(*(pp+i)+j)<<endl;

        return 0;
}
```

程序的运行结果同图 6.32 所示。

程序解析：

程序中使二级指针 pp 指向二维数组 a，此时*pp 是指向数组 a[0]的指针，而*(pp+1)是指向数组 a[1]的指针。表达式 pp[i][j]和*(*(pp+i)+j)都表示数组元素 a[i][j]。

【例 6.17】 用二级指针处理多个字符串。

```
#include<iostream>
using namespace std;

int main()
{
    char *a[]={"Rebacca", "Heaven", "Michael Chang", NULL};
    char **pp;
    pp = a;
    while(*pp != NULL)
        cout<<*pp++<<endl;

    return 0;
}
```

程序的运行结果如图 6.34 所示。

图 6.34　例 6.17 的运行结果

程序解析：

程序中定义了二级指针 pp 和字符指针数组 a，并使指针数组 a 中的指针分别指向了几个字符串。通过赋值使二级指针 pp 指向了指针数组 a。在 while 循环中，通过 pp++使它依次指向 a[0]、a[1]、a[2]、a[3]，使用 cout 依次输出*pp，即各个字符串。

6.2.5　数组指针

上面介绍的指针都是指向某一类型变量的，例如，可以使一个指针 p 指向某一数组元素，此时如果将 p 的值加 1，则指向了下一个数组元素，这样的指针在处理一维数组时非常方便，但在处理二维数组时就显得有些不便。如果存在一个指针 p，它不是指向某一个变量，而是指向一个包含 n 个元素的一维数组，且 p 的增值以一维数组的长度为单位，此时，如果使指针 p 指向了二维数组的某一行，则 p+1 就指向了该二维数组的下一行。在 C++语言中，这样的指针被称为**数组指针**，由上面介绍可以看出，使用数组指针能很方便地处理二维数组。数组指针的定义形式如下：

存储类型　数据类型　(*指针变量名)[元素个数];

例如，在程序中定义一个数组指针：

```
int (*p)[3];
```

它表明指针 p 指向的存储空间包含有三个整型元素，即数组指针变量 p 指向一个一维数组，p 的值就是该一维数组的首地址，如图 6.35 所示。

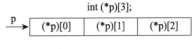

图 6.35　数组指针

注意：

（1）*p 两侧的括号一定不要漏掉，如果写成 int*p[3]的形式，由于方括号[]运算级别高，因此 p 先与[3]结合，是数组，然后再与前面的*结合，"int*p[3];"表示 p 是指针数组。而"int(*p)[3];"表示 p 是数组指针。

（2）p 是一个行指针，它只能指向一个包含有若干元素的一维数组，p 不能指向一维数组中的元素。如果要访问一维数组中的某个元素，如第 j 个元素，可用(*p)[j]的形式。

【例 6.18】　利用数组指针处理二维数组。

```cpp
#include<iostream>
#include<iomanip>
using namespace std;

int main()
{
    int a[2][3] = {1, 2, 3, 4, 5, 6};
    int (*p)[3];
    int i,j;
    p = a;
    for(i = 0; i < 2; i++)
    {
        for(j = 0; j < 3; j++)
            cout<<setw(3)<<(*p)[j];
        p++;
    }
    cout<<endl;

    return 0;
}
```

程序的运行结果如图 6.36 所示。

图 6.36　例 6.18 的运行结果

6.3　指针与函数

6.3.1　指针作为函数参数

指针也可以用作函数的参数或返回值。指针作为函数的参数时，以数据的地址作为实参调用一个函数，即作为参数传递的不是数据本身，而是数据的地址。因此，与之相应的被调函数中的形参应为指针变量，并且其数据类型必须与被传递参数的数据类型保持一致。请看例 6.19 的程序。

【例 6.19】　指针作为函数参数的示例。

```cpp
#include<iostream>
```

```cpp
using namespace std;

void display(int*, int*);

int main()
{
    int a =5, b = 10;
    int *pa = &a;                     // 将变量 a 的地址赋给指针变量 pa，从而使 pa 指向 a
    int *pb = &b;                     // 将变量 b 的地址赋给指针变量 pb，从而使 pb 指向 b
    display(pa, pb);

    return 0;
}

void display(int *p1, int *p2)        // 输出指针 p1 和 p2 所指向的变量
{
    cout<<"*p1: "<<*p1<<endl;
    cout<<"*p2: "<<*p2<<endl;
}
```

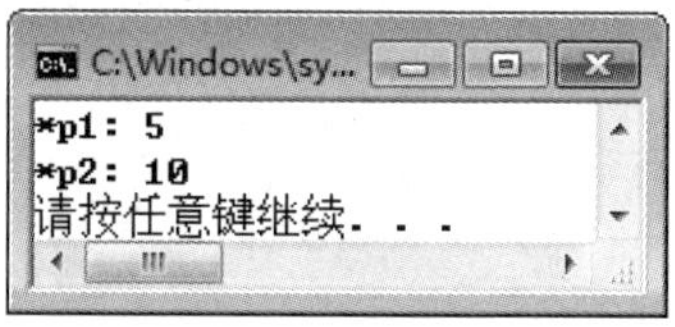

图 6.37　例 6.19 的运行结果

程序的运行结果如图 6.37 所示。

程序解析：

指针 p1 和 p2 被定义为函数 display 的形参。在主函数中，通过“display(pa, pb);”语句进行函数调用。指针 pa 和 pb 作为实参，分别存放变量 a 和 b 的地址，在函数调用过程中，实参 pa 和 pb 分别传递给形参 p1 和 p2，从而使形参指针 p1 和 p2 分别指向变量 a 和变量 b 所在的存储空间。

通过这个程序可以看到，使用指针传递方式在函数间传递数据的实质，并不是要把数据本身复制给被调函数中的形参，而是把数据所在的存储单元地址传递给被调函数的形参指针。这样，形参指针指向了数据的存储空间，对形参指针进行操作就可以进行数据处理。

使用指针作为参数在函数间传递数据时要注意以下两点。

（1）在主调函数中，要以指针变量或者变量的地址作为实参来调用另一个函数。

（2）被调函数的形参必须是可以接受地址值的指针变量，而它的数据类型应与被传送的数据类型保持一致。

下面通过几个例子进一步说明如何利用指针传递方式在函数间传递数据。

【例 6.20】　将键盘输入的一个大写字母转换为小写字母并显示出来。

```cpp
#include<iostream>
using namespace std;

void lower(char *);

int main()
{
    char ch;
    cout<<"input a uppercase character: ";
    cin>>ch;
    lower(&ch);
    cout<<"converted character: ";
    cout<<ch<<endl;
```

```
    return 0;
}

void lower(char *pch)
{
    if(*pch >= 'A' && *pch <= 'Z')
        *pch += 'a'-'A';          //将大写字母转换为小写字母，等价于 *pch += 32;
}
```

程序的运行结果如图 6.38 所示。

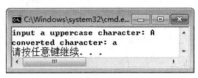

图 6.38　例 6.20 的运行结果

程序解析：

（1）在 lower 函数中，形参指针 pch 接受从主调函数传递来的实参（字符变量 ch 的地址），如果 ch 为大写字母，则将其转换为小写字母，转换结果仍保存在 ch 所在的地址空间中。

（2）对被调函数 lower 中的形参 pch 进行取内容运算（*），实质上修改的是主调函数 main 中变量 ch 所在内存空间的值。

例 6.21 依据指针传递方式的特点，利用指针实现两个数据的交换。

【例 6.21】 利用指针实现两个数据之间的互换示例。

```
#include<iostream>
using namespace std;

void swap(int *, int *);

int main()
{
    int a = 3, b = 4;
    cout<<"交换前的数据为: ";
    cout<<"a = "<<a<<"\tb = "<<b<<endl;
    swap(&a, &b);
    cout<<"交换后的数据为: ";
    cout<<"a = "<<a<<"\tb = "<<b<<endl;

    return 0;
}

void swap(int *u , int *v)
{
    int temp = *u;
    *u = *v;
    *v = temp;
}
```

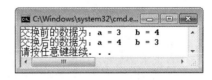

图 6.39　例 6.21 的运行结果

程序的运行结果如图 6.39 所示。

程序解析：

在这个程序中，执行函数调用表达式语句"swap(&a, &b);"时，a 和 b 的地址作为实参传给了形参指针 u 和 v，这样指针 u 和 v 就分别指向了变量 a 和 b 所在的内存单元。swap 函数将指针所指内存单元中的数据进行了互换，从而使主函数中变量 a 和 b 的值进行了交换。

6.3.2　函数调用中数组的传递

在程序设计中，经常需要把数组的数据传递到函数中进行处理。采用值调用方式向函数传送数组时，只能把数组的每一个元素作为一个参数传递给函数，当数组元素较多时，必然要使用大量的参数，所以一般情况下不采用这种传递方式。

考虑到指针可以作为函数的参数使数据在函数间传递，而指针与数组又有着密切的关系，数组名本身就代表着数组所在存储空间的首地址，因此，可考虑将数组名作为实参传递给一个形参指针。基本思路为：使用数组名作为实参调用函数，在被调函数中，使指针变量作为形参接收数组的地址，该指针被赋予数组的地址之后，就指向了数组的存储空间。根据指针处理数组数据的原理，在被调函数中，使用这个指针就可以对主调函数中数组的所有元素进行处理。因此，采用数组名的传递方式可以较圆满地解决数组中大量数据在函数间传递的问题。

【例 6.22】 下面的程序调用 input 函数输入一组数，然后调用 min 函数求数组中的最小元素值，并由 main 函数将结果显示出来。

```cpp
#include<iostream>
using namespace std;

void input(int *s, int n);
int min(int *s, int n);

int main()
{
    int a[10], small;
    input(a, 10);
    small = min(a,10);
    cout<<"the minimum is: "<<small<<endl;

    return 0;
}

void input(int *s, int n)              // 输入数组元素
{
    cout<<"please input "<<n<<" integers:"<<endl;
    for(int i = 0; i < n; i++)
        cin>>s[i];
}

int min(int *s, int n)                 // 求数组中的最小元素值
{
    int min,i;
    min = *s;
    for(i = 1; i < n; i++)
        if(s[i] < min)
            min = s[i];
```

```
        return min;
    }
```

程序的运行结果如图 6.40 所示。

程序解析：

（1）函数 input 的功能是接收键盘输入的数据，该函数定义了两个形参。按照利用数组名传递数据

图 6.40　例 6.22 的运行结果

的基本思想，函数的形参中必须有接收数组首地址的指针，如例 6.22 中的形参指针 s。此外，还定义了一个用于接收数组大小的形参，即整型数 n。主函数中与之对应的函数调用表达式为：

```
input(a, 10)
```

在调用时，形参指针 s 指向数组 a 的首地址，通过 for 循环，由键盘依次输入 10 个数据，由于形参指针 s 指向数组 a 的首地址，就使得输入的数据被依次送入数组 a 中。

（2）函数 min 用于求 10 个数组元素中的最小值。形参指针 s 指向数组 a 的首地址，形参 n 用于接收数组大小。语句"min=*s;"将接收到的待处理数组中的第一个元素的值赋给变量 min，作为查找最小元素的初值。利用 for 循环依次比较 9 个数组元素，并将结果（最小值）返回主函数中。

（3）例 6.22 中，利用数组名 a 作为实参调用函数 input 和 min，在被调函数中，以指针变量 s 作为形参接收数组的首地址。而指针的*运算与[]运算可以对等互换，因而在编写处理数组的函数时，用于接收数组首地址的形参，也可以使用数组形式。例如，例 6.22 中函数 input()的定义可以改为：

```
void input(int s[], int n)
{
    ...
}
```

在编译时，C++编译器仍将形参 int s[]解释为类型为 int*的一个指针。

6.3.3　函数指针

一个函数在编译时被分配一个入口地址（第一条指令的地址），可以将该地址赋给一个指针，这样，指针变量持有函数入口地址，它就指向了该函数，所以称这种指针为**指向函数的指针**，简称**函数指针**。

函数指针定义的一般形式为：

数据类型 (*指针变量名)(形参列表);

在说明函数指针时，同时也要描述这个指针所指向的函数的参数类型和个数，以及函数的返回值类型。例如：

```
int(* funp)(int a, int b);
```

该语句定义了一个函数指针变量 funp。在这个定义中，*funp 两侧的圆括号是必需的，这使得 funp 被解释为：funp 是一个指针，它指向带有两个 int 类型参数的函数，函数返回值类型为 int 型。

在上面的讨论中曾经指出，在 C++语言中，数组名标识该数组的首地址，可以把数组名

赋予具有相同类型的指针变量，使指针指向该数组。同样地，一个函数名也被自动转换为该函数的入口地址，也就是该函数的第一条指令的地址。例如，若在程序中定义了下述函数：

```
int fun(int a, int b)
{
    ...
}
```

则函数名 fun 就是该函数的入口地址。可以将函数名 fun 赋给与函数具有相同类型的函数指针变量 funp，从而使函数指针 funp 指向了函数 fun：

```
funp = fun;
```

函数指针的性质与数据指针相同，唯一的区别是数据指针指向内存的数据存储区，而函数指针指向内存的程序代码存储区（因为函数本身就是一段程序代码）。由于这一区别，使得它们进行*运算的意义是不同的。数据指针进行*运算时访问的是内存中的数据，而函数指针进行*运算时，其结果是使程序控制转移至该函数指针所指向的函数的入口地址，从而开始执行该函数。因此，当把函数的地址赋给一个指针变量时，对该指针变量的操作就等同于调用该函数。例如：

```
result = (*funp)(5, 10);
```

等价于

```
result = fun(5, 10);
```

这两条语句都调用了 fun 函数，并将 5 和 10 作为实参传递给该函数。

【例 6.23】 简单演示通过指针变量调用函数的情况。

```
#include<iostream>
using namespace std;

int main()
{
    int func(int a, int b);
    int(*pf)(int a, int b);        // 定义一个函数指针变量 pf
    pf = func;                     // 将函数 func 的入口地址赋给了函数指针 pf，
                                   // 从而使函数指针 pf 指向了 func 函数
    cout<<"please input two integers:"<<endl;
    int m, n;
    cin>>m>>n;
    int result = (*pf)(m, n);      // 等价于执行 result = func(m,n)
    cout<<"the result is " <<result<<endl;

    return 0;
}

int func(int a, int b)
{
    return a + b;
}
```

程序的运行结果如图 6.41 所示。

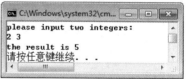

图 6.41　例 6.23 的运行结果

通过上面的例 6.23 可以看出，在使用函数指针调用函数时，首先，要使函数指针指向要调用的函数，如例 6.23 的 "pf = func;"，然后以(*pf)的形式来代替函数名，并在括号中给出相应的实参即可。

在 C++程序设计中，函数指针的作用主要体现在函数间传递不同函数的入口地址。函数名可以在函数间进行传递，也就是传递函数执行的入口地址，这也就意味着对函数的一种调用控制。当函数名在两个函数间传递时，主调函数中的实参为要传递的函数名，而被调用函数中的形参是能够接收传递函数地址的函数指针。

【例 6.24】 设有一个函数 process，每次调用它的时候实现不同的功能：输入 a 和 b 两个数，第一次调用时找出 a 和 b 中的较大数，第二次调用时找出 a 和 b 中的较小数，第三次调用时求 a 与 b 之和。

```cpp
#include<iostream>
using namespace std;

int max(int, int);
int min(int, int);
int add(int, int);
void process(int, int, int(*fun)(int,int));

int main()
{
    int a,b;
    cout<<"enter a and b:"<<endl;
    cin>>a>>b;
    cout<<"max = ";
    process(a, b, max);
    cout<<"min = ";
    process(a, b, min);
    cout<<"sum = ";
    process(a, b, add);

    return 0;
}

int max(int x, int y)
{
    return (x>y)?x:y;
}

int min(int x, int y)
{
    return (x<y)?x:y;
}

int add(int x, int y)
{
    return x + y;
}

void process(int x, int y, int(*fun)(int,int) )
{
```

```
    int result;
    result = (*fun)(x, y);
    cout << result << endl;
}
```

程序的运行结果如图6.42所示。

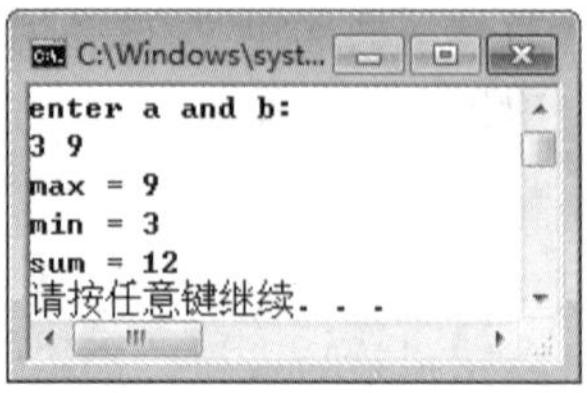

程序解析：

（1）max、min、add函数分别实现求较大数、求较小

数、求和的功能。process函数的形参fun是一个函数指针，它用来接收不同的实参（函数名），指向不同的函数入口地址。

图6.42 例6.24的运行结果

（2）在main函数中第一次调用process函数时，除了将实参a、b传送给形参x、y，还将函数名max作为实参传送给process函数的形参fun，从而使函数指针fun指向了max函数。此时，在process函数中执行"(*fun)(x, y);"语句，就等价于调用max(x, y)函数，它实现了求较大数的功能。在main函数中第二次、第三次调用process函数时，传递给函数指针fun的实参分别为函数名min和add，从而实现了求较小数、求和的功能。

在程序设计中使用函数指针时，请读者注意以下几点。

（1）函数指针是一个指向函数的指针变量，它是专门用来存放函数的入口地址的，在程序中，给它赋予哪个函数的入口地址，它就指向哪个函数。因此，在一段程序中，一个函数指针可被多次赋值，指向不同的函数。

（2）函数指针变量只能指向函数的入口地址，不能指向函数中的某一条指令，因此，对一个函数指针变量funp，类似funp+n、funp++、funp--的运算是无意义的。

（3）函数指针和指针函数的概念不同，若一个函数的返回值为指针，则该函数称为指针函数。如下述函数原型：

```
int* fun(int a, int b);
```

该语句声明了fun是一个函数名，fun函数有两个int型形参，函数的返回值为指向int型的指针，所以fun函数为指针函数。

习　　题

1. 编写程序，将10个整型数2，4，6，…，18，20赋予一个数组，然后使用指针输出该数组各元素的值。

2. 把键盘输入的一个大写字符串改为小写字符串并显示出来，其中大小写转换使用用户自定义函数lower实现。

3. 输入一个字符串，删除其中的所有空格后进行输出，例如，输入h e l l o，输出为hello。

4. 编写程序，当输入整数1~12（月份号）时，输出该月的英文名称，输入其他整数时结束程序运行。例如，输入4，则输出April；输入0，则退出程序。要求使用指针数组进行处理。

5. 分别使用指针数组和二级指针输入、输出一个二维整型数组。

6. 输入一个3×4的矩阵，编写函数求其中的最大元素值，并加以测试。

第7章 编译预处理命令

编译预处理是 C++语言编译系统的一个重要组成部分，它负责分析处理几种特殊的指令，这些指令被称为**编译预处理命令**。在 C++源程序文件中，加入编译预处理命令，可以改进程序设计环境，提高编程效率。但它们不是 C++语言的组成部分，不能直接对它们进行编译，编译系统在对源程序进行正式的编译之前，必须先对这些命令进行预处理，经过预处理后的程序不再包括预处理命令，然后由编译系统对预处理后的源程序进行通常的编译处理，得到可供执行的目标代码。

C++语言提供的预处理命令主要有以下三种。

（1）宏定义。

（2）文件包含。

（3）条件编译。

注意：编译预处理命令均以#开头，每行一条命令，因为它们不是 C++语言的语句，所以命令后无分号。

7.1 宏 定 义

宏定义分为两类：不带参数的宏定义和带参数的宏定义。

7.1.1 不带参数的宏定义

#define 称为宏定义命令，它的一般格式为：

#define 标识符　字符串

该命令的作用是用一个指定的标识符来代表一个字符串，字符串可以是常量、关键字、语句、表达式，还可以是空字符。其中，标识符又称为**宏名**，字符串称为**宏体**。

如果程序中出现宏定义命令，编译预处理程序就把该命令以后的程序中所有同宏名一致的标识符全部替换为所定义的宏体，这个过程称为**宏展开**。例如：

```
#define PI 3.1415926
```

作用是指定用 PI 来代替字符串 3.1415926，在编译预处理时，将程序中在该命令以后出现的所有 PI 都用 3.1415926 代替。

【例 7.1】 输入圆半径，求圆周长、圆面积和球体积。

```
#include<iostream>
using namespace std;
```

```cpp
#define PI 3.1415926

int main()
{
    double perimeter, area, radius, volume;
    cout<<"input radius: ";
    cin>>radius;
    perimeter = 2 * PI * radius;
    area = PI * radius * radius;
    volume = 4.0 / 3.0 * PI * radius * radius * radius;
    cout<<"perimeter = "<<perimeter
        <<"  area = "<<area
        <<"  volume = "<<volume<<endl;

    return 0;
}
```

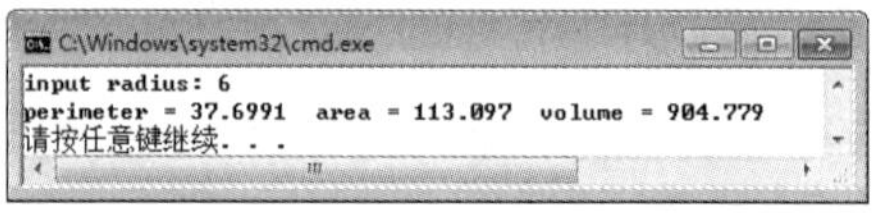

程序的运行结果如图 7.1 所示。

图 7.1　例 7.1 的运行结果

说明：

（1）宏名一般用大写字母表示，以便与变量名相区别。

（2）使用宏名代替一个字符串，可以减少程序中重复书写某些字符串的工作量，当需要改变某一个常量时，可以只改变#define 命令行，做到一改全改，不容易出错。

（3）宏定义是用宏名代替一个字符串，在宏展开时只是进行简单的字符串替换，并不进行语法检查。例如在输入下列宏命令时：

```cpp
#define PI 3,1415926
```

将小数点 "."错写成了 ","，在编译预处理时也不会报错，只在编译时才会发现错误并报告错误。

（4）宏定义不是 C++语句，一定不要在行末加分号，如果加了分号，会将分号当成字符串的一部分进行替换。

（5）通常把#define 命令放在一个文件的开头，使其定义在本文件内全部有效，即作用范围从其定义位置起到文件结束。

（6）可以使用**#undef** 命令来取消宏定义的作用域。#undef 命令的一般格式为：

```cpp
#undef   宏名
```

该命令的作用是通知编译预处理系统取消前面由#define 命令所定义的宏名，使其定义的宏名不再起作用。例如：

```cpp
#define  PI 3.1415926
int main()
{…}
#undef  PI
f1()
{…}
```

由于#undef 的作用，使 PI 的作用范围在#undef 行处终止，因此，在 f1 函数中，PI 不再代表3.1415926。这样可以灵活控制宏定义的作用范围。

（7）宏定义允许嵌套定义，即在进行宏定义时，可以使用已定义过的宏名。

（8）对程序中用双引号括起来的字符串内的字符，即使与宏名相同，也不进行替换。

（9）宏定义命令是专门用于编译预处理的，与定义变量的含义不同，只用于字符串替换，不分配内存空间。

【例 7.2】 求半径为 3 的圆周长、圆面积和球体积。

```cpp
#include<iostream>
using namespace std;

#define RADIUS 3
#define PI 3.1415926
#define PERIMETER 2 * PI * RADIUS
#define AREA PI * RADIUS * RADIUS
#define VOLUME 4.0 / 3.0 * PI * RADIUS * RADIUS * RADIUS

int main()
{
    cout<<"PERIMETER = "<<PERIMETER<<endl
        <<"AREA = "<<AREA<<endl
        <<"VOLUME = "<<VOLUME<<endl;

    return 0;
}
```

程序的运行结果如图 7.2 所示。

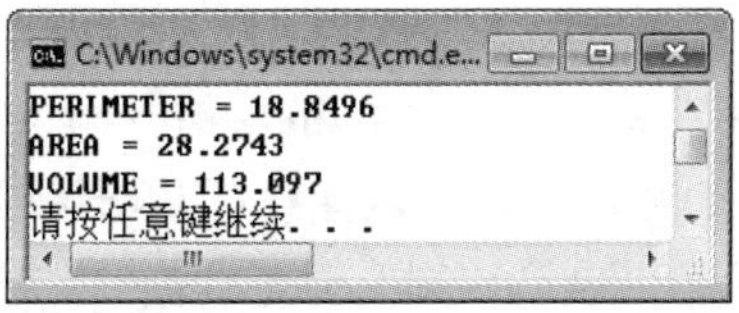

图 7.2　例 7.2 的运行结果

7.1.2　带参数的宏定义

带参数的宏不只进行宏体的替换，还要进行参数的替换。其一般形式为：

```
#define 宏名(形式参数表) 字符串
```

其中，字符串中包含了在形式参数表中所指定的参数。例如：

```cpp
#define S(a,b) a * b
area = S(3,2)
```

定义矩形面积 S，参数 a 和 b 分别是长和宽。编译预处理程序会把表达式 S(3,2)中的实参 3 和 2 分别代替宏定义中的形式参数 a 和 b，即用 3*2 代替 S(a,b)。因此，赋值语句"area = S(3,2);"展开为"area=3*2"。

对带参数的宏定义是这样展开替换的：在程序中如果有带参数的宏，如 S(3,2)，则按#define 命令行中指定的字符串从左到右进行替换。如果宏定义的字符串中包含宏中的参数，如 a，b，则将程序语句中相应的实参代替形参，如果宏定义的字符串中的字符不是参数字符，如*，则原样保留。

【例 7.3】 计算圆面积。

```cpp
#include<iostream>
using namespace std;

#define PI 3.1415926
```

编译预处理命令

```
#define S(r) PI*r*r

int main()
{
    float radius = 3.6f, area;
    area = S(radius);    //经过宏展开后为area=3.1415926*radius*radius
    cout<<"radius = "<<radius<<"\tarea = "<<area<<endl;

    return 0;
}
```

程序的运行结果如图7.3所示。

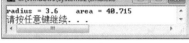

图7.3　例7.3的运行结果

说明：

（1）带参数的宏展开时，不仅要进行宏体对宏名的替换，还要将宏名后面括号中的实参代替#define命令行中的形参。

（2）在宏展开时，如果实参是表达式，则在定义宏时应将字符串中的形式参数外面加上圆括号。例如：

```
#define S(r) PI*r*r
area = S(a + b)
```

在宏展开后得到了area=PI*a+b*a+b，显然这不是预期的结果，这时应该将宏定义改成#define S(r) PI*(r)*(r)，这样在对S(a+b)进行宏展开时，就可以得到PI*(a+b)*(a+b)，达到要求。

（3）在宏定义时，宏名与带参数的括号之间不应加空格，否则将空格以后的字符都作为替换字符串的一部分。例如，有下列宏定义命令：

```
#define S␣(r)␣PI*r*r          // ␣表示空格
```

则S被认为是不带参数的宏名，它代表字符串(r)␣PI*r*r。如果在程序中有area=S(a)，原意是想得到area=PI*a*a，结果却被展开为area=(r)␣PI*r*r(a)，这显然是不正确的。

带参数的宏与函数有相似的地方，但它们是完全不同的，主要有以下几点区别。

（1）函数调用时，要先求出实参表达式的值，然后传递给形参；而带参数的宏只是做简单的字符串替换。

（2）函数调用是在程序运行时处理的，给形参（除引用之外）分配临时的内存单元；而带参数的宏则是在预编译时进行的，在展开时并不分配内存单元，不进行值的传递处理，也没有"返回值"的概念。

（3）函数中的形参和实参的数据类型要求一致；而宏名无数据类型，它的参数也无类型，宏展开时只是把指定的字符串代替宏名即可。

（4）函数调用时只可得到一个直接返回值，而用宏可以设法得到多个值。

（5）使用宏次数较多时，宏展开后源程序会变长，而函数调用不会使源程序变长。

（6）宏替换不占运行时间，只占编译预处理时间，而函数调用则占用运行时间。

7.2　文　件　包　含

文件包含是指一个源文件可以将另一个源文件的内容全部包含进来，即将其他文件的内容包含到本文件之中。C++语言用#include命令来实现文件包含的功能。其一般形式为：

```
#include<文件名>
```

或

```
#include "文件名"
```

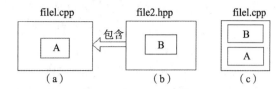

图 7.4 文件包含的含义

作用是在编译预处理时把"文件名"指定的文件内容复制到本文件之中，再对合并后的文件进行编译。图 7.4 表示了文件包含的含义。

图 7.4（a）为文件 file1.cpp，该文件包含命令#include "file2.hpp"，文件中还有其他部分，以 A 表示。图 7.4（b）为另一文件 file2.hpp，文件内容以 B 表示，它被 file1.cpp 包含。在编译预处理时，要用#include 命令进行文件包含处理，将 file2.hpp 的内容复制到文件 file1.cpp 的#include"file2.hpp"命令处，得到图 7.4（c）所示的结果。这样，在其后面所进行的编译中，将包含以后的 file1.cpp[如图 7.4（c）所示]作为一个源文件单位进行编译。

【例 7.4】 文件包含示例。

```cpp
// 文件 file1.cpp 的内容如下:
#include<iostream>
#include "file2.hpp"
using namespace std;

int main()
{
    float x1,x2,max;
    cout<<"Please input two numbers: ";
    cin>>x1>>x2;
    max = max2(x1,x2);
    cout<<"The max of "<<x1<<" and "<<x2<<" is  "<<max<<endl;

    return 0;
}


 // 文件 file2.hpp 的内容如下:
float max2(float x, float y)
{
    if (x > y) return x;
    else return y;
}
```

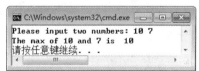

图 7.5 例 7.4 的运行结果

程序的运行结果如图 7.5 所示。

注意：在编译预处理后，已经将这两个文件连接成一个文件，作为一个源文件进行编译，得到一个目标文件。

从理论上讲，#include 命令可以包含任何类型的文件。一般情况下，#include 命令都放在源文件的头部，所以，将#include 命令中包含的文件称为头文件，常用".h"或".hpp"作为头文件的扩展名。

说明：

（1）一个#include 命令只能指定一个被包含文件，如果要包含 n 个文件，必须用 n 个#include 命令。

（2）在编译预处理后，被包含文件与#include 命令所在文件已成为一个文件，因此，如果被包含文件定义有全局变量，在其他文件中不必用 extern 关键字声明。

（3）在#include 命令中，文件名可用双引号或尖括号括起来。用尖括号时，表示系统到 C++库函数头文件所在的目录中寻找要包含的文件，称为标准方式。用双引号时，系统先到用户当前目录中寻找要包含的文件，若找不到，再按标准方式查找。一般情况下，当用#include 命令包含库函数的相关文件时，用尖括号；当包含的是用户自己编写的文件时（这种文件一般放在当前目录中），用双引号。

（4）使用包含文件命令时，一定注意要把被包含文件作为一个独立文件来存放。

7.3 条 件 编 译

一般情况下，源程序所有行均参加编译，但有时希望部分行在满足一定条件时才进行编译，即对部分内容指定编译的条件，这就是**条件编译**。

条件编译命令有以下几种形式。

1. #ifdef 命令

```
#ifdef 标识符
    程序段 1
#else
    程序段 2
#endif
```

作用是当所指定的标识符已经被#define 定义过，则在程序编译时编译程序段 1，否则编译程序段 2。其中，#else 部分可以没有。即：

```
#ifdef 标识符
    程序段 1
#endif
```

在应用程序中，可能会出现不需要某些功能的情况，这时就可以利用条件编译命令来选取需要的功能进行编译，以便生成不同的应用程序，供不同用户使用。此外，条件编译还可以方便程序的调试，简化程序调试工作。

例如，在调试程序时希望输出一些所需的信息，而在调试完成后不再输出这些信息，这时，可以在源程序中插入条件编译段，如下所示：

```
#ifdef DEBUG
    cout<<x<<y<<z;
#endif
```

如果在它的前面有以下命令行：

```
#define DEBUG
```

则在程序运行时输出 x、y、z 的值，以便调试时分析。调试完成后只需将#define DEBUG 命令行删去即可。其实不用条件编译也可以达到此目的，即在调试时加一些 cout 命令，调试完成后将这些 cout 命令删去，也是可以的。但是，当调试时加的 cout 命令比较多时，修改的工作量是很大的，用条件编译则不用——删除 cout 命令，只需删除前面的#define DEBUG 命令即可，这时所有的用 DEBUG 作标识符的条件编译段使其中的 cout 语句不起作用，即起统一控制的作用，如同一个"开关"一样。

2. #ifndef 命令

```
#ifndef   标识符
    程序段 1
#else
    程序段 2
#endif
```

其中，#else 部分也可以没有。它的作用是若标识符未被#define 定义过，则编译程序段 1，否则编译程序段 2。

3. #if 命令

```
#if 表达式
    程序段 1
#else
    程序段 2
#endif
```

作用是当指定的表达式值为 true（非 0）时就编译程序段 1，否则编译程序段 2。这样就可以事先给定条件，使程序在不同的条件下执行不同的功能。

【例 7.5】 输入一行字母字符，根据需要设置条件编译，使之能将字母全改为大写字母输出，或全改为小写字母输出。

```cpp
#include<iostream>
using namespace std;

#define LETTER 1

int main()
{
    char str[20] = "C Language", c;
    int i = 0;
    while((c = str[i++]) != '\0')
    {
        #if LETTER
            if(c >= 'a' && c <= 'z')
                c -= 32;
        #else
            if(c >= 'A' && c <= 'Z')
                c += 32;
        #endif
        cout<<c;
    }
    cout<<endl;

    return 0;
}
```

程序的运行结果如图 7.6 所示。

图 7.6　例 7.5 的运行结果

第
7
章

编译预处理命令

程序解析：

由于在程序开头，先定义了宏 LETTER 为 1，在编译预处理时，条件为真，则对第一个 if 语句进行编译，运行时使小写字母变成了大写字母。如果将 LETTER 定义为 0，则在编译预处理时，对第二个 if 语句进行编译，运行时会使大写字母变成小写字母，输出结果为：

```
c language
```

注意： 在使用#ifdef 和#ifndef 宏命令时，其控制条件是真是假与标识符是非零还是零无关，而只是看标识符是否被定义过。

习　题

1. 阅读下列程序，写出运行结果。

```
#include<iostream>
#define PR(ar) cout<<ar<<endl;
using namespace std;

int main()
{
    int j,a[]={1,3,5,7,9,11,13,15},*p=a+5;
    for(j=3;j>0;j--)
        switch (j)
        {
            case 1:
            case 2:PR(*p++);break;
            case 3:PR(*(--p));
        }

    return 0;
}
```

2. 定义一个带参数的宏，使两个参数的值互换，并编写程序，输入两个数作为使用宏时的实参，输出交换后的两个值。

3. 用带参数的宏编程，实现从三个数中找出最大数的功能。

4. 用条件编译方法实现以下功能：输入一行英文字母，可以任选两种方式输出，一种为原文输出，一种为密码方式输出（密码的编码方式是将原字母编码改成为它的下一个字母，如 a 变成 b，其他非字母字符不变）。用#define 命令来控制是否要译成密码。例如：

```
#define CHANGE 1
```

则输出密码。若

```
#define CHANGE 0
```

则不译成密码，按原码输出。

第8章 结构体、共用体和枚举类型

之前的章节已详细介绍了基本数据类型，如整型、实型和字符型等，也介绍了一种构造类型——数组。数组中的各元素属于同一数据类型，但在处理实际问题时，经常会遇到复杂的数据。仅有这些数据类型是不够的，还需要将不同类型的数据组合成一个有机的整体，以便于引用。为了能把这些有一定逻辑联系的数据组成一个整体，C++语言提供了一种构造数据类型。

本章主要介绍由不同类型数据组成的构造数据类型，包括结构体类型、共用体类型和枚举类型。

8.1 结构体类型

结构体类型是由一系列相同类型或不同类型的数据构成的数据集合，结构体中的数据在逻辑上相互关联。例如，在描述学生的基本情况时，一般要用到学生的学号、姓名、性别、年龄、成绩和家庭住址等项，这些项都与某一学生相关联，如图 8.1 所示。

num	name	sex	age	score	addr
100001	Wang Tong	M	18	90	Beijing

图 8.1 学生的基本情况

可以看到学号（num）、姓名（name）、性别（sex）、年龄（age）、成绩（score）和家庭住址（addr）共同描述姓名为 Wang Tong 的学生。如果将 num、name、sex、age、score 和 addr 分别定义为互相独立的简单变量，则难以反映它们之间的内在联系，所以应当把它们组织成一个组合项，在一个组合项中包含若干个类型相同或不同的数据项。C++语言允许用户指定这样一种数据结构，称为结构体（structure），它相当于其他高级语言中的"记录"。

使用结构体类型之前，必须先对结构体的组成进行描述，即结构体类型的定义。结构体类型的定义描述了组成结构体的成员以及每个成员的数据类型。

定义结构体类型的语法形式如下：

```
struct 结构体类型名
{
    数据类型 成员名1;
    数据类型 成员名2;
    …
    数据类型 成员名n;
};
```

其中，struct 是定义结构体类型时必须使用的关键字，不能省略，它向编译系统声明这是一个自定义的"结构体类型"。结构体类型名由用户自行命名，该结构体类型可以像基本数据类型（如 int 型、float 型）一样，定义相应的变量。

花括号"{}"内是组成该结构体的每个数据，称为**结构体成员**，也称为"成员表列"或"域表"。在结构体定义中，要对每个成员的成员名和数据类型进行说明。每个成员名的命名规则与变量名相同。每个成员的数据类型既可以是基本数据类型、数组类型及指针类型，也可以是已经定义过的结构体类型。每个成员项后用分号";"作为结束符，整个结构体的定义作为一个完整的语句，用一对花括号"{}"括起来，用分号作为结束符。例如，描述学生基本情况时，可定义这样一个结构体类型：

```
struct student
{
    int num;
    char name[20];
    char sex;
    int age;
    int score;
    char addr[30];
};
```

上述语句声明了一个名为 student 的结构体类型，它包括 6 个成员。应当明确 student（或 struct student）是一个类型名，它和系统提供的标准类型具有同等的地位和作用，都可以用来定义变量，只不过结构体类型需要由用户自己定义。

8.2 定义结构体类型变量

如果在程序中定义了某个结构体类型后，就可以使用它来定义变量，并且可以对变量进行初始化和使用相应的变量。

本节介绍定义一个结构体类型变量的三种形式。

8.2.1 先定义结构体类型再定义变量

这是 C++语言中定义结构体类型变量最常见的方式，一般语法格式如下：

struct 结构体类型名
{
    成员表列；
};
结构体类型名 变量名表列；

或

struct 结构体类型名 变量名表列；

如上 8.1 节中已经先定义了一个结构体类型 student，则可以用它来定义变量。如：

```
student student1, student2;
```

或

```
struct student student1, student2;
```

8.2.2　定义结构体类型的同时定义变量

这种形式定义的一般语法格式为：

```
struct 结构体类型名
{
      成员表列；
}变量名表列；
```

例如：

```
struct student
{
    int num;
    char name[20];
    char addr[30];
}student1,student2;
```

在定义 student 结构体类型的同时，也定义了 student1、student2 两个 student 类型的结构体类型变量。

8.2.3　直接定义结构体类型变量

这种形式定义的一般格式为：

```
struct
{
    成员表列；
}变量名表列；
```

可以看到，这种形式的定义没有结构体类型名。例如：

```
struct
{
    int num;
    char name[20];
    int age;
    float score;
    char addr[30];
}student1, student2;
```

为了使用上的方便，经常采用第一种方法。

注意：

（1）结构体类型与结构体类型变量是不同的概念。结构体类型是对一种数据类型的结构描述，其作用仅仅是规定了该数据的性质和相应变量应占用内存的大小，在编译时，并不占用内存空间。结构体类型变量定义后将占用实际内存空间。

结构体、共用体和枚举类型

（2）结构体中的每个成员，可以单独使用，它的作用与地位相当于普通变量。

（3）结构体中的成员可以是另外一个已定义的结构体类型变量。

例如：

```
struct date
{
    int month;
    int day;
    int year;
};
struct student
{
    int num;
    char name[20];
    int age;
    float score;
    date birthday;              // 成员 birthday 为 date 结构体类型
    char addr[30];
}student1, student2;
```

其中，date 结构体类型的声明必须在 student 结构体类型的声明之前，否则，声明 student 结构体类型时，会出现 date 结构体类型未定义的错误。

（4）结构体成员名可以与程序中的变量名相同，但不能与结构体类型名相同。

（5）结构体类型变量定义之后，系统会为其分配一定大小的内存空间。结构体类型变量所占内存的大小理论上应为各个成员所占内存大小之和。为了提高对内存的存取速度，C++分配各个结构体成员的内存空间以字节为单位，以保证其地址为字节的整数倍，所以结构体成员内存空间存在间隙。因此，在程序中应避免用结构体成员大小计算结构体类型变量所占内存。

在 Visual C++编译环境下，结构体变量内存分配方式为：

① 结构体变量中各成员在存放的时候根据在结构体中出现的顺序依次申请空间，并且按照对齐方式[成员存放的起始地址相对于结构体变量起始地址的偏移量必须为 sizeof（成员）的倍数]调整位置，系统会自动填充空缺的字节。如：

```
struct StructA
{
    double x;    // 8 字节，地址的偏移量为 0，是 8 的倍数
    char y;      // 1 字节，地址的偏移量为 8，是 1 的倍数
    int z;       // 4 字节，系统自动填充 3 字节，地址的偏移量为 12，是 4 的倍数
};
cout<<sizeof(StructA);
```

上述程序代码段的运行结果为：16。为第三个成员 z 分配空间时，此时可分配的地址对于结构体的起始地址偏移量为 9=8+1，不是 sizeof(int)=4 的倍数，为了满足对齐方式对偏移量的约束问题，系统自动填充 3 字节，所以把 z 存放在偏移量为 12 的内存空间。

② 为了确保结构体变量所占内存空间的大小为结构体的字节边界数（即该结构体中占用最大空间的类型所占用的字节数）的倍数，所以在为最后一个成员变量申请空间后，还会

根据需要自动填充空缺的字节。如:

```
struct StructB
{
        char y;        // 1 字节，地址的偏移量为 0，是 1 的倍数
        double x;      // 8 字节，系统自动填充 7 字节，地址的偏移量为 8，是 8 的倍数
        int z;         // 4 字节，地址的偏移量为 16，是 4 的倍数
};
cout<<sizeof(StructB);
```

上述程序代码段的运行结果为: 24。上述成员都分配了空间，空间总大小为: 1+7+8+4=20，20 不是 8 的倍数，所以需要填充 4 字节，以满足结构体变量所占空间的大小为 sizeof(double)=8 的倍数。

8.2.4 结构体类型变量的初始化

结构体类型变量的初始化是指在定义结构体类型变量的同时给每个结构体成员赋初值。

结构体类型变量初始化的一般语法形式为:

结构体类型名　结构体类型变量名 = {初始数据};

其中，初始数据的个数、顺序和类型均应与定义结构体类型时结构体成员的个数、顺序和类型保持一致。例如:

```
struct student
{
    long int num;
    char name[20];
    char sex;
    int age;
    char addr[30];
}student1={200401, "Wang Yong ", 'M', 18, "35 Beijing Road"};
```

说明:

（1）变量初始化时，不能在定义结构体类型时直接赋值。例如，下列语句是错误的:

```
struct student
{
    long int num = 200401;              // wrong
    char name[20] = "Wang Yong";        // wrong
    char sex = 'M';                     // wrong
    int age = 18;                       // wrong
    char addr[30] = "35 Beijing Road";  // wrong
}student1;
```

（2）对含有嵌套结构的结构体类型变量初始化时，可采用以下方法:

```
struct date
{
    int month;
    int day;
    int year;
};
```

结构体、共用体和枚举类型

```
struct student
{
    int num;
    char name[20];
    int age;
    float score;
    struct date birthday;
    char addr[30];
};
student student1 = {200401, "Wang Yong", 18, 88.5, {8, 18, 1985}, "35
Beijing Road"};
```

8.3　结构体类型变量成员的引用

当定义了某种结构体类型的变量，就可以使用这个变量。但由于结构体中的各个成员的类型不同，代表的意义也不同，因此，一般不能直接引用结构体类型变量，只能对结构体中的各个成员分别进行引用。结构体成员的使用和普通变量的使用方法完全相同。

结构体成员的引用格式如下：

结构体类型变量名.成员名

其中的 "." 称为**成员运算符**（或成员选择运算符），用于引用结构体变量中的某个成员，其运算级别是最高的。因此，可以把 student1.num 当成一个整体看待，表示结构体类型变量 student1 中的成员 num。

说明：

（1）通常情况下，对结构体类型变量的成员可以像普通变量一样进行各种运算。例如：

```
student1.score=100;
student1.score=student2.score;
average = (student1.score+student2.score)/2;
student1.age++;
```

（2）如果成员本身又是另一个结构体类型，可采用由外向内多层的 "." 操作，直到所引用的最低一级的结构体成员。只能对最低级的成员进行赋值、输出或其他运算。

【例 8.1】 对结构体变量的成员进行操作示例。

```
#include<iostream>
using namespace std;

struct date
{
    int month;
    int day;
    int year;
};

struct student
{
    int num;
```

```
        char name[20];
        struct date birthday;
        char addr[30];
};

int main()
{
        student stu1;
        stu1.num = 1001;
        stu1.birthday.month=8;
        stu1.birthday.day=20;
        stu1.birthday.year=1980;
        cout<<"stu1.num: "<<stu1.num<<endl
            <<"stu1.birthday.month: "<<stu1.birthday.month<<endl
            <<"stu1.birthday.day: "<<stu1.birthday.day<<endl
            <<"stu1.birthday.year: "<<stu1.birthday.year<<endl;

        return 0;
}
```

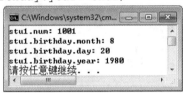

程序的运行结果如图 8.2 所示。

图 8.2　例 8.1 的运行结果

（3）不能将一个结构体类型变量作为一个整体进行输入输出。但是，在某些情况下，允许对结构体类型变量进行赋值操作，即可把一个结构体类型变量的值，赋给同类型的另一个结构体类型变量。

【例 8.2】　stu1 和 stu2 是具有相同类型的两个结构体类型变量，将变量 stu1 中的成员赋给 stu2 中的相应成员。

```
#include<iostream>
using namespace std;

int main()
{
    struct
    {
        int num;
        int age;
    }stu1,stu2;
    stu1.num = 1001;
    stu1.age = 20;
    stu2 = stu1;                 // 对结构体类型变量进行赋值
    cout<<"stu2.num: "<<stu2.num<<endl
        <<"stu2.age: "<<stu2.age<<endl;

    return 0;
}
```

程序的运行结果如图 8.3 所示。

（4）可以引用结构体成员的地址，也可以引用结构体类型变量的地址。

图 8.3　例 8.2 的运行结果

结构体、共用体和枚举类型

8.4 结构体数组

在 C++语言中，具有相同数据类型的数据可以组成数组。根据同样的原则，具有相同结构体类型的变量也可以组成数组，称它们为**结构体数组**。结构体数组的每一个数组元素都是结构体类型的变量。

8.4.1 结构体数组的定义

定义结构体数组的方法和定义结构体类型变量的方法相似，只需说明为数组即可。可以采用以下三种方法：

（1）先定义结构体类型，再定义结构体数组。

```
struct student
{
    int num;
    char name[10];
};
student array[30];
```

（2）在定义结构体类型的同时定义结构体数组。

```
struct student
{
    int num;
    char name[10];
}array[30];
```

（3）直接定义结构体数组。

```
struct// 无结构体类型名
{
    int num;
    char name[10];
}array[30];
```

以上三种方法都定义了结构体数组 array，它有 30 个元素，每个元素都包含了 num、name 两个结构体成员的数据。结构体数组名代表数组在内存中存储单元的首地址，各数组元素在内存中占据连续的存储单元。

8.4.2 结构体数组的初始化

结构体数组初始化的一般形式为：

结构体类型名　结构体数组名[] = {初始数据}；

例如：

```
struct student
{
    int num;
    char name[20];
```

```
        int age;
}stu[2] = {10001, "Wang Yong", 18, 10002, "Zhang Liang", 19};
```

结构体数组的初始化数据放在赋值号右边的花括号"{}"内，数据之间用逗号","分隔，每个数组元素初始值的个数、顺序和类型必须与其对应的结构体成员一致。如果对所有数组元素赋初值，则方括号"[]"中的数组元素个数可以省略。

明显起见，每个数组元素的初值可以用花括号"{}"括起来，即采用如下形式：

```
student stu[]={{初值表1}, {初值表2}};
```

8.4.3 结构体数组应用举例

下面通过一个简单的例子来说明结构体数组的定义和使用。

【例8.3】 有一张包含三名学生的成绩单，将成绩从大到小排序输出。

```
#include<iostream>
using namespace std;

struct student
{
    int num;
    char name[20];
    float score;
};// 定义结构体类型 student

int main()
{
    // 定义结构体数组 stu, 并初始化
    student stu[3]={{1001,"Liu Jin",75},{1002,"Li Lan",82},
                    {1003,"Ma Kai",80}};
    student temp;
    for(int i = 1; i < 3; i++)
        for(int j = 0; j <= 2 - i; j++)
            if(stu[j].score < stu[j+1].score)
            {
                temp = stu[j]; stu[j] = stu[j+1]; stu[j+1] = temp;
            }
    cout<<"Num"<<"\tName"<<"\t\tScore"<<endl;
    for(int k = 0; k < 3; k++)
        cout<<stu[k].num<<"\t"<<stu[k].name<<"\t\t"<<stu[k].score<<endl;

    return 0;
}
```

程序的运行结果如图8.4所示。

在此程序中，排序时交换的数组元素是结构体变量。当结构体变量的成员很多时，这并不是一种好办法。为提高效率，可以使用8.5节介绍的结构体数组指针实现同样的功能。

图 8.4 例8.3的运行结果

结构体、共用体和枚举类型

8.5 结构体指针

在 C++语言中，指针不仅可以指向普通变量、数组、数组元素、函数，也可以指向结构体类型变量。把指向结构体类型变量的指针称为**结构体指针**，简称结构指针。

8.5.1 指向结构体类型变量的指针

1. 结构体指针的定义

结构体指针定义的一般形式如下：

结构体类型名 *结构体指针名;

例如：

```
student stu, *s;
s = &stu;
```

定义了一个 student 结构体类型变量 stu 和一个指向 student 结构体类型的指针 s，接着又把 stu 的地址赋值给结构体指针 s，即指针 s 指向结构体变量 stu。

2. 用结构体指针引用结构体成员

除了可以使用"结构体类型变量名.成员名"的形式引用结构体成员之外，还可以利用结构体指针访问结构体成员。具体有以下两种方法。

方法一：

(*结构体指针名).成员名

例如：

(*s).num

其中，s 是结构体指针，(*s) 表示 s 指向的结构体类型变量，(*s).num 表示 s 所指向的结构体类型变量中的成员 num，所以(*s).num 的意义是先访问结构体指针所指向的结构体类型变量，再访问该结构体类型变量中的成员。由于结构体成员运算符"."优先于指针运算符"*"，所以(*s).num 中的圆括号不能省略。

方法二：

结构体指针名->成员名

例如：

s->num

其中，"->"是结构体成员引用运算符，由减号和大于号组成，它的运算级别和"."相同。s->num 和（*s).num 的功能完全相同。

综上所述，访问结构体变量中的成员共有三种方法：

(1) 结构体类型变量名.成员名

（2）(*结构体指针名).成员名

（3）结构体指针名->成员名

3. 结构体指针的运算

结构体指针所指向的是结构体类型变量所在存储空间的首地址。将结构体指针加 1，则指针指向内存中下一个结构体类型变量，其地址的增加量取决于指针所指向的结构体的长度。例如：

```
cout<<s->num;        // 输出结构体成员 num 的值
cout<<s->num++;      // 先输出结构体成员 num 的值，然后将 num 值加 1
cout<<++s->num;      // 先取结构体成员 num 的值，然后将 num 值加 1 之后再输出
cout<<s++->num;      // 先输出成员 num 的值，然后指针 s 加 1，指向下一个结构体类型变量
```

8.5.2 指向结构体数组的指针

在 C++语言中，把指向结构体数组或数组元素的指针称为**结构体数组指针**。

【例 8.4】 使用结构体数组指针输出数据示例。

```cpp
#include<iostream>
using namespace std;

struct student
{
    int num;
    char name[20];
    float score;
};

int main()
{
    student stu[3] = {{1001,"Liu Jin",75},{1002,"Li Lan",82},
                      {1003,"Ma Kai",80}};
    student *s = stu;            // 指针 s 指向结构体数组的首地址
    cout<<"Num"<<"\tName"<<"\t\tScore"<<endl;
    for(; s < stu + 3; s++)
       cout<<s->num<<"\t" <<s->name<<"\t\t"<<s->score<<endl;

    return 0;
}
```

程序的运行结果如图 8.5 所示。

程序解析：

（1）如果 s 的初值为 stu，即指向第一个元素 stu[0]，则+1 后指向下一个元素 stu[1]的起始地址。

（2）程序中已定义了指针 s 是指向 student 类型数据的变量，它只能指向一个 student 型的数据，而不能指向 stu 数组元素中的某一个成员。

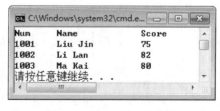

图 8.5　例 8.4 的运行结果

结构体、共用体和枚举类型

8.5.3 用结构体变量和结构体指针作为函数参数

在调用函数时，可以把结构体变量的值作为参数传递给函数。最常用的有以下三种方法。

1. 用结构体类型变量的成员作为参数

把结构体类型变量的成员作为实参，传递给被调用的函数。这种用法和使用普通变量作为实参是一样的，属于单向的"值传递"方式。

2. 用结构体类型变量作为参数

把结构体类型变量作为实参和形参，采用"值传递"的方式，将结构体类型变量的全部内容顺序传递给形参，形参也必须是同类型的结构体类型变量。这种方式有一个缺点，就是在函数调用时，形参也要占用临时的内存单元，结构体成员越多，这种传递方式占用的时间和空间就越大，这将降低程序运行的效率。另外，由于采用"值传递"方式，不能把在被调函数中改变了的形参值带回到主调函数中，造成使用上的不便，所以经常采用引用作为形参。

3. 用结构体指针作为参数

用指向结构体类型变量或结构体数组的指针作为实参，将结构体类型变量或结构体数组的地址传递给指向相同结构体类型的指针形参。函数的返回值类型可以是基本数据类型，也可以是用户自定义的数据类型。

【**例 8.5**】 结构体指针作为形参示例。

```cpp
#include<iostream>
using namespace std;

struct student
{
    int num;
    char name[20];
    float score;
};

void print(student *ps)        // 形参 ps 被定义为指向 student 类型的指针
{
    cout<<ps->num<<"\t"<<ps->name<<"\t\t"<<ps->score<<endl;
}

int main()
{
    student stu[3]={{1001,"Liu Jin",75},{1002,"Li Lan",82},
                    {1003,"Ma Kai",80}};
    for(int i=0;i<3;i++)
    {
        print(&stu[i]);
        // &stu[i]是结构体数组元素 stu[i]的地址
    }

    return 0;
}
```

图 8.6　例 8.5 的运行结果

程序的运行结果如图 8.6 所示。

8.6　用指针处理链表

8.6.1　链表的概述

链表是一种最常见的数据结构,分为动态链表和静态链表。程序员经常使用的是动态链表,它能进行动态内存分配,可以适应数据动态增减的情况,并且可以方便地进行数据元素的插入、删除等操作。

链表有单向链表、双向链表和循环链表等形式。图 8.7 是一个单向链表的结构示意图。

每个链表都有一个"头指针"变量,在图 8.7 中用 head 表示,它存放一个地址,指向链表的第

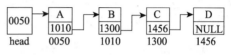

图 8.7　单向链表的结构

一个元素。链表中每一个元素称为"结点(node)"。每个结点都应包括两部分:第一部分是链表中保存的用户使用的实际数据,在图 8.7 中用 A、B、C 和 D 表示;第二部分是一个地址,指向下一个结点。可以看出,头指针 head 指向第一个结点,第一个结点又指向第二个结点,以此类推,直到指向最后一个结点。最后的这个结点不再指向其他结点,它称为"表尾",它的地址部分存放一个 NULL(表示空地址),链表到此结束。

链表中各结点在内存中可以不是连续存放的。要想找到某一结点,必须先找到该结点的上一个结点,根据它提供的下一个结点的地址才能找到该结点。结点中的地址用指针变量来实现,即一个结点中应包含一个指针变量,用它存放下一个结点的地址。

用结构体变量作链表中的结点最为合适。一个结构体变量包含若干成员,它们可以是数值类型、字符类型和数组类型,也可以是指针类型。可以用这个指针类型成员来存放下一个结点的地址,因而链表结点数据可以设计成下面所示的结构体类型:

```
struct student
{
    int num;
    float score;
    student *next;
};
```

其中,每个结点数据都属于 student 结构体类型,成员 num 和 score 用来存放结点中的有用数据,next 指针指向下一个结点,即 next 指针值为下一个结点的地址。用这种方法就可以建立链表,如图 8.8 所示。

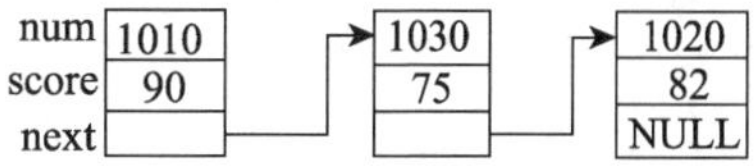

num	1010		1030		1020
score	90		75		82
next					NULL

图 8.8　链表数据结构的建立

8.6.2　动态内存分配

动态链表动态地为每一个结点分配内存空间,即在需要的时候才开辟一个结点的存储单元,当某个存储单元不再需要的时候可以释放。在 C++中提供了 new 和 delete 运算符来完成动态内存的分配和释放。

1. new 运算符

new 运算符用于申请所需的内存单元,返回一个指定类型的指针。它的语法格式为:

结构体、共用体和枚举类型

```
指针 = new 数据类型;
```

其中，指针应预先声明，指针指向的数据类型与 new 后面的数据类型相同。若申请成功，则将分配内存单元的首地址赋给指针；否则（若没有足够的内存空间）返回 NULL（一个空指针）。

例如：

```
int *p;
p=new int;
```

系统根据 int 类型的空间大小开辟一个内存单元，用来保存 int 类型数据并将地址保存在指针变量 p 中。在申请分配内存单元时，也可以进行初始化，如：

```
int *p;
p = new int(20);
```

执行完上述两条语句后，指针 p 指向动态分配的内存单元，且该内存单元的初始值为 20。

也可以用 new 运算符申请一块保存数组的内存单元，即创建一个数组。格式为：

```
指针 = new 数据类型[常量表达式];
```

其中，常量表达式给出数组元素的个数，指针指向分配的内存首地址，指针指向的类型与 new 后的数据类型相同。

例如：

```
int *p;
p = new int[20];
```

系统为指针 p 分配了整型数组的内存单元，数组中有 20 个元素。

2. delete 运算符

当程序中不再使用由运算符 new 申请的某个内存单元时，可以用 delete 运算符释放它。它的语法格式为：

```
delete 指针;
delete []指针;
```

它的功能是释放由 new 申请到的内存单元。其中，指针指向需要释放的内存单元首地址，并且 delete 只是释放动态内存单元，并不是将指针本身删除。

例如：

```
int *p1 = new int, *p2=new int[20];
delete p1;
delete []p2;
```

注意：

（1）用 new 运算符申请分配的内存空间，必须用 delete 运算符释放。对于一个已分配内存的指针，只能调用一次 delete 来释放，否则有可能会导致系统错误。

（2）运算符 delete 作用的指针必须是由 new 动态分配内存空间的首地址。

（3）对 new 和 delete 要养成配对使用的良好习惯。

8.6.3 建立单向动态链表

下面通过一个例子来说明如何建立一个单向动态链表。

【例8.6】 写一个函数，建立一个有五名学生数据（包含学号和成绩）的单向动态链表。

先分析如何设计实现此要求的算法。

假设输入的学号为0时，表示建立链表的过程结束，该结点不应链接到链表中。根据题目要求，链表中结点数据应采用以下结构体类型来描述：

```
struct student
{
    long num;
    float score;
    student *next;
};
```

同时定义三个指针变量head（头指针）、p1（指向新建立的结点）和p2（指向链表中最后一个结点），它们都是指向 student 结构体类型的指针变量。结构体指针变量 head 的初值为 NULL（即等于0），此时是空链表（head 不指向任何结点，链表中无结点）；当链表建成后，应使 head 指向第一个结点。步骤如下。

（1）首先利用 new 运算符，在内存中开辟一个存储空间，用来存放新结点。使 p1、p2 都指向该存储空间，然后从键盘上输入一个学生的数据进行判断，如果输入的 p1->num 不等于 0，而且是第一个结点数据（n = 1），则把 p1 的值赋给 head（head=p1），这样，结构体指针 head 就指向了链表中的第一个结点，如图8.9所示。

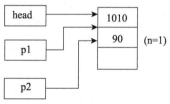

图 8.9　建立表头结点

（2）再开辟一个新的存储空间，用来存放另一个结点，并使 p1 指向新开辟的存储空间，然后输入该结点的数据，如图8.10（a）所示。如果输入的 p1->num 不等于 0，而且不是第一个结点(n ≠ 1)时，则应将新建结点与前一个结点连接在一起。也就是说，执行 p2->next=p1，使第一个结点的 next 成员指向第二个结点，如图8.10（b）所示。接下来，使 p2 = p1，也就是使 p2 指向刚才建立的结点，如图8.10（c）所示。

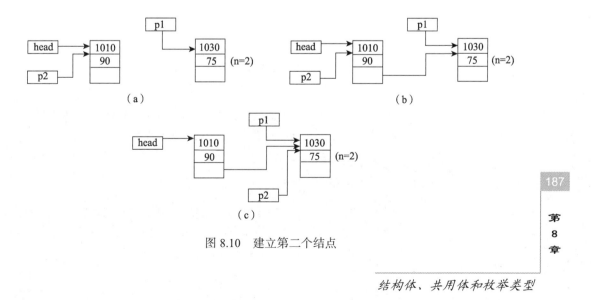

图 8.10　建立第二个结点

结构体、共用体和枚举类型

（3）重复步骤（2），依次建立若干个新结点。每次都让 p1 指向新建立的结点，p2 指向链表中最后一个结点，然后用 p2->next=p1，把 p1 所指的结点连接到 p2 所指结点的后面。

（4）当输入某个结点数据后，如果 p1->num 等于 0，则不再执行上述循环，此新结点不应该被连接到链表中，用语句 p2->next=NULL，将 NULL 值赋给前一个结点的 next 成员，如图 8.11 所示。

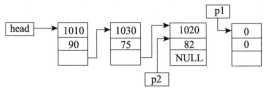

图 8.11　链表中最后一个结点的指针域为空

至此，建立链表的过程结束。

建立链表的函数代码如下：

```cpp
struct student                      // 定义结构体类型
{
    long num;
    float score;
    student *next;
};

int n = 0;                          // n 为结点个数，初值为 0

student *creat()                    // 建立链表
{
    student *head,*p1,*p2;
    head = NULL;                    // 在没有创建任何结点时，表头指向空
    p1 = new(student);              // 创建一个新结点
    p2 = p1;
    cout<<"请输入学生学号和成绩，当学号为 0 时，停止输入"<<endl;
    cin>>p1->num>>p1->score; // 输入第一个结点数据
    while(p1->num != 0)
    {
        n++;
        if(n == 1)
            head = p1;              // 将链表中的第一个结点作为表头
        else
        {
            p2->next = p1;          // 原表尾结点所指向的下一个结点应为新建结点
            p2 = p1;                // 新建结点成为新的表尾结点
        }
        p1 = new(student);
        cin>>p1->num>>p1->score;
    }
    delete p1;                      // 对于 num=0 的结点，不应被连接到链表中，应删除
    p2->next = NULL;                // 输入结束，表尾结点所指向的下一个结点应为空
```

```
    return head;
}
```

程序解析:

（1）定义了一个 student 结构体类型，链表中每个结点都属于该类型，next 是一个指向 student 类型的结构体指针，它存放下一个结点的地址。

（2）函数 creat 返回一个指向链表头结点的指针。

8.6.4 输出链表

输出链表就是将链表中各结点的数据依次输出。首先要知道链表第一个结点的地址，也就是要知道头结点 head 的值，然后设一个指针变量 p，让 p 先指向第一个结点，输出 p 所指结点的数据，再使 p 后移一个结点，再输出其数据，直到链表的尾结点为止。

【例 8.7】 编写一个输出链表数据的函数。

```
void print(student *head)
{
    student *p;
    p = head;
    if(p == NULL) return;
    do
    {
        cout<<p->num<<"        "<<p->score<<endl;
        p = p->next;                    // 使 p 指向下一个结点
    }while(p!= NULL);
}
```

程序解析:

（1）形参 head 的值由实参传递过来，也就是将已有链表的头指针传给被调用的函数，在 print 函数中从 head 所指的第一个结点开始顺序输出每个结点。

（2）使用中间变量 p 的原因是使链表的头指针 head 的值保持不变。

8.6.5 对链表的删除操作

本节所讲的对链表的删除操作是把某个结点从链表中释放，使它脱离原来的链表，解除原来的链接关系，而并不是真正从内存中将这个结点删除掉。

【例 8.8】 写一个删除动态链表中指定结点的函数。

算法分析：以指定的学号为删除标志，从指针变量 p 指向的第一个结点开始，检查该结点中的 num 是否为要删除的学号，如果是则将其删除；如果不是，则将 p 移到下一个结点，再继续判断，直到删除或检查到表尾为止。

执行过程：设两个指针 p1 和 p2，先使 p1 指向第一个结点。如果 p1 所指的结点不是要删除的结点，就将 p2 指向 p1 所指的结点（p2=p1），然后将 p1 指向下一个结点（p1=p1->next）。再继续判断 p1 所指的结点是不是要删除的结点，如此重复，直到找到要删除的结点并将其删除，或检查完链表的全部结点为止。要删除的结点分下面两种情况。

（1）要删除的是第一个结点（即 p1==head 为真），则执行 head=p1->next。这时，head 指向了原来的第二个结点。虽然，第一个结点此时还存在，但它已与链表脱离。因为链表中没有一个结点或头指针指向它，也就不能访问它了，即已被删除。

（2）要删除的不是第一个结点，则应执行 p2->next=p1->next，即 p2->next 指向了 p1->next 所指向的结点，p1 所指向的结点就被删除而不再是链表的成员了。

删除结点的函数如下：

```
student *del(student *head, int num)     // 删除指定学号的结点
 {
     student *p1,*p2;
     if(head == NULL)
     {
         cout<<"list null"<<endl;
         return head;
     }
     p1 = head;
     while(num != p1->num && p1->next != NULL)
                                   // p1 指向的不是所要找的结点，并且后面还有结点
     {
         p2 = p1;
         p1 = p1->next;           // p1 后移一个结点
     }
     if(num == p1->num)           // 找到了
     {
         if(p1 == head)           // 若 p1 指向的是头结点，则 head 指向第二个结点
           head = p1->next;
         else                     // 否则将下一个结点地址赋给前一结点地址
             p2->next = p1->next;
         cout<<"delete: "<<num<<endl;
         n--;                     // 链表结点个数减 1
     }
     else
         cout<<num<<"not been found!"<<endl;

     return head;
 }
```

程序解析：

del 的返回值是链表的头指针，参数是链表头指针 head 和要删除的学号 num，head 的值可能在执行过程中被改变（当删除第一个结点时）。

请读者思考删除结点时，如何真正释放结点所占据的内存空间。

8.6.6　对链表的插入操作

对链表的插入操作是指将一个结点插入一个已有的链表中。

【例 8.9】　编写一个插入结点到链表中的函数。

简单起见，假设有一个学生链表，各结点已按其成员学号（num）的值由小到大顺序排列，现在要插入一个学生的结点，要求按学号的顺序插入。

过程分析：先将要插入的结点学号与第一个结点的学号相比，若小，则插入到第一个结点前面，否则与第二个结点相比，如此重复，直到找到一个比它大的学号，插入到此学号结

点前面，或在链表结束处插入到链表的尾部。

　　过程实现：先用指针变量 p0 指向待插入的结点，p1 指向第一个结点。将 p0->num 与 p1->num 相比，如果 p0->num > p1->num，就让 p2 指向 p1 所指的结点，然后将 p1 后移。再将 p0->num 与 p1->num 相比，若 p0->num 仍然大，则 p1 继续后移，直到 p0->num <= p1->num 为止。这时将 p0 所指的结点插入到 p1 所指结点的前面。如果 p0->num 比所有结点的 num 都大，则应将 p0 所指的结点插入到链表的尾部。

　　如果插入的位置在链表的中间，则将 p0 的值赋给 p2->next，使 p2->next 指向待插入的结点，然后将 p1 的值赋给 p0->next，使 p0->next 指向 p1 所指的变量。

　　如果插入位置在第一个结点前面，则将 p0 赋给 head，将 p1 赋给 p0->next。如果要插到表尾之后，应将 p0 赋给 p1->next，NULL 赋给 p0->next。

　　插入函数的代码如下：

```
student *insert(student *head, student *stud)        // 向链表中插入结点
{
    student *p0,*p1,*p2;
    p1 = head;              // p1 指向第一个结点
    p0 = stud;             // p0 指向待插入的结点
    if(head == NULL)       // 原来的链表为空
    {
        head = p0;
        p0->next = NULL;   // 使 p0 指向的结点作为头结点
    }
    else
        while((p0->num > p1->num) && (p1->next != NULL))
        {
            p2 = p1;        // p2 指向 p1 所指的结点
            p1 = p1->next;  // p1 后移一个结点
        }
    if(p0->num <= p1->num)
    {
        if(head == p1)
            head=p0;        // 插入到第一个结点前面
        else
            p2->next = p0;  // 插入到 p2 指向的结点后面
        p0->next = p1;
    }
    else
    {
        p1->next = p0;
        p0->next = NULL;    // 插入到最后的结点后面
    }
    n++;                    // 链表结点个数加 1

    return head;
}
```

请读者自己编程实现对链表的排序操作。

结构体、共用体和枚举类型

【例 8.10】 链表综合应用举例（创建一个链表，删除指定学号的结点，插入一个新的结点，并显示链表的结点）。

```cpp
#include<iostream>
using namespace std;

struct student
{
    int num;
    float score;
    student *next;
};

student *creat();                                // 建立链表
void print(student *head);                       // 输出链表
student *del(student *head,int num);             // 删除指定学号的结点
student *insert(student *head, student *stud);   // 向链表中插入结点

int n = 0;                                       // n 为结点个数，初值为 0

int main()
 {
    student* head = creat();
    cout<<"新建的链表为："<<endl
        <<"学号\t 成绩"<<endl;
    print(head);

    int num;                                     // 删除结点
    cout<<"请输入要删除的学号：";
    cin>>num;
    head = del(head, num);
    cout<<"目前的链表为："<<endl;
    print(head);

    // 插入新结点
    student * pt =  new student;
    cout<<"请输入要插入学生的学号和成绩：";
    cin>>pt->num>>pt->score;
    head = insert(head, pt);
    cout<<"目前的链表为："<<endl;
    print(head);

    return 0;
}
```

程序的运行结果如图 8.12 所示。

例 8.10 中在 main 函数的后面应有四个函数
student *creat() 、 void print(student *head) 、 student

图 8.12　例 8.10 的运行结果

*del(student *head,int num)和 student *insert(student *head, student *stud)的定义体，具体内容同前，此处省略。

8.7 共 用 体

8.7.1 共用体的概念

在 C++语言中，不同类型的数据可以使用共同的存储区域，这种构造类型称为**共用体**，又称**联合体**。共用体类型和结构体类型类似，都是用户自己定义的、由若干种数据类型组合而成的类型。和结构体类型不同的是，共用体类型数据中所有不同类型的成员却占用相同的内存单元。例如，可把一个整型变量、一个字符型变量和一个实型变量放在同一个地址开始的内存单元中，这三个变量在内存中占的字节数不同，但都从同一个地址开始存放。

8.7.2 共用体类型和共用体类型变量的定义

定义共用体类型的形式为：

```
union 共用体类型名
{
        数据类型 成员名1；
        数据类型 成员名2；
        …
        数据类型 成员名n；
};   // 语句结束符分号；绝对不能省略
```

其中，union 是定义共用体类型的关键字。

由此可见，共用体类型和结构体类型的定义形式相似，但它们的含义却不同。结构体变量所占内存长度理论上是各成员所占内存的长度之和，每个成员分别拥有自己的内存单元。共用体变量所占内存长度等于其所包含的最长成员的长度，每个成员共同占用地址相同的内存单元。

当定义了一个共用体类型后，就可以使用它来定义相应的共用体类型的变量、数组和指针等。

定义共用体类型变量的方法和定义结构体类型变量的方法相似，也有三种形式。

（1）先定义共用体类型，再定义共用体类型变量，例如：

```
union gyt
{
    int i;
    float f;
    char c;
};
gyt a, b, c;
```

（2）同时定义共用体类型和共用体类型变量，例如：

```
union gyt
```

```
{
    int i;
    float f;
    char c;
}a, b, c;
```

（3）直接定义共用体类型变量，例如：

```
union
{
    int i;
    float f;
    char c;
}a, b, c;
```

8.7.3 共用体成员的引用方式

定义了共用体类型变量后，才可以使用它。但不能引用共用体类型变量，只能引用共用体类型变量中的成员。引用共用体类型变量中的成员可使用成员运算符"."或指向运算符"->"。若使用共用体类型变量，用"."运算符引用其成员。若使用指向共用体类型的指针变量，用"->"运算符引用其成员。

其基本格式为：

共用体类型变量.成员名
共用体指针->成员名

8.7.4 共用体类型的特点

（1）共用体类型变量的不同类型的成员占用同一段存储单元。但是，在某一瞬间，只能存放一个成员的数据，即只有一个成员起作用。

（2）共用体类型变量中，起作用的成员是最后一次存入的成员。若连续为各成员赋值，则只有最后一个被赋值的成员起作用。

（3）共用体类型变量的地址和它的各成员的地址相同。

（4）不能在定义共用体类型变量时对它进行初始化，也不能对共用体类型变量赋值。

（5）共用体类型变量和指向共用体的指针变量均可以作为函数参数，函数的返回值也可以是共用体类型变量或指向共用体的指针变量。

（6）共用体类型和结构体类型可以嵌套定义，即结构体类型的变量和数组可以作为共用体的成员，而共用体类型的变量和数组可以作为结构体的成员。

【例8.11】 使用共用体的方式将一个整数转换为对应的 ASCII 码字符。

```cpp
#include<iostream>
using namespace std;

union pw
{
    int i;
    char ch[2];
};
```

```
int main()
{
    cout<<"请输入一个整数，若大于127则退出"<<endl;
    pw password;
    while(1)
    {
        cin>>password.i;
        if(password.i > 127)
            break;
        cout<<password.i<<" 对应的字符为："
            <<password.ch<<endl;
    }

    return 0;
}
```

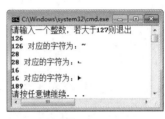

图 8.13　例 8.11 的运行结果

程序的运行结果如图 8.13 所示。

8.8　枚 举 类 型

8.8.1　枚举类型及枚举变量的定义

如果一个变量只有几种可能的取值，其数据类型可以定义成**枚举类型**。所谓"**枚举**"是指将变量的取值——列举出来，变量的取值只限于在列举出来的值的范围内。

枚举类型定义的一般形式为：

enum 枚举类型名
{枚举元素 1，枚举元素 2，…，枚举元素 n};

其中，**enum** 是定义枚举类型的关键字。枚举类型名是用户命名的，枚举元素间用半角逗号","分隔，最后一个枚举元素后没有任何符号。例如：

enum weekday{sun, mon, tue, wed, thu, fri, sat};

说明：

（1）在 C++语言中，对枚举元素按常量处理，故称**枚举常量**。它们不是变量，除在定义时对其赋值外，在程序中不能对它们赋值。例如：

sun=0; mon=1;

是错误的。

（2）枚举元素作为常量，它们是有值的。在定义时枚举元素若无赋值，编译系统自动按定义时的顺序使它们的值分别为 0，1，2，…各枚举元素若有赋值，则以赋值为准。定义中若对某个枚举元素赋值，其后省略赋值者，以此赋值为基础顺序加 1。例如：

enum weekday{sun, mon, tue, wed=5, thu, fri, sat};
// sun=0, mon=1, tue=2, wed=5, thu=6, fri=7, sat=8

（3）在定义中各枚举元素不能重名，程序中其他标识符也不能与枚举元素重名。

结构体、共用体和枚举类型

与结构体类型变量、共用体类型变量的定义形式相似，对于枚举类型的变量，其定义也有三种形式，例如：

```
enum weekday{sun, mon, tue, wed=5, thu, fri, sat};
weekday workday, week_end;
```

或

```
enum weekday{sun, mon, tue, wed=5, thu, fri, sat}workday, week_end;
```

或

```
enum{sun, mon, tue, wed=5, thu, fri, sat}workday, week_end;
```

8.8.2　枚举元素的引用

枚举元素的引用很简单，在枚举类型定义之后，就可以直接引用。

（1）枚举元素作为整型常量，可以直接赋给枚举变量或直接引用。

```
enum weekday{sun, mon, tue, wed, thu, fri, sat}wd;
wd=mon;                  // 枚举元素赋值给枚举变量
cout<<wed<<endl;         // 直接引用枚举元素
```

（2）一个整数不能直接赋值给一个枚举变量，因为它们属于不同的类型，应进行强制类型转换后才能赋值。如：

```
wd = weekday(5);         // 强制类型转换
```

是正确的，这相当于将顺序号为5的枚举元素（fri）赋给 wd。

（3）在同类型的枚举变量与枚举元素之间，可以进行算术运算和关系运算。

（4）枚举元素和枚举变量可以作为函数的参数，函数的返回值也可以是枚举类型。

【例 8.12】 输入两个整数，依次求出它们的和、差、积并输出。要求用枚举类型数据来处理和、差、积的判断。

```
#include<iostream>
using namespace std;

int main()
{
    enum en{plus,minus,times}op1;
    int x,y;
    cout<<"请输入两个数: ";
    cin>>x>>y;
    op1 = plus;
    while(op1 <= times)
    {
        switch (op1)
        {
            case plus:cout<<x<<" + "<<y<<" = "<<x + y<<endl;break;
            case minus:cout<<x<<" - "<<y<<" = "<<x - y<<endl;break;
            case times:cout<<x<<" * "<<y<<" = "<<x * y<<endl;break;
        }
        int i = (int)op1;        // 强制将类型转换成 int 型，因为枚举变量不能自增
```

```
        op1 = en(++i);
    }

    return 0;
}
```

图 8.14   例 8.12 的运行结果

程序的运行结果如图 8.14 所示。

8.8.3　用 typedef 声明类型

除了可以直接使用 C++语言提供的标准类型和用户自定义数据类型外,还可以用 typedef 声明新的类型名来代替已有的类型名。

其一般形式为:

typedef 原有数据类型　新数据类型名;

typedef 的作用是:用 typedef 声明的新数据类型名来代替原有数据类型名。例如:

typedef int INTEGER; typedef float   REAL;

指定用 INTEGER 代表 int 类型,REAL 代表 float 类型。下列两行语句是等价的:

int i, j; float f1, f2;
INTEGER i, j; REAL f1, f2;

习惯上把这种用 typedef 声明的类型名用大写字母表示,以便与已有的类型标识符相区别。

习　　题

1. 有一个结构体类型变量,包含学生学号、姓名和三门课程的成绩。要求在 main 函数中给成员赋值,在另一函数 print 中将它们打印出来。

2. 将题 1 改用指向结构体类型变量的指针作为实参来实现。

3. 使用共用体的方式将一个整数转换为对应的 ASCII 码字符。

4. 有 10 个职工,每个职工的数据包括编号、姓名、基本工资、职务工资,求出其中"基本工资+职务工资"最少的职工,将其全部数据输出。

5. 定义一个结构体类型变量(包括年、月、日成员)。计算该日在本年中是第几天(注意闰年问题)。

6. 有两个链表 a 和 b,每个链表中的结点包括学号、成绩。要求把两个链表合并,按学号升序排列。

7. 有两个链表 a 和 b,设每个链表中的结点中包含学号、姓名。从 a 链表中删去与 b 链表中有相同学号的那些结点。

8. 建立一个链表,每个结点包含学号、姓名、年龄、成绩。输入一个年龄,如果链表中的结点所包含的年龄等于此年龄,则将此年龄的结点删去。

9. 将一个链表按逆序排列,即将链头当作链尾,链尾当作链头,其他结点逆序排列。

10. 用结构体数组实现一个简单的学生成绩管理程序:10 个学生,每个学生的数据包括学号、姓名和三门课程的成绩,从键盘上输入这 10 个学生的数据,对 10 名学生的成绩按照

结构体、共用体和枚举类型

平均值进行排序（冒泡法或选择法）。以下给出了部分代码，请完成其余部分。

```cpp
#include<iostream>
#include<string>
#include<iomanip>
using namespace std;

struct Grade
{
    int s1, s2, s3;
    float aver;
};

struct StudentRec
{
    int num;
    string name;
    Grade s;
};
typedef struct StudentRec STUDENT;
STUDENT inputStu(STUDENT stu[], int);
void sort(STUDENT stu[], int);
int main()
{…}
```

第 9 章 　 面向对象程序设计基础

9.1 　 面向对象程序设计概述

9.1.1 　 面向对象方法是软件方法学的返璞归真

客观世界是由许多具体的事物、抽象的概念以及规则等组成的，我们将任何感兴趣或要加以研究的事、物和概念统称为对象（object）。每个对象都有各自的内部状态和运动规律，不同对象之间通过消息传送进行相互作用和联系就构成了各种不同的系统。面向对象方法是以对象为最基本元素的一种分析问题和解决问题的方法。

传统的结构化方法强调的是功能抽象和模块化，每个模块都是一个过程，结构化方法处理问题是以过程为中心。面向对象强调的是功能抽象和数据抽象，用对象来描述事物和过程。而对象包含数据和对数据的操作，是对数据和功能的抽象和统一。面向对象方法处理问题的过程是对一系列相关对象的操纵，即发送信息到目标对象中，由对象执行相应的操作，因此，面向对象方法是以对象为中心的。这种以对象为中心的方法更自然、更直接地反映现实世界的问题空间，具有独特的抽象性、封装性、继承性和多态性，能更好地适应复杂系统不断发展与变化的要求。

采用对象的观点看待所要解决的问题并将其抽象为系统是极其自然与简单的，因为它符合人类的思维习惯，使得应用系统更容易理解。同时，由于应用系统是由相互独立的对象构成的，使得系统的修改可以局部化，因此系统更易于维护。

软件开发从本质上讲就是对软件所要处理的问题域进行正确的认识，并把这种认识正确地描述出来。既然如此，那就应该直接面对问题域中客观存在的事物进行软件开发，这就是面向对象方法。另外，人类在认识世界的历史长河中形成的普遍有效的思维方法，在软件开发中也是适用的。在软件开发中尽量采用人们在日常生活中习惯的思维方式和表达方式，这就是面向对象方法所强调的基本原则。软件开发从过分专业化的方法、规则和技巧中回到了客观世界，回到了人们的日常思维，所以说面向对象方法是软件方法学的返璞归真。

9.1.2 　 面向对象程序设计语言的四大家族

面向对象语言可以分为两大类，即纯粹的面向对象语言和混合型的面向对象语言。在纯粹的面向对象语言中，几乎所有的语言成分都是"对象"，这类语言强调开发快速原型的能力。混合型的面向对象语言，是在传统的过程化语言中加入了各种面向对象的语言机制，它所强调的是运行效率。真正的面向对象程序设计语言提供了特定的语法成分来保证和支持面向对象程序设计，并且提供了继承性、多态性和动态链接机制，使得类和类库成为可重用的模块。

面向对象程序设计语言经历了一个比较长的发展阶段，下面从几个大的家族来介绍面向对象程序设计语言的发展。

1. LISP 家族

LISP 是在 20 世纪 50 年代开发的一种语言，它以表处理为特色，是一种人工智能语言，20 世纪 70 年代以来，在 LISP 基础上开发了很多 LISP 家族的面向对象语言。

2. Simula

Simula 语言是在 20 世纪 60 年代开发出来的。在 Simula 中引入了几个面向对象程序设计语言中最重要的概念和特性，即数据抽象、类和继承机制。Simula 67 是具有代表性的一个版本，20 世纪 70 年代发展起来的 CLU、Ada、Modula-2 等语言都是在它的基础上发展起来的。

3. SmallTalk

SmallTalk 是第一个真正的面向对象程序设计语言，它体现了纯粹的面向对象程序设计思想，是最纯粹的面向对象程序设计语言，起源于 Simula 语言。尽管 SmallTalk 不断完善，但在那个时期，面向对象程序设计语言并没有得到广泛的重视，程序设计的主流是结构化程序设计。

4. C 家族

在 20 世纪 80 年代，C 语言成为一种极其流行、应用非常广泛的语言。C++语言是在 C 语言的基础上进行扩充，并增加了类似 SmallTalk 语言中相应的对象机制。它将"类"看作是用户自定义类型，使其扩充比较自然。C++语言以其高效的执行效率赢得了广大程序设计人员的青睐。C++语言提供了对 C 语言的兼容性，因此，很多已有的 C 语言程序稍加改造甚至不加改造就可以重新使用，许多有效的算法也可以重新利用。它是一种混合型的面向对象程序设计语言，由于它的出现，才使面向对象程序设计语言越来越得到重视和广泛的应用。

Java 语言是一种适用于分布式计算的新型面向对象程序设计语言，可以看作是 C++语言的派生，它从 C++语言中继承了大量的语言成分，抛弃了 C++语言中冗余的、容易引起问题的功能，增加了多线程、异常处理和网络程序设计等方面的支持，掌握了 C++语言，可以很快学会 Java 语言。

9.1.3 面向对象程序分析（OOA）与设计（OOD）的基本步骤

1. 标识对象和对象的属性

标识应用系统的对象和对象的属性是面向对象设计方法中最艰难的工作。首先，要搞清楚系统要解决的问题到底涉及哪些事物以及它们在系统中的作用。按照面向对象的观点，可以将事物归纳为以下三类。

（1）客观存在物。它包括有形对象和角色对象，体现问题的结构特性。

（2）行为。它包括事件对象和交互对象。行为是对象的一部分，行为依赖于对象。它体现问题的行为特性。

（3）概念。它是现实世界中事物和它们行为规律的抽象，是识别对象时的一类认识和分析对象。

标识对象可以从应用系统非形式化描述的名词导出。对象标识出来后，还应注意对象之间的类似之处，以建立对象类。例如，Windows多窗口用户界面中，不同的窗口具有类似的特性，每个窗口都可以看作某些窗口类的实例。每个窗口都具有大小、位置和标题等属性。

2. 标识每个对象所要求的操作和提供的操作

标识出每一个对象执行的操作，这些操作描述对象的行为。例如，窗口被打开、关闭、缩放和滚动等。同时还应关心由其他对象提供给它的操作，因为通过标识这些操作有可能导出新对象。

3. 建立对象之间的联系和每个对象的接口

建立对象和对象类之间的联系，标识出每一个对象都与哪些对象和对象类有关。在这一步骤中可能找出一些对象的模式，并决定是否要建立一个新类以表示这些对象的共同行为特性。

识别出系统中的对象和类以后，还应该识别出对象之间的相互作用，即对象的外部接口。在面向对象系统中，对象和对象之间的联系是通过消息的发送和响应来完成的。类和对象之间的相互关系可以用类的层次结构图和对象间的消息流图等图形工具来描述。

没有完全形式化的方法可以保证使用面向对象方法进行分析和设计的结果的唯一性，对象及类的识别、划分以及相互之间的关系并没有唯一的标准，分析和设计的结果是否合理，很大程度上依赖于设计人员的经验和技巧。

面向对象程序设计将数据及对数据的操作放在一起，作为一个相互依存、不可分割的整体来处理，它采用数据抽象和信息隐藏技术。它将对象以及对象的操作抽象成一种新的数据类型——类，并且考虑不同对象之间的联系和类的重用性。面向对象程序设计方法解决了软件工程中的两个主要问题：软件复杂性控制和软件生产率的提高。这种程序设计方法符合人类的思维习惯，能够自然地表现现实世界的实体和问题，对软件开发过程具有重要意义。面向对象程序设计能支持的软件开发策略有以下4种。

（1）编写可重用代码。

（2）编写可维护的代码。

（3）共享代码。

（4）简化已有的代码。

9.2 类 和 对 象

9.2.1 类

类是C++语言的数据抽象和封装机制，它描述了一组具有相同属性和行为特征（数据成员和成员函数）的对象。在系统实现中，类是一种共享机制，它提供了本类对象共享的操作实现。类是代码复用的基本单位，它可以实现静态属性和动态行为的封装。

对象是类的实例。类是对一组具有相同特征的对象的抽象描述，所有这些对象都是这个类的实例。对于学籍管理系统，学生是一个类，而一个具体的学生则是学生类的一个实例。在程序设计语言中，类是一种数据类型，而对象是该类型的变量，变量名即是某个具体对象的标识。类和对象的关系相当于普通数据类型与变量的关系。类是一种逻辑抽象概念。声明一个类只是定义了一种新的数据类型，对象说明才真正创建了这种数据类型的物理实体。由同一个类创建的各个对象具有完全相同的数据结构，但它们的数据值可能不同。

在 C++语言中，一个类的定义包含数据成员和成员函数两部分内容。**数据成员**定义该类对象的属性，不同对象的属性值可以不同。**成员函数**定义了该类对象的操作，即行为。

1. 类的定义

类由三部分组成：类名、数据成员和成员函数。类定义的一般格式如下：

```
class 类名
{
private:
    // 私有数据成员和成员函数
public:
    // 公有数据成员和成员函数
protected:
    // 受保护的数据成员和成员函数
};
```

关于类定义有以下几点说明。

（1）class 是定义类的关键字。类名是一种标识符，必须符合标识符的命名规则。"{}"内是类的说明部分，说明该类的成员。类的成员包含数据成员和成员函数。

（2）类成员有以下三种访问控制权限。

①**私有成员 private**：私有成员是在类中被隐藏的部分，它用来描述该类对象的一些数据成员，私有成员只能由本类的成员函数或某些特殊说明的函数访问，而类外的函数（9.6小节讲的友元除外）无法访问私有成员，实现了访问权限的有效控制，使数据得到有效的保护，有利于数据隐藏；使内部数据不能被任意地访问和修改，也不会对该类以外的其余部分造成影响；使模块之间耦合程度被降低到最低。private 成员若处于类声明中的第一部分，可省略关键字 private。

②**公有成员 public**：公有成员对外是完全开放的，公有成员一般是成员函数，它提供了外部程序与类的接口功能，用户通过公有成员访问该类中的数据成员。

③**受保护成员 protected**：只能由该类的成员函数、友元、公有派生类成员函数访问的成员。受保护成员与私有成员在一般情况下含义相同，它们的区别体现在类的继承中对产生的新类的影响不同，具体内容将在第 10 章中介绍。

默认（缺省）访问控制（未指定 private、protected 和 public 访问权限）时，系统认为是私有 private 成员。

（3）类具有封装性，C++中的数据封装通过类来实现。外部不能访问说明为 protected 和 private 的成员。

（4）一般情况下，类名的第一个字母大写，以区别于普通的变量和对象。

（5）由于类的公有成员提供了一个类的接口，所以一般情况下，先定义公有成员，再定义保护成员和私有成员，这样可以在阅读时首先了解这个类的接口。当然，类声明中的三种访问控制权限说明可以按任意顺序出现任意次。

（6）结构体和类的区别在于，C 语言中的结构体只有数据成员，没有成员函数；C++语言中的结构体可有数据成员和成员函数。在默认情况下，结构体中的数据成员和成员函数都是公有的，而在类中是私有的。从外部可以随意修改结构体变量中的数据，对数据的这种操作是很不安全的，程序员不能通过结构体对数据进行保护和控制；在结构体中，数据和其相应的操作是分离的，使得程序的复杂性难以控制，而且程序的可重用性不好，严重影响了软件的生产效率。所以，一般仅有数据成员时使用结构体，当既有数据成员又有成员函数时使用类。

注意： 在类定义时不要丢掉类定义的结束标志——分号（ ; ）。

例如：

```
class Tdate                           // 定义日期类
{
public:                               // 定义公有成员函数
    void set(int m,int d,int y);      // 设置日期值
    int isLeapYear();                 // 判断是否是闰年
    void print();                     // 输出日期值
private:                              // 定义私有数据成员
    int month;
    int day;
    int year;
};                                    // 类定义体的结束
```

2. 成员函数的定义

类的数据成员说明对象的特征，而成员函数决定对象的操作行为。成员函数是程序算法实现部分，是对封装的数据进行操作的唯一途径。类的成员函数有两种定义方法：外联定义和内联定义。

1）外联函数（外联成员函数）

外联函数 是指在类定义体中声明成员函数，而在类定义体外定义成员函数。在类中声明成员函数时，它所带的函数参数可以只指出其类型，而省略参数名；在类外定义成员函数时必须在函数名之前缀上类名，在函数名和类名之间加上作用域区分符 "::"，作用域区分符 "::" 指明一个成员函数或数据成员所在的类。作用域区分符 "::" 前若不加类名，则成为全局数据或全局函数（非成员函数）。外联函数的定义形式如下：

```
返回值类型 类名::成员函数名(形式参数表)
{
    // 函数体
}
```

如上例中日期类的三个成员函数分别定义如下：

```
void Tdate::set(int m,int d,int y)         //设置日期值
{
    month = m; day = d; year = y;
}
int Tdate::isLeapYear()                    //判断是否是闰年
{
    return (year % 4 == 0 && year % 100 != 0)||(year % 400 == 0);
}
```

面向对象程序设计基础

```
void Tdate::print()                          // 输出日期值
{
    cout<<month<<"/ "<<day <<"/ "<<year<<endl;
}
```

2）内联函数（内联成员函数、内部函数、内置函数）

函数调用有一定的时间和空间方面的开销，时间开销影响了程序的执行效率，使用内联函数可以避免函数调用机制所带来的时间开销，提高程序的执行效率。程序在编译时将内联函数的代码插入在函数的每个调用处，作为函数体的内部扩展。由于在编译时函数体中的代码被替代到程序中，因此，会增加目标程序代码量，进而增加空间开销，而在时间开销上不像函数调用时那么大，所以，提高了程序的执行效率。

内联成员函数有两种定义方法，一种方法是在类定义体内定义，另一种方法是使用 inline 关键字。

方法一：在类定义体内定义内联函数（隐式声明）。

```
class Tdate
{
public:
    void set(int m,int d,int y)               // 设置日期值
    {
        month = m; day = d; year = y;
    }
    int isLeapYear()                          // 判断是否是闰年
    {
        return(year%4 == 0 && year % 100 != 0) || (year % 400 == 0);
    }
    void print()                              // 输出日期值
    {
        cout<<month<<"/ "<<day<<"/ "<<year<<endl;
    }
private:
    int month;
    int day;
    int year;
};
```

方法二：在类定义体外使用关键字 inline 定义内联函数（显式声明）。

```
inline void Tdate::set(int m, int d, int y)        // 设置日期值
{
    month = m; day = d; year = y;
}
```
或
```
void inline Tdate::set(int m, int d, int y)        // 设置日期值
{
    month=m; day=d; year=y;
}
```

注意：以下三种情况不宜使用内联函数。

（1）函数体内的代码比较长，使用内联函数将导致内存消耗代价较高。

（2）函数体内出现循环或其他复杂结构控制语句，如 switch 语句。

（3）递归函数。

若将一个复杂的函数定义为内联函数，大多数编译器会自动将其作为普通函数处理。

9.2.2　对象

对象是类的实例，是由数据及其操作所构成的封装体，是面向对象方法的主体。当一个对象映射为软件实现时由以下三部分组成。

（1）私有数据：用于描述对象的内部状态。

（2）处理：也称为操作或方法，对私有数据进行运算。

（3）接口：对象可被共享的部分，消息通过接口调用相应的操作。接口规定哪些操作是允许的，但并不提供操作如何实现的信息。

1. 对象的定义

对象的定义有两种方法，可以在定义类的同时直接定义，也可以在使用时通过类进行定义。

（1）方法一：在定义类的同时直接定义。

```
class Location
{
public:
    void init(int x0, int y0);
    int getX(void);
    int getY(void);
private:
    int x, y;
}dot1,dot2;
```

（2）方法二：在使用时定义对象，格式如下：

类名 标识符,…,标识符;

例如：

```
Location dot1, dot2;
```

2. 成员的访问

定义了类及其对象，就可以调用公有成员函数实现对对象内部属性的访问。当然，不论是数据成员，还是成员函数，只要是公有的（public），在类的外部就可以通过类的对象进行访问，对公有成员的调用可以通过以下几种方法来实现。

（1）通过对象调用成员。

格式如下：

对象名.公有成员

其中，"."称为对象选择符，简称点运算符。

（2）通过指向对象的指针调用成员。

格式如下：

指向对象的指针->成员

或

(*对象指针名).公有成员

（3）通过对象的引用调用成员。

格式如下：

对象的引用.成员

注意：只有用 public 定义的公有成员才能使用圆点操作符访问。对象中的私有成员是类中隐藏的数据，类的外部不能访问对象的私有成员，只能通过该类的公有成员函数来访问它们。

【例 9.1】 类成员访问示例。

```cpp
#include<iostream>
using namespace std;

class Clock
{
public:
    void init(int h,int m,int s)
    {
        hour = h; minute = m;  second = s;
    }
    void display()
    {
     cout<<"hour:"<<hour<<"\t\tminute:"<<minute<<"\tsecond:"<<second<<endl;
    }
private:
    int hour, minute, second;
};

int main()
{
    Clock myClock,*pclock;
    // 定义对象 myClock 和指向 Clock 类对象的指针 pclock
    myClock.init(12,10,5);                  // 通过对象访问公有成员函数
    pclock = &myClock;                      // 指针 pclock 指向对象 myClock
    pclock->display();                      // 通过指针访问公有成员函数
    // myClock.hour = 4;   该语句错误，因为对象不能访问其私有成员

    return 0;
}
```

程序的运行结果如图 9.1 所示。

图 9.1　例 9.1 的运行结果

9.2.3 名字解析和 this 指针

1. 名字解析

在调用成员函数时,通常使用缩写形式,如例 9.1 中的 myClock.init(12,10,5)就是 myClock.Clock::init(12,10,5)的缩写,因此可以定义两个或多个类的具有相同名字的成员而不会产生二义性。

2. this 指针

当一个成员函数被调用时,C++语言自动向它传递一个隐含的参数,该参数是一个指向接受该函数调用的对象的指针,在程序中可以使用关键字 this 来引用该指针,因此,称该指针为 this 指针。this 指针是 C++语言实现封装的一种机制,它将成员和用于操作这些成员的成员函数连接在一起。例如,Tdate 类的成员函数 set 被定义为:

```
void Tdate::set(int m,int d,int y)    // 设置日期值
{
    month=m; day=d; year=y;
}
```

其中,对 month、day 和 year 的引用,表示在该成员函数被调用时,引用接受该函数调用的对象中的数据成员 month、day 和 year。例如,对于下面的语句:

```
Tdate dd;
dd.set(5,16,1990);
```

当调用成员函数 set 时,该成员函数的 this 指针指向类 Tdate 的对象 dd。成员函数 set 中对 month、day 和 year 的引用表示引用对象 dd 的数据成员。C++语言编译器所认识的成员函数 set 的定义形式为:

```
void Tdate::set(int m,int d,int y)    // 设置日期值
{
    this->month=m; this->day=d; this->year=y;
}
```

即对于该成员函数中访问的类的任何数据成员,C++语言编译器都认为是访问 this 指针所指向对象的成员。由于不同的对象调用成员函数 set 时,this 指针指向不同的对象,因此,成员函数 set 可以为不同对象的 month、day 和 year 赋值。使用 this 指针,保证了每个对象可以拥有不同的数据成员值,但处理这些数据成员的代码可以被所有的对象共享。

9.3 带默认参数的成员函数和重载成员函数

同普通函数一样,类的成员函数也可以是带默认参数的函数,其调用规则与普通函数相同。成员函数也可以是重载函数,类的成员函数的重载与全局函数的重载方法相同。

【例 9.2】 带默认参数的成员函数示例。

该程序共包括两个源文件,分别是 Tdate.h 和 ch9_2.cpp,源程序代码如下:

```
// Tdate.h
#include<iostream>
```

```
using namespace std;

class Tdate
{
public:
    void set(int m=5,int d=16,int y=1990)          // 设置日期值
    {
        month=m; day=d; year=y;
    }
    void print()                                    // 输出日期值
    {
        cout<<month<<"/"<<day<<"/"<<year<<endl;
    }
private:
    int month;
    int day;
    int year;
};

// ch9_2.cpp
#include "Tdate.h"

int main()
{
    Tdate a,b,c,d;
    a.set(4,12,1996);
    b.set(3);
    c.set(8,10);
    d.set();
    a.print();
    b.print();
    c.print();
    d.print();

    return 0;
}
```

程序的运行结果如图 9.2 所示。

图 9.2　例 9.2 的运行结果

【例 9.3】　重载成员函数示例。

```
#include<iostream>
using namespace std;

class Cube
{
public:
    int volume(int  ht,int wd)
    {
        return ht*wd;
    }
    int volume(int ht,int wd,int dp)
    {
        height=ht;
        width=wd;
        depth=dp;
```

```
        return height*width*depth;
    }
private:
    int height,width,depth;
};

int main()
{
    Cube cube1;
    cout << cube1.volume(10,20) << endl;        // 调用带 2 个参数的成员函数
    cout << cube1.volume(10,20,30) << endl;     // 调用带 3 个参数的成员函数

    return 0;
}
```

程序的运行结果如图 9.3 所示。

图 9.3   例 9.3 的运行结果

9.4 构造函数和析构函数

9.4.1 构造函数

对象的初始化是指对象数据成员的初始化，在使用对象前，一定要进行初始化。由于数据成员一般为私有的（private），所以不能直接赋值。对象初始化有以下两种方法。

方法一：类中提供一个普通成员函数来初始化，但是会造成使用上的不便（使用对象前必须显式调用该函数）和不安全（未调用初始化函数就使用对象）。

方法二：使用构造函数对对象进行初始化。下面具体介绍构造函数及其使用方法。

1. 构造函数

构造函数是一个与类同名，没有返回值（即使是 void 也不可以有，但在函数体内可有无值的 return 语句）的特殊成员函数。一般用于初始化类的数据成员，每当创建一个对象时（包括使用 new 动态创建对象），编译系统就自动调用构造函数。构造函数既可在类外定义，也可作为内联函数在类内定义。

构造函数定义了创建对象的方法，提供了初始化对象的一种简便手段。在类外定义构造函数时，其声明格式为：

<类名>::构造函数名(<形式参数表>)

定义了构造函数后，在定义该类对象时可以将参数传递给构造函数来初始化该对象。

一个类可以有多个构造函数，但它们的形式参数的类型和个数不能完全相同，编译器在

面向对象程序设计基础

编译时可以根据参数的不同选择不同的构造函数。

【例 9.4】 构造函数的定义、使用和重载示例。

```cpp
#include<iostream>
using namespace std;

class Test
{
public:
    Test();                         // 无参构造函数
    Test(int n, float f);           // 带参数的构造函数
    int getInt(){return num;}
    float getFloat(){return f1;}
private:
    int num;
    float f1;
};

Test::Test()
{
    cout<<"Initializing default"<<endl;
    num = 0;
    f1 = 0.0;
}

Test::Test(int n, float f)
    cout<<"Initializing "<<n<<", "<<f<<endl;
    num = n;
    f1 = f;
}

int main()
{
    Test x;
    Test y(10, 21.5);
    cout<<"对象 x 的两个数据成员的值分别为"
        <<x.getInt()<<"\t"<<x.getFloat()<<endl
        <<"对象 y 的两个数据成员的值分别为"
        <<y.getInt()<<"\t"<<y.getFloat()<<endl;

    return 0;
}
```

程序的运行结果如图 9.4 所示。

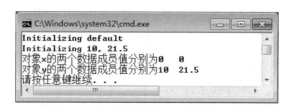

图 9.4　例 9.4 的运行结果

程序解析：

（1）从此例可以看出，在 main 函数中，构造函数 Test 没有被显式调用。正如前面提到的，构造函数是在定义对象时被系统自动调用的，也就是说在定义对象 x、y 的同时 x.Test::Test()和 y.Test::Test(int n, float f)被自动调用执行。

（2）类的构造函数一般是公有的（public），但有时也声明为私有的（private），其作用是限制创建该类对象的范围，即只能在本类和友元中创建该类对象。

2. 带默认参数的构造函数

构造函数也可以使用默认参数，但要注意，必须保证函数形式参数默认后，函数形式不能与其他构造函数完全相同。即在使用带默认参数的构造函数时，要注意避免二义性。所带的参数个数或参数类型必须有所不同，否则系统调用时会出现二义性。

【例 9.5】 带默认参数的构造函数示例。

```cpp
#include<iostream>
using namespace std;

class Tdate{
public:
    Tdate(int m = 5, int d = 16, int y = 1990)
    {
        month = m;  day = d;  year = y;
        cout<<month <<"/" <<day <<"/" <<year <<endl;
    }
private:
    int month;
    int day;
    int year;
 };

int main()
{
    Tdate aday;
    Tdate bday(2);
    Tdate cday(3,12);
    Tdate dday(1,2,1998);
    system("pause");

    return 0;
}
```

图 9.5　例 9.5 的运行结果

程序的运行结果如图 9.5 所示。

注意：使用带默认参数的构造函数时，要注意避免二义性。所带的参数个数或参数类型必须有所不同,否则系统调用时会出现二义性。

请读者分析如果在 Tdate 类中增加无参的构造函数 Tdate::Tdate(void)，编译时会出现什么情况。

3. 默认构造函数

C++语言规定，每个类必须有一个构造函数，没有构造函数，就不能创建任何对象。若用户未显式定义一个类的构造函数，则 C++语言提供一个**默认构造函数**，该默认构造函数是个无参构造函数，其函数体为空，它仅负责创建对象，而不做任何初始化工作。

只要一个类定义了一个构造函数（不一定是无参构造函数），C++语言就不再提供默认构造函数。如果为类定义了一个带参数的构造函数，还想要使用无参构造函数，则必须自己定义。

与变量定义类似，在用默认构造函数创建对象时，如果创建的是全局对象或静态对象，则对象的位模式全为 0，否则，对象值是随机的。

【例 9.6】 默认构造函数示例。

```cpp
#include<iostream>
using namespace std;

class Student
{
public:
    Student(char* pName)
    {
        cout<<"call one parameter constructor"<<endl;
        strncpy_s(name,pName,sizeof(name));
        name[sizeof(name)-1]= '\0';
    }

    Student(){cout<<"call no parameter constructor"<<endl;}

    void display()
    {
        cout<<"the name of the student is "<<name<<endl;
    }
protected:
    char name[20];
};

int main()
{
    static Student noName1;// 静态对象，位模式为 0
    Student noName2;
    Student ss("Jenny");
    noName1.display();
    noName2.display();
    ss.display();

    return 0;
}
```

程序的运行结果如图 9.6 所示。

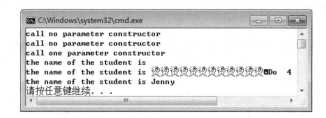

图 9.6　例 9.6 的运行结果

程序解析：

（1）函数 strncpy_s(s1,s2,n)的作用是将字符串 s2 复制到字符串 s1 中，但最多复制 n 个字符；微软从 Visual C++ 2005 版本开始引入了一系列安全加强的函数来增强 CRT（C 运行时），_s 意为 safe，同样的道理，strcat 也是同样。用户仍然可以使用 strcpy 函数，只是在编译时会出现警告信息。注意并非所有的加强函数都是后面加_s，比如 stricmp 这个字符串比较函数的增强版名字是_stricmp。

（2）创建 noName1 对象和 noName2 对象时，调用了无参构造函数；而创建 ss 对象时，提供了一个实际参数"Jenny"，所以调用的是带一个参数的构造函数。

（3）noName1 对象为 static 对象，其位模式为 0，输出其姓名为空；noName2 为非 static 的局部变量，其 name 为随机值。

（4）该例中无参构造函数的定义不能省略，在 main 函数中创建对象 noName1 和 noName2 时会调用此函数，因为用户一旦定义了构造函数，系统不再提供默认构造函数。

4. 拷贝构造函数（即复制构造函数）

拷贝构造函数的功能是用一个已有的对象来初始化一个被创建的同类对象，是一种特殊的构造函数，具有一般构造函数的所有特性；其形参是本类对象的引用，它的特殊功能是将参数代表的对象逐域复制到新创建的对象中。

用户可以根据实际问题的需要定义特定的拷贝构造函数，以实现同类对象之间数据成员的传递。如果用户没有声明类的拷贝构造函数，系统就会自动生成一个默认拷贝构造函数，这个默认拷贝构造函数的功能是把初始对象的每个数据成员的值都复制到新建立的对象中。拷贝构造函数的声明形式为：

类名(类名&对象名)；

下面定义了一个 Cat 类和 Cat 类的拷贝构造函数：

```
class Cat
{
private:
    int age;
    float weight;
    char *color;
public:
    Cat();
    Cat(Cat &);
    void play();
    void hunt();
};

Cat::Cat(Cat &other)
{
    age = other.age;
    weight = other.weight;
    color = other.color;
}
```

调用拷贝构造函数有以下四种情况。

（1）用类的一个对象去初始化另一个对象：

```
Cat cat1;
Cat cat2(cat1);
 // 创建 cat2 时系统自动调用拷贝构造函数，用 cat1 的数据成员初始化 cat2
```

（2）用类的一个对象去初始化另一个对象时的另外一种形式：

```
Cat cat2=cat1;      // 注意并非 Cat cat1,cat2; cat2=cat1;
```

（3）对象作为函数参数传递时，调用拷贝构造函数：

```
f(Cat a){}          // 定义 f 函数，形参为 Cat 类对象
Cat b;              // 定义对象 b
f(b);               // 调用 f 函数时，系统自动调用拷贝构造函数
```

（4）如果函数的返回值是类的对象，函数调用返回时，调用拷贝构造函数：

```
Cat f()             // 定义 f 函数，函数的返回值为 Cat 类的对象
{
  Cat a;
  …
  return a;
}
Cat b;              // 定义对象 b
b=f();              // f 函数调用返回后，系统自动调用拷贝构造函数
```

需要注意的是，由 C++语言提供的默认拷贝造函数只是把对象进行浅拷贝（逐个成员依次复制）。如果对象的数据成员包括指向堆空间的指针，就不能使用这种拷贝方式。因为两个对象都拥有同一个资源，对象析构时该资源将经历两次资源返还，此时必须自定义深拷贝构造函数，为新创建的对象重新分配堆空间，否则会出现动态分配的指针变量悬空的情况。

说明：在同时满足以下两个条件时，必须要定义深拷贝构造函数。

①满足调用拷贝构造函数的四种情况之一。

②数据成员包括指向堆内存的指针变量。

【例 9.7】 深拷贝构造函数举例。

```
#include<iostream>
using namespace std;

class Person
{
public:
    Person(char *na)                        // 构造函数
    {
        cout<<"call constructor"<<endl;
        name=new char[strlen(na)+1];        // 使用 new 进行动态内存分配
        if(name!=0)
        {strcpy_s(name,strlen(na)+1,na);}
    }
```

```
    Person(Person&p)                                    // 深拷贝构造函数
    {
        cout<<"call copy constructor"<<endl;
        name=new char[strlen(p.name)+1];                // 重新分配内存空间
        if(name!=0)
            strcpy_s(name,strlen(p.name)+1,p.name);              // 复制对象空间
    }

    void printName()
    {
        cout<<name<<endl;
    }

    ~Person()                                            // 析构函数的定义,参见 9.4.2 节
    {
        delete name;
    }
private:
    char *name;
};                                                       // 类定义的结束

int main()
{
    Person wang("wang");
    Person li(wang);
    wang.printName();
    li.printName();

    return 0;
}
```

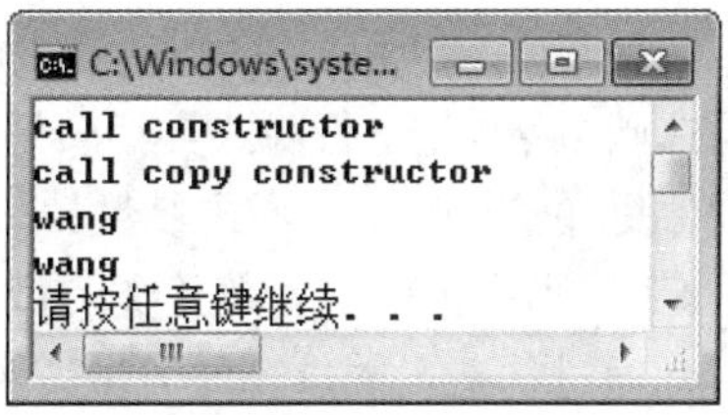

图 9.7　例 9.7 的运行结果

程序的运行结果如图 9.7 所示。

程序解析：

在主函数 main 中，定义了 Person 类的对象 wang。在定义对象 li 时，用已有对象 wang 初始化对象 li，调用了深拷贝构造函数。请读者分析并思考：如果没有定义深拷贝构造函数，会出现什么情况。

5. 构造初始化表

构造函数也可使用构造初始化表对数据成员进行初始化：

```
Circle::Circle(float r)
{radius = r;}
```

可改写为：

```
Circle::Circle(float r):radius(r)
{}
```

对于类的数据成员是一般变量的情况，数据成员的赋值无论放在冒号后面（构造初始化表）还是放在函数体中，其初始化都一样。

注意：

（1）常量和引用的初始化必须在构造函数正在建立数据成员结构的时候，也就是放在构

造函数的冒号后面。

（2）成员初始化的次序取决于它们在类定义中的声明次序，与它们在成员初始化表中的次序无关。

6. 类类型和基本数据类型的转换

1）构造函数用作类型转换（基本数据类型→类类型）

当一个构造函数只有一个参数，而且该参数又不是本类的 const 引用时，这种构造函数称为转换构造函数。通过转换构造函数可以将基本数据类型转换为类类型，并且这种转换是隐式的，即这个转换动作是由编译器来完成的，不需要程序员提供一个明确的操作。例如：

```
class A
{
    ...
public:
    A();
    A(int);
};
...
void f(A a);        // 声明 f 函数，f 函数的形参为 A 类的对象
f(1);               // f 函数的调用
```

上述程序代码段中语句"f(1);"进行了 f 函数的调用，进行 f 函数调用时首先通过转换构造函数 A(int)进行隐式类型转换，将 int 型实参 1 隐式转换成 A 类的对象，然后把 A 类的对象传递给函数 f 的形式参数 a。

2）类类型转换函数（类类型→基本数据类型）

通过构造函数进行类类型转换只能从参数类型向类类型转换，类类型转换函数用来将类类型向基本数据类型转换。类类型转换函数的定义和使用分为以下三个步骤。

（1）在类定义体中声明转换函数。

格式如下：

```
operator type();
```

其中，type 为要转换的基本数据类型名。

注意：类类型转换函数既没有参数，又没有返回类型，但在函数体中必须返回具有 type 类型的一个值。

（2）定义转换函数的函数体。

格式如下：

```
类名::operator type()
{
    // 其他语句
    return type 类型的值;
}
```

（3）使用类类型转换函数。使用类类型转换函数与对基本类型进行强制转换时一样，就像是一种函数调用过程。

【例 9.8】 类型转换函数使用示例。

```
#include<iostream>
using namespace std;

class RMB
{
public:
    RMB(double value = 0.0);// 构造函数用作类型转换
    operator double()        // 类类型转换函数,可将RMB类型转换为double类型
    { return yuan + jf / 100.0; }
    void display()
    { cout << (yuan + jf / 100.0) << endl; }
protected:
    unsigned int yuan;
    unsigned int jf;
};

RMB::RMB(double value)
{
    yuan = value;
    jf = (value - yuan ) * 100 + 0.5;
}

int main()
{
    RMB d1(2.0), d2(1.5), d3;
    d3 = RMB((double)d1 + (double)d2);    // 显式转换
    d3.display();
    d3 = d1 + d2;                          // 隐式转换
    d3.display();

    return 0;
}
```

程序的运行结果如图 9.8 所示。

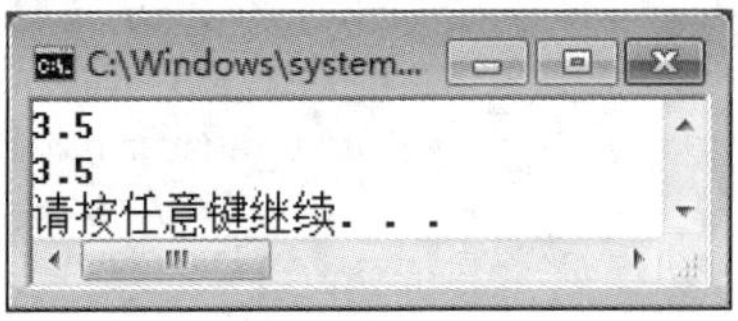

程序解析:

执行语句 "d3 = d1 + d2;" 时,系统首先会调用类

图 9.8 例 9.8 的运行结果

类型转换函数将对象 d1 和 d2 隐式转换为 double 类型,然后进行相加,加完的结果为 double 类型,然后再调用构造函数将 double 类型隐式转换为 RMB 类型,赋予 d3。

9.4.2 析构函数

析构函数的功能是当对象被撤销时,释放该对象占用的内存空间。析构函数的作用与构造函数正好相反,一般情况下,析构函数执行构造函数的逆操作。在对象消亡时,系统将自动调用析构函数。析构函数没有返回值,没有参数,每个类只有一个析构函数。若未显式编写自己的析构函数,编译器会提供一个默认析构函数,析构函数的函数名为类名前加 "～"。

1. 析构函数被自动调用的三种情况

(1)一个动态分配的对象被删除,即使用 delete 删除对象时,系统会自动调用析构函数。

217

第 9 章

面向对象程序设计基础

（2）某一对象的生命周期结束时。

（3）系统生成的临时对象不再需要时。

2. 析构函数的手工调用

除对象数组之外，构造函数只能由系统自动调用，而析构函数可以使用下述方法手工调用：

```
对象名.类名::析构函数名();
```

但一般情况下，不显式调用析构函数，而由系统自动调用。

3. 析构函数与构造函数的调用顺序

构造函数和析构函数的调用顺序刚好相反，在同一作用域中先构造后析构。

【例 9.9】 构造函数和析构函数的调用顺序示例。

```cpp
#include<iostream>
using namespace std;

class Student{
public:
    Student(char* pName="no name",int ssId=0)
    {
        strncpy_s(name,pName,40);
        name[39]= '\0';
        id = ssId;
        cout <<"Constructing new student " <<pName <<endl;
    }
    Student(Student& s)          // 拷贝构造函数
    {
        cout <<"Constructing copy of "<<s.name <<endl;
        strcpy_s(name, "copy of ");
        strcat_s(name,s.name);
        id=s.id;
    }
    ~Student()
    {
        cout <<"Destructing " <<name <<"\t"<<id<<endl;
    }
private:
    char name[40];
    int id;
};

void fn(Student s)
{
    cout <<"In function fn()\n";      // fn 函数调用结束时，析构对象 s
    Student zhang("zhang",3);
    static Student zhao("zhao",4);
}

int main()
{
```

```
    Student randy("Randy",1);          // 调用构造函数，创建对象 randy
    Student wang("wang",2);            // 调用构造函数，创建对象 wang
    cout <<"------Calling fn()------\n";
    fn(randy);                         // 调用 fn 函数，参数传递时调用拷贝构造函数
    cout <<"------Returned from fn()------\n";
    // 主函数调用结束时，先析构对象 wang,再析构对象 randy,最后析构 static 对象 zhao

    return 0;
}
```

程序的运行结果如图 9.9 所示。

程序解析：

（1）该例中先构造对象 randy，再构造对象 wang，而析构顺序刚好相反，先析构 wang，再析构 randy。

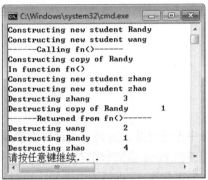

图 9.9 例 9.9 的运行结果

（2）进行 fn 函数调用时，因为参数为 Student 类的对象，所以调用拷贝构造函数构造形参对象 s，fn 函数调用结束时，会自动调用析构函数，析构对象 s。

（3）对象 zhao 为 static 变量，整个程序执行结束后析构对象 zhao。

9.5 对象成员和静态成员

9.5.1 对象成员

对象成员也称为**类的聚集**，是指在类的定义中数据成员可以是其他的类对象，即类对象作为另一个类的数据成员。

如果在类定义中包含对象成员，则在创建类对象时先调用对象成员的构造函数，再调用类本身的构造函数。析构函数和构造函数的调用顺序正好相反。

从实现的角度讲，实际上是首先调用类本身的构造函数，在执行本身构造函数的函数体之前，调用对象成员的构造函数，然后再执行类本身构造函数的函数体。因此，在构造函数的编译结果中包含了对对象成员的构造函数的调用，至于调用对象成员的哪一个构造函数，是由成员初始化表指定的；当成员初始化表为空时，则调用对象成员的默认构造函数，这一点解释了当类没有提供任何构造函数时，为什么编译系统要为之产生一个默认构造函数的原因。

【例 9.10】 含有对象成员的类的构造函数和析构函数调用顺序示例。

```
#include<iostream>
#include<cstring>
using namespace std;

class StudentID{
public:
    StudentID(int id = 0)           // 带默认参数的构造函数
```

```
    {
        value = id;
        cout<<"Assigning student id " <<value <<endl;
    }
    ~StudentID()
    {
        cout<<"Destructing id " <<value <<endl;
    }
private:
    int value;
};

class Student{
public:
    Student(char* pName = "no name", int ssID = 0):id(ssID)
    {
        cout <<"Constructing student " <<pName <<endl;
        strncpy(name,pName,sizeof(name));
        name[sizeof(name)-1] = '\n';
    }
    ~Student()
    {cout<<"Deconstructing student  "<<name<<endl;}
protected:
    char name[20];
    StudentID id;                    // 对象成员
};

int main()
{
    Student s("wang",9901);
    Student t("li");
    cout<<"--------------------"<<endl;

    return 0;
}
```

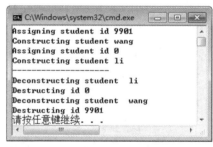

程序的运行结果如图 9.10 所示。

图 9.10　例 9.10 的运行结果

9.5.2　静态成员

在类的定义中，它的数据成员和成员函数可以声明成静态的，即用关键字 static，这些成员就被称为**静态成员**。它的特征是不管这个类创建了多少个对象，其静态成员都只有一个副本，此副本被这个类的所有对象共享。静态成员分为静态数据成员和静态成员函数。

1. 静态数据成员

静态数据成员被存放在某一内存单元内，该类的所有对象都可以访问它。无论建立多少个该类的对象，都只有一个静态数据的副本。由于静态数据成员仍是类成员，因而具有很好的安全性能。当这个类的第一个对象被建立时，所有 static 数据都被初始化，并且，以后再建立对象时，不需要再对其初始化。初始化在类体外进行，其格式如下：

数据类型 类名::静态数据成员名 = 初始值;

2. 静态成员函数

C++语言中类的成员函数也可以定义为静态的，它的作用与静态数据成员类似，可以将它看成全局函数，将其封装在某个类中的目的与静态数据成员相同。

静态成员函数具有如下特点。

（1）静态成员函数无 this 指针，它是同类的所有对象共享的资源，只有一个共用的副本，因此它不能直接访问非静态的数据成员，必须要通过某个该类对象才能访问。而一般的成员函数中都含有一个 this 指针，指向对象自身，可以直接访问非静态的数据成员。

（2）在静态成员函数中可以访问 static 数据成员或全局变量，但不能访问非 static 成员。

（3）由于静态成员函数属于类独占的成员函数，因此访问静态成员函数的消息接收者不是类对象，而是类自身。在调用静态成员函数的前面，必须缀上类名或对象名，一般使用类名。

（4）一个类的静态成员函数与非静态成员函数不同，调用静态成员函数时无须向它传递 this 指针，它不需要创建任何该类的对象就可以被调用。静态成员函数的使用虽然不针对某一个特定的对象，但在使用时系统中最好已经存在此类的对象，否则无意义。

（5）静态成员函数不能是虚函数（虚函数的概念参见第 11 章），非静态成员函数和静态成员函数不能具有相同的名字和参数类型。

【例 9.11】 静态数据成员和静态成员函数使用举例。

```cpp
#include<iostream>
using namespace std;

class Student{
public:
    Student(char* pName ="no name")
    {
        cout <<"create one student\n";
        strncpy_s(name,pName,40);
        name[39]='\0';
        numbersOfStudent++;              // 静态成员：每创建一个对象，学生人数增1
        cout <<"现有 "<<numbersOfStudent <<" 个学生"<<endl;
    }
    ~Student()
    {
        cout <<"destruct one student\n";
        numbersOfStudent--;             // 每析构一个对象，学生人数减1
        cout <<"现有 "<<numbersOfStudent <<" 个学生"<<endl;
    }
    static int getNumbers()          // 静态成员函数
    {
        return numbersOfStudent;
    }
private:
    static int numbersOfStudent;     // 若写成 numbersOfStudent=0;则非法
    char name[40];
};
int Student::numbersOfStudent =0;    // 静态数据成员在类外分配空间和初始化
```

```
void fn()
{
    cout<<"-------In fn function-------"<<endl;
    Student s1;
    Student s2;
}

int main()
{
    fn();
    cout<<"------Back to main function-------"<<endl;
    // 调用静态成员函数用类名引导
    cout <<"现有 "<<Student::getNumbers()<<" 个学生"<<endl;

    return 0;
}
```

程序的运行结果如图 9.11 所示。

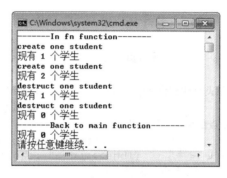

图 9.11 例 9.11 的运行结果

9.6 友   元

在某些情况下，将成员级别的访问控制赋予非本类的成员函数或者在另一个单独类中的函数时，会更方便一些。使用 friend 关键字，程序员可以指派特别的函数或类，访问类的 private 成员。使用友元使数据封装性受到削弱，导致程序的可维护性变差，因此使用友元要慎重。

作为一种编程技术手段，友元为程序员提供了一种面向对象程序和面向过程程序相互衔接的接口。从根本上说，面向对象的分析与设计方法并不能彻底解决现实世界中的所有问题，满足一切需求。许多按照对象化设计的软件系统常常保留一些供早期程序访问的接口，来扩大自身功能，提高自己产品的竞争能力。友元较为实际的应用是第 11 章将介绍的运算符重载，这种应用可以提高软件系统的灵活性。

友元分为友元函数、友元成员和友元类三种，友元声明可放在类的公有、私有或保护部分，结果是一样的，下面分别加以介绍。

1. 友元函数

友元函数是一种在类定义体内说明的**非成员函数**。说明友元函数的方法如下：

```
friend 返回值类型 函数名(参数表);
```

说明：

（1）友元函数是在类中说明的函数，它不是该类的成员函数，但允许访问该类的所有成员，它是独立于任何类的一般的外界函数。友元并不在类的范围中，它们也不用成员选择符（.或->）调用，除非它们是其他类的成员。

（2）由于友元函数不是类的成员，所以没有 this 指针，友元函数访问类对象的成员时，必须通过对象名访问，而不能直接使用类的成员名。

（3）虽然友元函数是在类中说明的，但其名字的作用域在类外，作用域的开始点在说明点，结束点和类名相同。因此，友元说明可以代替该函数的函数说明。

（4）友元函数可以在类中进行定义，也可以在类外定义，若在类外定义友元函数则必须去掉 friend 关键字。

（5）友元函数的声明可以放在类的私有部分，也可以放在公有部分，它们是没有区别的，都说明是该类的一个友元函数。

（6）一个函数可以是多个类的友元函数，只需要在各个类中分别声明。

【例 9.12】 友元函数的定义和使用示例。

```cpp
#include<iostream>
#include<string>
using namespace std;

class Student
{
public:
    Student(char *s1,char *s2)
    {strcpy_s(name,s1);strcpy_s(num,s2);}
private:
    char name[10],num[10];
    friend void show(Student& st)            // 友元函数的声明和定义
    {
        cout<<"Name:"<<st.name<<endl<<"Number:"<<st.num<<endl;
    }
};
class Score
{
public:
    Score(unsigned int i1,unsigned int i2,unsigned int i3)
        :mat(i1),phy(i2),eng(i3)
    {  }
private:
    unsigned int mat,phy,eng;
    friend void show_all(Student&,Score*);    // 友元函数的声明
};

void show_all(Student&st,Score* sc)           // 友元函数的定义
{
    show(st);
    cout<<"Mathematics:"<<sc->mat
        <<"\nPhyics:"<<sc->phy
        <<"\nEnglish:"<<sc->eng<<endl;
```

```
    }
int main()
{
    Student wang("Wang","9901");
    Score ss(72,82,92);
    show_all(wang,&ss);

    return 0;
}
```

图 9.12　例 9.12 的运行结果

程序的运行结果如图 9.12 所示。

程序解析：

（1）例 9.12 中分别声明了两个友元函数。show 函数的声明与定义合二为一，都放在类 Student 中；show_all 的声明在 Score 类中，但在全局作用域内独立定义。两者无本质的区别且都是全局可用的函数。

（2）在类外定义友元函数时不能再使用 friend 关键字，否则编译程序时会出现下列错误信息：

```
a friend function can only be declared in a class
```

2. 友元成员

一个类的成员函数可以作为另一个类的友元，只是在声明成员函数时要指明其所在的类名，该成员函数称为友元成员。声明如下：

```
friend 函数返回值类型 类名::成员函数名(形参列表);
```

注意：友元成员只是一个类中的成员函数，friend 授权该函数可以访问宣布其为友元的类中的所有成员。

【**例 9.13**】　友元成员举例。

```
#include<iostream>
using namespace std;

class Student;                         // 声明引用的类名
class Score
{
public:
    Score(unsigned int i1,unsigned int i2,unsigned int i3):
mat(i1),phy(i2),eng(i3){}
    void show()
    {
        cout<<"Mathematics:"<<mat
            <<"\nPhyics:"<<phy
            <<"\nEnglish:"<<eng<<endl;
    }
    void show(Student&);
private:
    unsigned int mat,phy,eng;
};

class Student
{
```

```
public:
    Student(char *s1,char *s2)
    {
        strcpy_s(name,s1);
        strcpy_s(num,s2);
    }
    friend void Score::show(Student&);        // 声明友元成员
private:
    char name[10],num[10];
};

void Score::show(Student& st)
{
    cout<<"Name:"<<st.name<<endl<<"Number:"<<st.num<<endl;
    show();
}

int main()
{
    Student wang("Wang","9901");
    Score ss(72,82,92);
    ss.show(wang);

    return 0;
}
```

程序的运行结果同图 9.12 所示。

程序解析：

该程序 Student 类的定义体中，声明 Score 类的成员函数 show(Student &)为 Student 类的友元成员，所以在 Score 类的成员函数 show(Student &)的定义体中可以使用 st（st 为 Student 类的引用）直接访问 Student 类的私有成员 name。

3. 友元类

某一个类可以是另一个类的友元，这样作为友元的类中的所有成员函数都可以访问另一个类中的私有成员。友元类的说明方式如下：

```
friend class 类名;
```

【例 9.14】 友元类举例。

```
#include<iostream>
using namespace std;

class Student
{
public:
    Student(char *s1,char *s2)
    {
        strcpy_s(name,s1);
        strcpy_s(num,s2);
    }
    friend class Score;            // 声明 Score 类为 Student 类的友元类
private:
```

```
        char name[10],num[10];
    };

    class Score
    {
    public:
        Score(unsigned int i1,unsigned int i2,unsigned int i3):
    mat(i1),phy(i2),eng(i3)
        {}
        void show()
        {
    cout<<"Mathematics:"<<mat<<"\nPhyics:"<<phy<<"\nEnglish:"<<eng<<endl;
        }
        void show(Student&);
    private:
        unsigned int mat,phy,eng;
    };

    void Score::show(Student& st)
    {
        cout<<"Name:"<<st.name<<endl<<"Number:"<<st.num<<endl;
        show();
    }

    int main()
    {
        Student wang("Wang","9901");
        Score ss(72,82,92);
        ss.show(wang);

        return 0;
    }
```

程序的运行结果同图 9.12 所示。

程序解析：

例 9.14 中，由于声明 Score 类为 Student 类的友元类，此时 Score 类中的成员函数便可以直接访问 Student 对象的私有成员。这样 Score 类的成员函数 Show(Student& st)中的 st.name 的语句才是允许的。

9.7　类　模　板

C++语言中可以使用模板来避免在程序中多次书写相同的代码。模板是一种描述函数或类的特性的蓝图。模板分为函数模板和类模板，可以从一个函数模板生成多个函数，或者从一个类模板生成多个类。建立一个模板后，编译器将根据需要从模板生成多份代码。

类模板为类定义一种模式，使得类中的某些数据成员、某些成员函数的参数以及某些成员函数的返回值，能取任意数据类型（包括系统预定义的类型和用户自定义类型）。

如果一个类中数据成员的类型不能确定，或者是某个成员函数的参数或返回值的类型不能确定，就必须将这个类声明为模板。它的存在不是代表一个具体的实际的类，而是代表着一类类。

C++语言编译系统根据类模板和特定的数据类型来产生一个类，即**模板类**（这是一个类）。类模板是一个抽象的类，而模板类是实实在在的类，模板类是由类模板和实际类型结合后由编译器产生的一个类。这个类名就是抽象类名和实际数据类型的结合，如 TclassName <int>整体是一个类名，包括<int>。而通过这个类才可以产生对象（类的实例）。

对象是类的实例，模板类则是类模板的实例。

类模板由 C++语言的关键字 template 引入，定义的语法形式如下：

```
// 类模板的定义
template<class 类属参数 1,class 类属参数 2,…>
class 类模板名
{
    // 类定义体
}

// 类模板中成员函数的定义
template<class 类属参数 1,class 类属参数 2,…>
<返回值类型><类模板名><类型名表>::<成员函数 1>(形参表)
{
    // 成员函数定义体
}
```

其中，用尖括号括起来的是形式类属参数表，它列出类属类的每个形式类属参数，多个类属参数之间用逗号隔开，每个类属参数由关键字 class 或 typename 引入。

类模板必须用类型参数将其实例化为模板类后，才能用来生成对象。其表示形式一般为：

类模板名<类型实参表>对象名(值实参表)

其中，类型实参表表示将类模板实例化为模板类时所用到的类型（包括系统固有的类型和用户自定义类型），值实参表表示将该模板类实例化为对象时模板类构造函数所用到的变量。一个类模板可以用来实例化多个模板类。

下面通过一个简单的例子来介绍如何定义和使用类模板及模板类。

【例 9.15】 类模板和模板类的使用示例。

```cpp
#include<iostream>
using namespace std;

template<class T>
class ClassTemplateTest
{
public:
    ClassTemplateTest(T);
    ~ClassTemplateTest()
    {
        cout<<"call deconstructor function"<<endl;
    }
    T getSize()
    {
        return size;
    }
private:
```

```
        T size;
};

template<class T>
ClassTemplateTest<T>::ClassTemplateTest(T n)
{
    size = n;
    cout<<"call constructor function"<<endl;
}

int main()
{
    ClassTemplateTest<int> object1(5);
    ClassTemplateTest<double> object2(6.66);
    cout<<"-------------------------------"<<endl;
    cout<<"the class name of object1 is:"
        <<typeid(object1).name()<<endl;
    cout<<"object1.getSize() is "<<object1.getSize()<<endl;
    cout<<"the class name of object2 is:"
        <<typeid(object2).name()<<endl;
    cout<<"object2.getSize() is "<<object2.getSize()<<endl;
    cout<<"-------------------------------"<<endl;

    return 0;
}
```

程序的运行结果如图 9.13 所示。

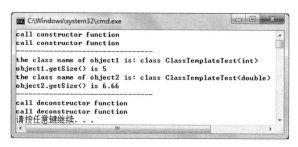

图 9.13　例 9.15 的运行结果

程序解析：

（1）这个例子中定义了一个类模板 ClassTemplateTest，它有一个类型参数 T，类模板的定义由 template<class T>开始，下面的类模板定义体部分与普通类定义的方法相同，只是在部分地方用参数 T 表示数据类型。

（2）类模板的每一个非内联函数的定义是一个独立的模板，同样以 template<class T>开始，函数头中的类名由类模板名加模板参数构成，如例子中的 ClassTemplateTest<T>。

（3）类模板在使用时必须指明参数，形式为：类模板名<模板参数表>。主函数中的 ClassTemplateTest<int>即是如此，编译器根据参数 int 生成一个实实在在的类即模板类，理解程序时可以将 ClassTemplateTest<int>看成是一个完整的类名。在使用时 ClassTemplateTest 不能单独出现，它总是和尖括号中的参数表一起出现。

（4）上面的例 9.15 中模板只有一个表示数据类型的参数，多个参数以及其他类型的参数也是允许的。

习　　题

1. 什么是面向对象程序设计?

2. 为什么要引入构造函数和析构函数?

3. 类的公有、私有和保护成员之间的区别是什么?

4. 什么是拷贝构造函数? 它何时被调用?

5. 友元概念的引入方便了类之间的数据共享,但是否削弱了对象的封装性?

6. 设计一个计数器类,当建立该类的对象时其初始状态为 0,考虑为计数器定义哪些成员?

7. 定义一个时间类,能提供和设置由时、分和秒组成的时间,并编写出应用程序,定义时间对象,设置时间,输出该对象提供的时间。

8. 写出下列程序的运行结果:

```cpp
#include<iostream>
using namespace std;

class Tx
{
public:
    Tx(int i,int j);
    Tx();
    void display();
private:
    int num1,num2;
};

Tx::Tx(int i,int j=10)
{
    num1=i;
    num2=j;
    cout<<"Constructing "<<num1<<" "<<num2<<endl;
}
void Tx::display()
{
    cout<<"display:"<<num1<<" "<<num2<<endl;
}
Tx::~Tx()
{
    cout<<"Destructing"<<num1<<" "<<num2<<endl;
}
int main()
{
    Tx t1(22,11);
    Tx t2(20);
    t1.display();
    t2.display();

    return 0;
}
```

第 9 章

面向对象程序设计基础

第10章 继承与派生

继承性是面向对象程序设计的一个重要特性，继承性反映了类的层次结构，并支持对事物从一般到特殊的描述。继承性使得程序员能够以一个已有的、较一般的类为基础建立一个新类，而不必从零开始设计。这个新类可继承已有类的特征，称为**派生类或子类**，而已有的类称为**基类**，也称为**超类或父类**。

在 C++语言中，有两种继承：单一继承和多重继承。对于单一继承，派生类只能有一个直接基类。对于多重继承，派生类可以有多个直接基类。

10.1 单 一 继 承

10.1.1 继承与派生

C++语言的重要性能之一是代码复用。为了达到这个目的，C++语言采用两种方法：对象成员和继承。在面向对象程序设计中，大量使用继承和派生。类的派生实际是一种演化、发展过程，即通过扩展、更改和特殊化，从一个已知类出发建立一个新类。通过类的派生可以建立具有共同关键特征的对象家族，从而实现代码复用。这种继承和派生的机制对于已有程序的发展和改进是极为有利的。

派生类同样也可以作为基类从而再派生新的类，这样就形成了类的层次结构。类的继承和派生的层次结构，是人类对自然界中的事物进行分类、分析和认识的过程在程序设计中的体现。现实世界中的事物都是相互联系、相互作用的，人们在认识过程中，根据事物的实际特征，抓住其共同特性和细小差别，利用分类的方法对这些实体或概念之间的相似点和不同点进行分析和描述。

派生类具有以下几个特点。

（1）派生类可在基类基础上包含新的成员。

（2）派生类可隐藏基类的成员函数。

（3）可为新类重新定义成员函数。

基类与派生类的关系如下。

（1）派生类是基类的具体化。

（2）派生类是基类定义的延续。

（3）多重继承下的派生类是基类的组合。

10.1.2 派生类的定义

在 C++语言中，派生类的定义如下：

```
class 派生类名: [继承方式] 基类名
{
    // 派生类成员声明;
};
```

对派生类的定义,有以下几点说明。

(1)派生类名是新生成类的类名。

(2)继承方式规定了如何访问从基类继承的成员。继承方式关键字为 private、public 和 protected,分别表示私有继承、公有继承和保护继承。默认情况下是 private 继承。类的继承方式指定了派生类成员以及类外对象对于从基类继承来的成员的访问权限,这将在 10.1.3 节中详细介绍。

(3)派生类成员指除了从基类继承来的所有成员之外,还包括新增加的数据成员和成员函数。这些新增的成员正是派生类不同于基类的关键所在,是派生类对基类的发展。当重用和扩充已有的代码时,就是通过在派生类中新增成员来添加新的属性和功能。

例如,定义如下的汽车类 Vehicle 及其派生类小汽车类 Car 和卡车类 Truck。

```
class Vehicle                                      // 定义基类 Vehicle
{
public:                                            // 公有成员函数
    void init_Vehicle(int in_wheels, float in_weight);// 给数据成员初始化
    int get_wheels();                              // 获取车轮数
    float get_weight();                            // 获取汽车重量
    float wheelloading();                          // 车轮承重
private:                                           // 私有数据成员
    int wheels;                                    // 车轮数
    float weight;                                  // 汽车承重
};
```

在基类 Vehicle 的基础上,定义了如下的派生类 Car 和 Truck,在派生类中新增了一些数据成员和成员函数。

```
class Car: public Vehicle                          // 定义派生类 Car
{
public:                                            // 新增公有成员函数
    void initialize(int in_wheels, float in_weight, int people=4);
    int passengers();
private:                                           // 新增私有数据成员
    int passenger_load;                            // 载客数
};
class Truck: public Vehicle
{
public:                                            // 新增公有成员函数
    void init_truck(int, float);
    int passengers();
    float weight_loads();
private:                                           // 新增私有数据成员
    int passenger_load;
```

```
    float weight_load;
};
```

在 C++语言程序设计中，定义派生类时，给出该类成员函数的实现之后，整个类就定义好了，这时就可以由它来定义对象，进行实际问题的处理。派生新类的过程，经历三个步骤：吸收基类成员、改造基类成员和添加新的成员，下面分别加以介绍。

1. 吸收基类成员

面向对象的继承和派生机制，其最主要的目的是实现代码的重用和扩充。吸收基类成员就是一个重用的过程，而对基类成员进行调整、改造以及添加新成员就是原有代码的扩充过程，二者是相辅相成的。

C++语言的类继承，首先是基类成员的全盘吸收，这样，派生类实际上就包含了它的所有基类的除构造函数和析构函数之外的所有成员。很多基类的成员，特别是非直接基类的成员，尽管在派生类中很可能根本不起作用，也被继承下来，在生成对象时占据一定的内存空间，造成资源浪费，要对其进行改造。

2. 改造基类成员

对基类成员的改造包括两方面，一是依靠派生类的继承方式来控制基类成员的访问，二是对基类数据成员或成员函数进行覆盖，即在派生类中定义一个和基类数据成员或成员函数同名的成员，由于作用域不同，产生成员覆盖（member overridden，又叫同名覆盖，即当一个已在基类中声明的成员名又在派生类中重新声明所产生的效果），基类中的成员就被替换成派生类中的同名成员。

成员覆盖使得派生类的成员掩盖了从基类继承得到的同名成员。这种掩盖既不是成员的丢失，也不是成员的重载。因为经类作用域声明后仍可引用基类的同名成员，而且可以由派生类的成员函数去引用从基类继承来的同名成员，这是重载所没有的效果。成员覆盖机制可以充分体现派生的优越性，即派生类可以在继承基类的基础上继续扩充原设计中未考虑到的内容，从而使一个软件系统的生命周期大大地延长，这便是可重用软件设计思想的最终目标。

3. 添加新的成员

继承与派生机制的核心是在派生类中加入新的成员，程序员可以根据实际情况的需要，给派生类添加适当的数据成员和成员函数，来实现必要的新功能。在派生的过程中，基类的构造函数和析构函数是不能被继承下来的。此外，派生类中的一些特殊的初始化和扫尾清理工作也需要重新定义新的构造函数和析构函数。

10.1.3　类的继承方式

在面向对象程序中，基类的成员可以有 public（公有）、protected（保护）和 private（私有）三种访问类型。在基类内部，自身成员可以对任何一个其他成员进行访问，但是通过基类的对象，就只能访问基类的公有成员。

派生类继承了基类的全部数据成员和除了构造函数、析构函数之外的全部成员函数，但是这些成员的访问属性在派生的过程中是可以调整的。从基类继承的成员，其访问属性由继承方式控制。

类的继承方式有 public（公有）继承、protected（保护）继承和 private（私有）继承三种。对于不同的继承方式，会导致基类成员原来的访问属性在派生类中有所变化。表 10.1 列出了不同继承方式下基类成员访问属性的变化情况。

表 10.1 不同继承方式下基类成员的访问属性

继承方式	访问属性		
	public	**protected**	**private**
public	public	protected	不可访问的
protected	protected	protected	不可访问的
private	private	private	不可访问的

说明：

表 10.1 中第一列给出三种继承方式，第一行给出基类成员的三种访问属性，其余单元格内容为基类成员在派生类中的访问属性。

从表 10.1 中可以看出以下几点。

（1）基类的私有成员在派生类中均是不可访问的，它只能由基类的成员访问。

（2）在公有继承方式下，基类中的公有成员和保护成员在派生类中的访问属性不变。

（3）在保护继承方式下，基类中的公有成员和保护成员在派生类中均为保护的。

（4）在私有继承方式下，基类中的公有成员和保护成员在派生类中均为私有的。

注意：

保护成员与私有成员唯一的不同是当发生派生后，基类的保护成员可被派生类直接访问，而私有成员在派生类中是不可访问的。在同一类中私有成员和保护成员的用法完全相同。

1. 公有继承

公有继承方式创建的派生类对基类各种成员的访问权限如下。

（1）基类公有成员相当于派生类的公有成员，即派生类可以像访问自身公有成员一样访问从基类继承的公有成员。

（2）基类保护成员相当于派生类的保护成员，即派生类可以像访问自身的保护成员一样访问基类的保护成员。

（3）基类的私有成员，派生类内部成员无法直接访问。派生类使用者也无法通过派生类对象直接访问。

【例 10.1】 公有继承示例。

从基类 Vehicle（汽车）公有派生 Car 类，Car 类继承了 Vehicle 类的全部特征，同时，Car 类自身也有一些特征，这就需要在继承 Vehicle 类时添加新的成员。

```
#include<iostream>
using namespace std;

class Vehicle             // 基类 Vehicle 类的定义
{
public:                   // 公有成员函数
```

```cpp
    Vehicle(int in_wheels,float in_weight)
    {
        wheels=in_wheels;weight=in_weight;
    }
    int get_wheels()
    {
        return wheels;
    }
    float get_weight()
    {
        return weight;
    }
private:                                    // 私有数据成员
    float weight;
    int wheels;
};

class Car:public Vehicle                    // 派生类 Car 类的定义
{
public:                                     // 新增公有成员函数
    Car(int in_wheel,float in_weight,int people=5):
Vehicle(in_wheel,in_weight)
    {
        passenger_load=people;
    }
    int get_passengers()
    {
        return passenger_load;
    }
private:                                    // 新增私有数据成员
    int passenger_load;
};

int main()
{
    Car car1(4,1000);                       // 声明 Car 类的对象
    cout<<"The message of car1(wheels,weight,passengers):"<<endl;
    cout<<car1.get_wheels()<<",";           // 访问派生类从基类继承来的公有函数
    cout<<car1.get_weight()<<",";           // 访问派生类从基类继承来的公有函数
    cout<<car1.get_passengers()<<endl;      // 访问派生类的公有函数

    return 0;
}
```

程序的运行结果如图 10.1 所示。

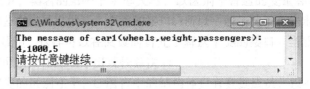

图 10.1 例 10.1 的运行结果

程序解析：

（1）该程序首先定义了基类 Vehicle。派生类 Car 继承了 Vehicle 类的全部成员（构造函数和析构函数除外）。因此，在派生类中，实际所拥有的成员就是从基类继承过来的成员与派生类新增成员的总和。继承方式为公有继承，基类中的公有成员在派生类中的访问属性保持原样，派生类的成员函数及对象可以访问基类的公有成员，但是无法访问基类的私有数据成员（例如，基类的 wheels 和 weight）。

（2）基类原有的外部接口（如基类的 get_wheels 函数和 get_weight 函数）变成了派生类外部接口的一部分。当然，派生类自己新增的成员之间都是可以互相访问的。

（3）Car 类继承了 Vehicle 类的成员，也就实现了代码的重用。同时，通过新增成员，加入了自身的独有特征，实现了程序的扩充。

2. 私有继承

当类的继承方式为 private 时，基类的 public 成员和 protected 成员被继承后作为派生类的私有成员，派生类的其他成员可以直接访问它们，但是在类外部通过派生类的对象无法访问。

【**例 10.2**】 私有继承举例。

```
#include<iostream>
using namespace std;

class Vehicle                        // 基类 Vehicle 类的定义
{
public:                              // 公有成员函数
    Vehicle(int in_wheels,float in_weight)
    {
        wheels=in_wheels;weight=in_weight;
    }
    int get_wheels()
    {
        return wheels;
    }
    float get_weight()
    {
        return weight;
    }
private:                             // 私有数据成员
    int wheels;
    float weight;
};

class Car:private Vehicle            // 定义派生类 Car 类
{
public:                              // 新增公有成员函数
    Car(int in_wheels,float in_weight,int people=5):
Vehicle(in_wheels,in_weight)
    {
        passenger_load=people;
    }
```

```cpp
        int get_wheels()                    // 重新定义 get_wheels 函数
        {
            return Vehicle::get_wheels();
        }
        float get_weight()                  // 重新定义 get_weight 函数
        {
            return Vehicle::get_weight();
        }
        int get_passengers()
        {
            return passenger_load;
        }
    private:                                 // 新增私有数据成员
        int passenger_load;
};

int main()
{
    Car car1(4,1000);                       // 定义 Car 类对象
    cout<<"The message of car1(wheels,weight,passengers):"<<endl;
    cout<<car1.get_wheels()<<","            // 输出小汽车的信息
        <<car1.get_weight()<<","
        <<car1.get_passengers()<<endl;

    return 0;
}
```

程序的运行结果同图 10.1 所示。

程序解析：

在私有继承情况下，为了保证基类的部分外部接口特征在派生类中也存在，就需要在派生类中重新定义同名的成员函数。同例 10.1 相比较，例 10.2 对程序修改的只是派生类的内容，基类和主函数部分没有做任何改动。由此可以看到面向对象程序设计封装性的优越性：Car 类的外部接口不变，内部成员的实现做了改造，根本没有影响到程序的其他部分，这正是面向对象程序设计可重用性与可扩充性的一个实际体现。

3. 保护继承

保护继承中，基类公有成员和保护成员都相当于派生类的保护成员，派生类可以通过自身的成员函数或其子类的成员函数访问它们；派生类内部成员或派生类的对象都无法直接访问基类的私有成员。

【例 10.3】 保护继承举例。

```cpp
#include<iostream>
using namespace std;

class Vehicle                               // 定义基类 Vehicle
{
public:                                      // 公有成员函数
    Vehicle(int in_wheels,float in_weight)
    {
```

```
        wheels=in_wheels;weight=in_weight;
    }
    int get_wheels()
    {
        return wheels;
    }
    float get_weight()
    {
        return weight;
    }
private:                              // 私有数据成员
    int wheels;
protected:                           // 保护数据成员
    float weight;
};

class Car:protected Vehicle          // 定义派生类 Car
{
public:                              // 新增公有成员函数
    Car(int in_wheels,float in_weight,int people=5):
Vehicle(in_wheels,in_weight)
    {
        passenger_load=people;
    }
    int get_wheels()                 // 重新定义 get_wheels 函数
    {
        return Vehicle::get_wheels();
    }
    float get_weight()               // 重新定义 get_weight 函数
    {
        return weight;
    }
    int get_passengers()
    {
        return passenger_load;
    }
private:                             // 新增私有数据成员
    int passenger_load;
};

int main()
{
    Car car1(4,1000);               // 定义 Car 类的对象
    cout<<"The message of car1(wheels,weight,passengers):"<<endl;
    cout<<car1.get_wheels()<<","    // 输出小汽车的信息
        <<car1.get_weight()<<","
        <<car1.get_passengers()<<endl;

    return 0;
}
```

程序的运行结果同图 10.1 所示。

在保护继承情况下，为了保证基类的部分外部接口特征保留在派生类中，就需要在派生

类中重新定义同名的成员函数。根据同名覆盖原则，在主函数中调用的是派生类的成员函数。

总之，不论是哪种继承方式，派生关系具有下述特征。

（1）派生类没有独立性，即派生类不能脱离基类而独立存在。

（2）派生类对其所继承的基类成员的可访问程度因继承方式的不同而不同。

（3）无论派生类能否直接访问其所继承的基类成员，基类成员都是派生类成员。

10.1.4 派生类的构造函数和析构函数

1. 派生类的构造函数

在下面两种情况下，必须定义派生类的构造函数。一种情况是，派生类本身需要构造函数。另一种情况是，在定义派生类对象时，其相应的基类对象需调用带参数的构造函数。

派生类对象的初始化也是通过派生类的构造函数实现的。派生类的数据成员由所有基类的数据成员与派生类新增的数据成员共同组成。如果派生类新增成员中包括有内嵌的其他类对象，则派生类的数据成员中实际上还间接包括了这些对象的数据成员。

对派生类对象进行初始化时就要对基类数据成员、新增数据成员和对象成员的数据成员进行初始化。派生类的构造函数需要以合适的初值作为参数并隐含调用基类和新增的对象成员的构造函数，来对它们各自的数据成员进行初始化，然后再加入新的语句对新增普通数据成员进行初始化。

派生类构造函数定义的一般语法形式如下：

派生类构造函数(参数表):基类构造函数(参数表)，对象成员 1(参数表)，…，对象成员 n(参数表)
{
    派生类新增成员的初始化语句；
}

其中：

（1）派生类的构造函数名与派生类名相同。

（2）参数表需要列出初始化基类数据、新增对象成员数据及新增一般数据成员所需要的全部参数。

（3）冒号之后，列出需要使用参数进行初始化的基类名和对象成员名及各自的参数表，各项用半角逗号分隔开。

在定义派生类对象时构造函数的执行顺序是先祖先（基类，调用顺序按照它们继承时说明的顺序），再客人（对象成员，调用顺序按照它们在类中说明的顺序），后自己（派生类本身）。

【例 10.4】 构造函数的调用顺序示例。

```cpp
#include<iostream>
using namespace std;

class Data
{
public:
    Data(int x)
```

```
        {
            Data::x=x;
            cout<<"class Data\n";
        }
private:
    int x;
};

class A
{
public:
    A(int x):d1(x)
    {
        cout<<"class A\n";
    }
private:
    Data d1;
};

class B:public A
{
public:
    B(int x):A(x),d2(x)
    {
        cout<<"class B\n";
    }
private:
    Data d2;
};

class C:public B
{
public:
    C(int x):B(x)
    {
        cout<<"class C\n";
    }
};

int main()
{
    C object(5);

    return 0;
}
```

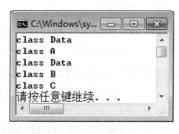

图 10.2　例 10.4 的运行结果

程序的运行结果如图 10.2 所示。

从程序的运行结果可以看出，构造函数的调用严格地按照先祖先，再客人，后自己的顺序执行。

2. 派生类的析构函数

派生类析构函数与基类的析构函数没有什么联系，彼此独立，它们只做各自类对象消亡前的善后工作。派生类析构函数的功能与没有继承关系的类中析构函数的功能一样，也是在对象消亡之前进行一些必要的清理工作。在派生过程中，基类的析构函数不能继承，如果需要析构函数的话，就要在派生类中重新定义。析构函数没有类型，也没有参数，如果没有显式定义过某个类的析构函数，系统会自动生成一个默认的析构函数，完成清理工作。

派生类析构函数的定义方法与没有继承关系的类中析构函数的定义方法完全相同，只要在函数体中做好派生类新增的非对象成员的数据成员的清理工作，系统会自动调用基类及对象成员的析构函数来对基类及对象成员进行清理。

析构函数的执行顺序和构造函数正好严格相反：先自己（派生类本身），再客人（对象成员），后祖先（基类）。

【例10.5】 析构函数的调用顺序举例。

```cpp
#include<iostream>
using namespace std;

class Person
{
public:
    Person()
    {   cout<<"the constructor of class Person!\n";}
    ~Person()
    {   cout<<"the destructor of class Person!\n";}
private:
    char *name;
    int age;
    char*address;
};

class Student:public Person
{
public:
    Student()
    {cout<<"the constructor of class Student!\n";}
    ~Student()
    {cout<<"the destructor of class Student!\n";}
private:
    char *department;
    int level;
};

class Teacher:public Person
{
public:
    Teacher()
    {   cout<<"the constructor of class Teacher!\n";}
    ~Teacher()
    {   cout<<"the destructor of class Teacher!\n";}
private:
    char *major;
    float salary;
};

int main()
```

```
{
        Student student1;
        Teacher teacher1;
        cout<<"-----main function
                finished------"<<endl;

        return 0;
}
```

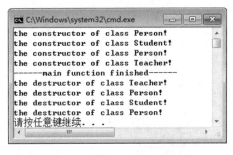

图 10.3   例 10.5 的运行结果

程序的运行结果如图 10.3 所示。

注意：由于析构函数是不带参数的，因此在派生类中是否要定义析构函数与它所属的基类无关，基类的析构函数不会因为派生类没有析构函数而得不到执行，它们是各自独立的。

10.2   多重继承

10.2.1   多重继承的概念和定义

在派生类的定义中，基类名可以有一个，也可以有多个。如果只有一个基类名，则这种继承方式称为单一继承。如果基类名有多个，则这种继承方式称为多重继承，这时的派生类同时得到了多个已有类的特征。在多重继承中，各个基类名之间用半角逗号隔开。多重继承的语法如下：

```
class 派生类名:[继承方式] 基类名 1, [继承方式] 基类名 2, … , [继承方式] 基类名 n
{
        // 定义派生类自己的成员;
};
```

从这个一般形式可以看出，每个基类有一个继承方式来限制其成员在派生类中的访问权限，如果省略，则默认为 private 继承。其规则和单一继承情况是一样的，多重继承可以看作是单一继承的扩展，单一继承可以看作是多重继承的一个最简单的特例。

在派生过程中，派生出来的新类也同样可以作为基类再继续派生新的类。此外，一个基类可以同时派生出多个派生类。也就是说，一个类从父类继承来的特征也可以被其他新的类所继承，一个父类的特征可以同时被多个子类继承。这样就形成了一个相互关联的类的家族，称为类族。在类族中，直接参与派生出某类的基类称为**直接基类**；基类的基类甚至更高层的基类称为**间接基类**。

10.2.2   二义性和支配规则

1. 二义性的两种情况

（1）当一个派生类是多重派生也就是由多个基类派生而来时，假如这些基类中的成员有成员名相同的情况，如果使用一个表达式引用了这些同名的成员，就会造成无法确定是引用哪个基类成员的情况，这种对基类成员的访问就是二义性的。

要避免此种情况，可以使用成员名限定来消除二义性，也就是在成员名前用对象名及基类名来限定。下面通过一个例子来说明。

【例 10.6】 多重继承中的二义性问题示例。

```cpp
#include<iostream>
using namespace std;

class Bed
{
public:
    Bed(){}
    void sleep()
    {   cout <<"sleeping...\n";}
    void setWeight(int i)
    {   weight = i;}
protected:
    int weight;
};

class Sofa
{
public:
    Sofa(){}
    void watchTV()
    {   cout <<"Watching TV.\n";}
    void setWeight(int i)
    {   weight =i;}
protected:
    int weight;
};

class SleeperSofa: public Bed, public Sofa        // 多重继承
{
public:
    SleeperSofa(){}
    void foldOut(){cout <<"Fold out the sofa.\n";}
};

int main()
{
    SleeperSofa ss;
    ss.watchTV();
    ss.foldOut();
    ss.sleep();
    ss.setWeight(20);                             // 出现二义性

    return 0;
}
```

程序解析：

例 10.6 中 SleeperSofa 类是 Bed 类和 Sofa 类的公有派生类，而 Bed 类和 Sofa 类中均有成员函数 SetWeight，对象 ss 调用 SetWeight 函数时存在二义性，所以编译不通过。使用作用域运算符限定成员名可以消除二义性，例如：

```cpp
ss.Bed::SetWeight(10);
ss.Sofa::SetWeight(10);
```

（2）如果一个派生类从多个基类中派生，而这些基类又有一个共同的基类，则在这个派生类中访问这个共同基类中的成员时会产生二义性。要避免此种情况，可以利用 10.3 节讲到的虚基类。

2. 作用域规则

当基类中的成员名字在派生类中再次声明时，派生类中的名字就屏蔽掉基类中相同的名字（也就是派生类的自定义成员与基类成员同名时，派生类的成员优先）。如果要使用被屏蔽的成员，可由作用域操作符实现。它的形式是：

类名::类成员标识符

作用域操作符不仅可以用在类中，也可以用在函数调用时。

3. 支配规则

一个派生类中的名字将优先于它基类中相同的名字，这时二者之间不存在二义性，当选择该名字时，使用支配者（派生类中）的名字，称为支配规则。

10.2.3 赋值兼容规则

所谓赋值兼容规则就是在**公有派生**的情况下，一个派生类的对象可以作为基类的对象来使用（在公有派生的情况下，每一个派生类的对象都是基类的一个对象，它继承了基类的所有成员并且没有改变其访问权限）。

具体地说，有以下三种情况可以把一个公有派生类的对象作为基类对象来使用。

（1）派生类对象可以赋予基类的对象，例如（约定 Derived 类是从 Base 类公有派生而来的）：

```
Derived d;
Base b;
b=d;
```

（2）派生类对象可以初始化基类的引用，例如：

```
Derived d;
Base& br=d;
```

（3）派生类对象的地址可以赋予指向基类的指针，例如：

```
Derived d;
Base* pb=&d;
```

10.3　虚　基　类

10.3.1　虚基类的概念

当在多条继承路径上有一个公共的基类，在这些路径中的某几条路径汇合处，这个公共的基类就会产生多个实例（或多个副本），若想只保存这个基类的一个实例，可以将这个公共基类说明为虚基类。从基类派生新类时，使用关键字 virtual 可以将基类说明成虚基类。一个基类，在定义它的派生类时，在作为某些派生类的虚基类的同时，又可以作为另一些派生类的非虚基类。

为了初始化基类的对象，派生类的构造函数要调用基类的构造函数。对于虚基类来讲，由于派生类的对象中只有一个虚基类对象。为保证虚基类对象只被初始化一次，这个虚基类构造函数必须只被调用一次。由于继承结构的层次可能很深，规定将在建立对象时所指定的类称为最直接派生类。虚基类对象是由最直接派生类的构造函数通过调用虚基类的构造函数进行初始化的。如果一个派生类有一个直接或间接的虚基类，那么派生类构造函数的成员初始化列表中必须列出对虚基类构造函数的调用，如果未被列出，则表示使用该虚基类的默认构造函数来初始化派生类对象中的虚基类对象。

C++语言规定，在一个成员初始化列表中出现对虚基类和非虚基类构造函数的调用时，则虚基类的构造函数先于非虚基类的构造函数执行。

派生类构造函数的成员初始化列表中必须列出直接或间接继承的虚基类的构造函数。但是，只有用于建立对象的那个派生类的构造函数调用虚基类的构造函数，而该派生类的其他基类中所列出的对这个虚基类构造函数的调用在执行中被忽略，这样便保证了对虚基类对象只初始化一次。

【例 10.7】 利用虚基类避免产生二义性示例。

```cpp
#include<iostream>
using namespace std;

class Furniture                                // 定义家具类
{
public:
    Furniture(){}
    void setWeight(int i){weight =i;}
    int getWeight(){return weight;}
protected:
    int weight;
};

class Bed:virtual public Furniture      // Furniture 类作为 Bed 类的虚基类
{
public:
    Bed(){}
    void sleep(){cout <<"sleeping...\n";}
};

class Sofa :virtual public Furniture    // Furniture 类作为 Sofa 类的虚基类
{
public:
    Sofa(){}
    void watchTV(){cout <<"Watching TV.\n";}
};

class SleeperSofa :public Bed, public Sofa
{
public:
    SleeperSofa():Sofa(),Bed(){}
```

```
        void foldOut(){cout <<"Fold out the sofa.\n";}
};

int main()
{
    SleeperSofa ss;
    ss.watchTV();
    ss.foldOut();
    ss.sleep();
    ss.setWeight(20);
    cout<<"weight:"<<ss.getWeight()<<endl;

    return 0;
}
```

图 10.4   例 10.7 的运行结果

程序的运行结果如图 10.4 所示。

程序解析：

例 10.7 中，Furniture 作为 Sofa 和 Bed 的虚基类，如果不加关键字 virtual，在编译时会出错。

10.3.2   多重继承的构造函数和析构函数

多重继承情况下，严格按照派生类定义时多个基类从左到右的顺序来调用构造函数，而析构函数的调用顺序刚好与构造函数相反。如果基类中有虚类，则构造函数的调用顺序采用下列规则。

（1）虚基类的构造函数在非虚基类构造函数之前调用。

（2）若同一层次中包含多个虚基类，这些虚基类的构造函数按照它们说明的次序调用。

（3）若虚基类由非虚基类派生而来，则仍然先调用基类构造函数，再调用派生类的构造函数。

注意：当一个派生类同时有多个基类时，所有需要给予参数进行初始化的基类，都要显式给出基类名和参数表。对于使用默认构造函数的基类，可以不给出类名。同样，对于对象成员，如果使用默认构造函数，也不需要写出对象名和参数表，而对于单一继承，只需要写一个基类名就可以了。

【例 10.8】 虚基类的使用示例。

```
#include<iostream>
using namespace std;

class Base
{
public:
    Base()
    {   cout<<"This is Base class!\n";}
};

class Base2
{
public:
    Base2()
```

```
   {   cout<<"This is Base2 class!\n";}
};

class Level1:public Base2,virtual public Base
{
public:
    Level1()
    {   cout<<"This is Level1 class!\n";}
};

class Level2:public Base2,virtual public Base
{
public:
    Level2()
    {   cout<<"This is Level2 class!\n";}
};

class TopLevel:public Level1,virtual public Level2
{
public:
    TopLevel()
    {   cout<<"This is TopLevel class!\n";}
};

int main()
{
    TopLevel topObject;

    return 0;
}
```

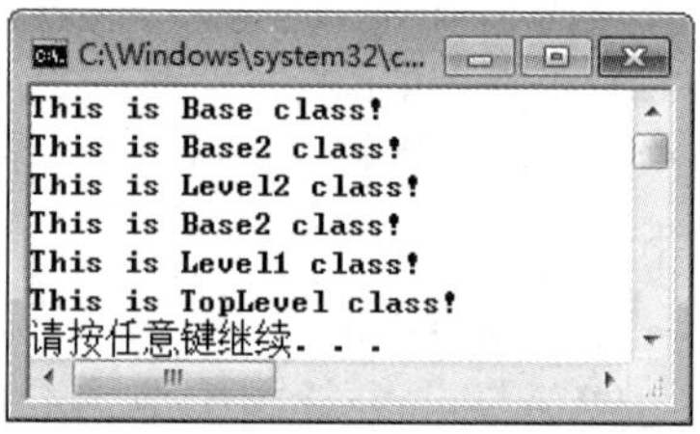

图 10.5　例 10.8 的运行结果

程序的运行结果如图 10.5 所示。

【例 10.9】 多重继承中构造函数和析构函数的调用顺序示例。

```
#include<iostream>
using namespace std;

class OBJ1
{
public:
    OBJ1(){    cout<<"OBJ1\n"; }
    ~OBJ1(){    cout<<"destructing OBJ1"<<endl;}
};

class OBJ2
{
public:
    OBJ2(){    cout<<"OBJ2\n"; }
    ~OBJ2(){    cout<<"destructing OBJ2"<<endl;}
};

class Base1
{
public:
    Base1(){    cout<<"Base1\n";    }
```

```
    ~Base1(){    cout<<"destructing Base1"<<endl;    }
};

class Base2
{
public:
    Base2(){    cout<<"Base2\n";    }
    ~Base2(){    cout<<"destructing Base2"<<endl;    }
};

class Base3
{
public:
    Base3(){    cout<<"Base3\n";    }
    ~Base3(){    cout<<"destructing Base3"<<endl;    }
};

class Base4{
public:
    Base4(){    cout<<"Base4\n";    }
    ~Base4(){    cout<<"destructing Base4"<<endl;    }
};

    class Derived:public Base1,virtual public Base2,public Base3,virtual
public Base4
    {
public:
    Derived():Base4(),Base3(),Base2(),Base1(),obj2(),obj1()
    {    cout <<"Derived ok.\n";    }
    ~Derived(){    cout<<"destructing Derived"<<endl;}
protected:
    OBJ1 obj1;
    OBJ2 obj2;
};

int main()
{
    Derived aa;
    cout<<"----------------------"<<endl;

    return 0;
}
```

程序的运行结果如图 10.6 所示。

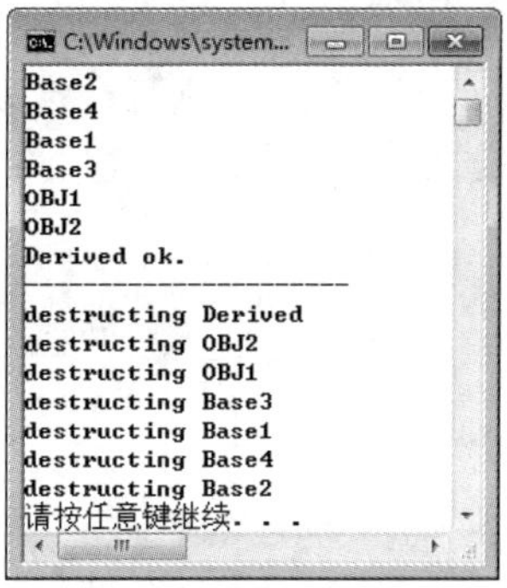

图 10.6   例 10.9 的运行结果

习   题

1. 什么是类的继承与派生？
2. 类的三种继承方式之间的区别是什么？
3. 派生类的构造函数和析构函数的作用是什么？
4. 多重继承一般应用在哪些场合？
5. 在含有虚基类的派生类中，当创建它的对象时，构造函数的调用顺序是怎样的？

继承与派生

6. 设计一个大学的类系统，学校中有学生、教师和职工，每种人员都有自己的特性，他们之间有相同的特性。利用继承机制定义这个系统中的各个类及类中必需的操作。

7. 假定车可分为货车和客车，客车又可分为轿车、面包车和公共汽车。请设计相应的类层次结构，并加以实现。

第 11 章 多态性与虚函数

面向对象的封装性、继承性和多态性是面向对象程序设计 OOP 的三大基本支柱。在面向对象语言中，多态性允许程序员以向对象发送消息的方式来完成一系列动作，无须涉及软件系统如何实现这些动作。在面向对象系统中有两种编译方式，即静态联编和动态联编。静态联编是指系统在编译时就决定如何实现某一动作，它具有执行速度快的优点。动态联编是指系统在运行时动态实现某一动作，它提供了灵活和高度问题抽象的优点。这两种编译方式都支持多态性的一般概念。

C++语言支持两种多态性，即编译时的多态性和运行时的多态性。编译时的多态性通过使用重载函数以及特殊的函数重载——运算符重载来获得。运行时的多态性通过使用继承和虚函数获得。重载函数已在第 5 章介绍过，本章主要介绍运算符重载和运行时的多态性。

11.1　运算符重载

运算符重载增强了 C++语言的可扩充性，使 C++代码更直观、易读，并且易于对对象进行操作。

11.1.1　什么是运算符重载

在 C++语言中，定义一个类就定义了一个新的数据类型。因此，类对象和变量一样，可以作为参数传递，也可以作为函数的返回值。在基本数据类型上，系统提供了许多预定义的运算符，如加、减、乘、除等，它们可以用一种简捷的方式工作。为了表达上的方便，可以将预定义的运算符用在特定类的对象上，以新的含义进行解释，即用户重新定义已有运算符的功能，这就是**运算符重载**。在 C++语言中运算符重载都是通过函数来实现的，所以其实质为函数重载。同一个运算符的不同功能的选择由操作数的类型决定。

在 C++语言中除了以下五个运算符不能被重载外，其他运算符均可重载。不能重载的运算符如下。

（1）成员访问运算符 "."。

（2）作用域运算符 "::"。

（3）条件运算符 "?:"。

（4）成员指针运算符 "*"。

（5）编译预处理命令的开始符号 "#"。

注意：重载运算符时，不能改变它们的优先级、结合性，不能改变这些运算符所需操作数的数目，也不能改变使用运算符的语法语义。在 C++语言中，程序员不能定义新的运算符，只能从已有的运算符中选择一个恰当的运算符进行重载。

运算符重载可以使用成员函数和友元函数两种形式，其中只能使用成员函数重载的运算符有：

```
=  ()  []  ->  new  delete
```

除了赋值运算符外，其他运算符函数都可以由派生类继承，并且派生类还可以有选择地重载自己所需要的运算符（包括基类重载的运算符）。

11.1.2　用成员函数重载运算符

在 C++语言中，通常将重载运算符的成员函数称为运算符函数。在类定义体中声明运算符函数的形式为：

```
type operator@(参数表)
```

其中，type 为运算符函数的返回值类型；operator 是运算符重载时不可缺少的关键字；@为所要重载的运算符符号；参数表中是该运算符所需要的操作数。

若运算符是一元的，则参数表为空，此时当前对象作为此运算符的单操作数。如果运算符是二元的，则参数表中有一个操作数，此时当前对象作为此运算符的左操作数，参数表中的操作数作为此运算符的右操作数，以此类推。

运算符函数的定义方式与一般成员函数相同，对类成员的访问与一般成员函数相同，定义如下：

```
type 类名∷operator@(参数表)
{
       // 运算符处理程序代码
}
```

重载运算符的使用方法同原运算符一样，只是它的操作数一定要是定义它的特定类的对象。

【例 11.1】 用成员函数重载运算符示例。

```
#include<iostream>
using namespace std;

class RMB{
public:
    RMB(unsigned int d, unsigned int c);
    RMB operator+(RMB&);        // 声明运算符函数，重载+，只有一个参数
    RMB& operator++();          // 声明运算符函数，重载++，无参数
    void display(){ cout << (yuan + jf / 100.0) <<" 元"<< endl; }
protected:
    unsigned int yuan;
    unsigned int jf;
};

RMB::RMB(unsigned int d, unsigned int c)
{
    yuan = d;
    jf = c;
    while(jf >=100){
        yuan ++;
```

```
            jf -= 100;
        }
    }

    RMB RMB::operator+(RMB& s)          // 定义运算符函数
    {
        unsigned int c = jf + s.jf;
        unsigned int d = yuan + s.yuan;
        RMB result(d,c);                // 创建 RMB 对象 result
        return result;
    }

    RMB& RMB::operator++()              // 定义运算符函数
    {
        jf ++;
        if(jf >= 100)
        {
            jf -= 100;
            yuan++;
        }
        return *this;                   // 返回当前对象
    }

    int main()
    {
        RMB d1(1, 60);
        cout<<"d1: ";
        d1.display();
        RMB d2(2, 50);
        cout<<"d2: ";
        d2.display();
        RMB d3(0, 0);
        d3 = d1 + d2;// 调用重载运算符函数 operator+，使 RMB 类的两个对象可以相加
        cout<<"d3=d1+d2: ";
        d3.display();
        ++d3;               // 调用重载运算符函数 operator ++，使 RMB 类的对象 d3 可以自增
        cout<<"++d3: ";
        d3.display();

        return 0;
    }
```

程序的运行结果如图 11.1 所示。

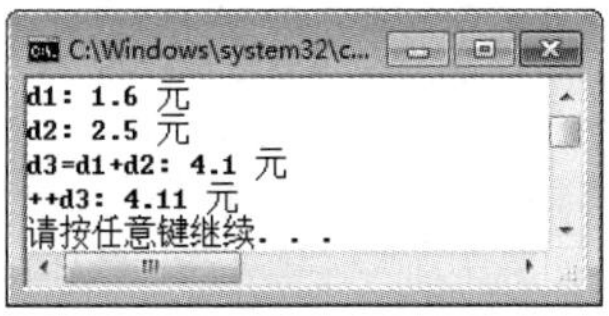

图 11.1　例 11.1 的运行结果

11.1.3　用友元函数重载运算符

可以用友元函数重载运算符。使用友元函数重载运算符比使用成员函数重载更灵活，因为重载运算符成员函数必须通过类对象来调用，重载运算符成员函数的左边必须是相应类的对象，否则，只有使用友元运算符函数才能达到预期的设计目的。一般情况下，使用友元重载运算符。

在类定义体中声明友元运算符函数的形式如下：

```
friend type operator  @(参数表);
```

注意：

（1）友元函数不属于任何类，它没有 this 指针，这与成员函数完全不同。

（2）友元运算符函数与成员运算符函数的主要区别在于其参数个数不同。在友元运算符函数中，若运算符是一元的，则参数表中有一个操作数；若运算符是二元的，则参数表中有两个操作数。在用友元函数重载运算符时，所有的操作数均需要用参数来传递。

（3）当左操作数是一个常数时，不能利用 this 指针，只能使用友元函数重载运算符。

友元运算符函数的定义如下：

```
type operator @(参数表)
{
// 运算符处理程序代码
}
```

【例 11.2】   用友元函数重载运算符示例。

```cpp
#include<iostream>
using namespace std;

class RMB
{
public:
    RMB(unsigned int d, unsigned int c);
    friend RMB operator+ (RMB&, RMB&);       // 声明友元运算符函数
    friend RMB& operator++ (RMB&);           // 声明友元运算符函数
    void display(){cout <<(yuan + jf / 100.0) <<" 元" << endl;}
protected:
    unsigned int yuan;
    unsigned int jf;
};

RMB::RMB(unsigned int d, unsigned int c)
{
    yuan = d;
    jf = c;
    while(jf >= 100)
    {                                        // 确保角分值小于100
        yuan ++;
        jf -= 100;
    }
}

RMB operator+(RMB& s1, RMB& s2)              // 定义友元运算符函数
{
    unsigned int jf = s1.jf + s2.jf;
    unsigned int yuan = s1.yuan + s2.yuan;
    RMB result(yuan, jf);
    return result;
}

RMB& operator++(RMB& s)
```

```
{
    s.jf ++;
    if(s.jf >= 100)
    {
        s.jf -= 100;
        s.yuan++;
    }
    return s;
}

int main()
{
    RMB d1(1, 60);
    cout<<"d1: ";
    d1.display();
    RMB d2(2, 50);
    cout<<"d2: ";
    d2.display();
    RMB d3(0, 0);
    d3 = d1 + d2;
    cout<<"d3=d1+d2: ";
    d3.display();
    ++d3;
    cout<<"++d3: ";
    d3.display();

    return 0;
}
```

程序的运行结果同图 11.1 所示。

【例 11.3】 用重载运算符的方法进行复数运算示例。

```
#include<iostream>
using namespace std;

class Complex
{
public:
    Complex(float r=0,float i=0)
    {real=r;imag=i;}
    void print();
    friend Complex operator+(Complex a,Complex b);
    friend Complex operator-(Complex a,Complex b);
    friend Complex operator*(Complex a,Complex b);
    friend Complex operator/(Complex a,Complex b);
private:
    float real,imag;                        // 复数的实部和虚部
};

void Complex::print()
{
    cout<<real;
    if(imag>0) cout<<"+";                   // 若 image 小于 0, 则自带-
    if(imag!=0) cout<<imag<<"i\n";
}
```

```
Complex operator+(Complex a,Complex b)
{
    Complex temp;
    temp.real=a.real+b.real;
    temp.imag=a.imag+b.imag;

    return temp;
}

Complex operator-(Complex a,Complex b)
{
    Complex temp;
    temp.real=a.real-b.real;
    temp.imag=a.imag-b.imag;

    return temp;
}

Complex operator*(Complex a,Complex b)
{
    Complex temp;
    temp.real=a.real*b.real-a.imag*b.imag;
    temp.imag=a.real*b.imag+a.imag*b.real;

    return temp;
}

Complex operator/(Complex a,Complex b)
{
    Complex temp;
    float tt;
    tt=1/(b.real*b.real+b.imag*b.imag);
    temp.real=(a.real*b.real+a.imag*b.imag)*tt;
    temp.imag=(b.real*a.imag-a.real*b.imag)*tt;

    return temp;
}

int main()
{
    Complex c1(2.3f,4.6f),c2(3.6f,2.8f),c3;
    cout<<"c1:";c1.print();
    cout<<"c2:";c2.print();
    c3=c1+c2;
    cout<<"c1+c2:";c3.print();
    c3=c1-c2;
    cout<<"c1-c2:";c3.print();
    c3=c1*c2;
    cout<<"c1*c2:";c3.print();
    c3=c1/c2;
    cout<<"c1/c2:";c3.print();

    return 0;
}
```

程序的运行结果如图 11.2 所示。

对复数重载了这些运算符后，再进行复数运算时，不再需要按照给出的表达式进行烦琐的运算，只需像其他一般的数值运算一样书写即可，使用起来非常方便直观。

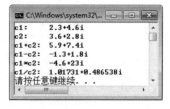

图 11.2　例 11.3 的运行结果

11.1.4　几个常用运算符的重载

1. 运算符 "!" 和 "[]" 的重载

【例 11.4】运算符 "!" 和 "[]" 的重载示例。

```cpp
#include<iostream>
using namespace std;

class  Student
{
public:
    void operator[] (Student&);          // 求每个学生的平均分
    Student(char *na,float ma=0,float en=0,float ph=0)
    {
        score[0]=ma; score[1]=en; score[2]=ph; strcpy_s(name,na);
    }
    void operator!()                     // 求所有学生各门课的平均成绩
    {
        if(sum>0)
            cout<<"Mat:"<<score[0]/sum
                <<"Eng:"<<score[1]/sum
                <<"Phy:"<<score[2]/sum<<endl;
    }
private:
    char name[10];
    float score[3];
    static unsigned  int  sum;           // 静态成员 sum 表示参加计算的学生成绩
};

void  Student::operator[] (Student &s)
{
    unsigned int i;
    float nt = 0.;
    for(i=0;i<3;i++)
    {
        score[i]+=s.score[i];
        nt+=s.score[i];
    }
    cout<<s.name<<":"<<nt/3<<endl;
    sum++;
}

unsigned int Student::sum = 0;

int main()
{
    int i;
```

多态性与虚函数

```
Student sa[]={Student("Wang",60,70,80),
Student("Li",70,80,90),
Student("Zhang",50,60,70)},total("Total");
for(i=0;i<3;i++)
    total[sa[i]];
!total;

return 0;
}
```

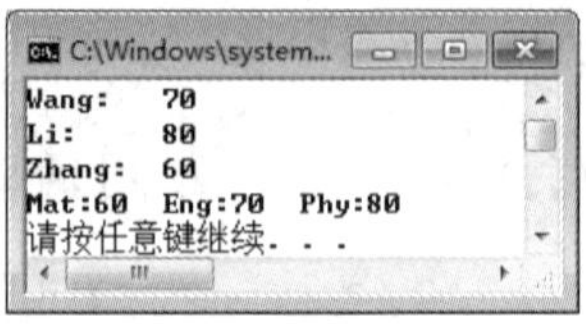

程序的运行结果如图 11.3 所示。

图 11.3　例 11.4 的运行结果

程序解析：

（1）本例中说明了对象数组的使用，全部对象都作为数组元素，但请注意初始化的形式。

（2）运算符重载函数 operator[] 是用来求每个学生的平均分，并用一个静态变量 sum 记录已参加计算的学生人数，同时分类累加，运算符重载函数 operator! 输出所有学生各门课的平均成绩。

（3）只能重载完整的运算符"[]"，而不能单独重载"["或"]"。

2. 自增运算符"++"和自减运算符"--"的重载

用成员函数重载前自增运算符"++"和前自减运算符"--"的语法形式如下：

函数返回值类型 operator++();
函数返回值类型 operator--();

用成员函数重载后自增运算符"++"和后自减运算符"--"重载的语法形式如下：

函数返回值类型 operator++(int);
函数返回值类型 operator--(int);

使用前自增运算符时，先对对象（操作数）进行增量修改，然后再返回该对象。所以前自增运算符操作时，参数与返回值是同一个对象。这与基本数据类型的前自增运算符类似，返回的也是左值。

使用后自增运算符时，必须在增量之前返回原有的对象值。为此，需要创建一个临时对象存放原有的对象，以便对操作数（对象）进行增量修改时，保存最初的值。后自增运算符操作时返回的是临时对象的值，不是原有对象，原有对象已经被增量修改，所以返回的应该是存放原有对象值的临时对象。

【例 11.5】 用成员函数重载前自增和后自增运算符示例。

```
#include<iostream>
using namespace std;

class Increase
{
public:
    Increase(int x):value(x){}
    Increase & operator++();                 // 前自增
    Increase operator++(int);                // 后自增
    void display()
    {
```

```
        cout <<"the value is " <<value <<endl;
    }
private:
    int value;
};

Increase & Increase::operator++()
{
    value++;                                        // 先增量
    return *this;                                   // 再返回原对象
}

Increase Increase::operator++(int)
{
    Increase temp(*this);                           // 临时对象存放原有对象值
    value++;                                        // 原有对象增量修改
    return temp;                                    // 返回原有对象值
}

int main()
{
    Increase n(20);
    n.display();
    (n++).display();                                // 显示临时对象值
    n.display();                                    // 显示原有对象
    ++n;
    n.display();
    ++(++n);
    n.display();
    (n++)++;                                        // 第二次增量操作对临时对象进行
    n.display();

    return 0;
}
```

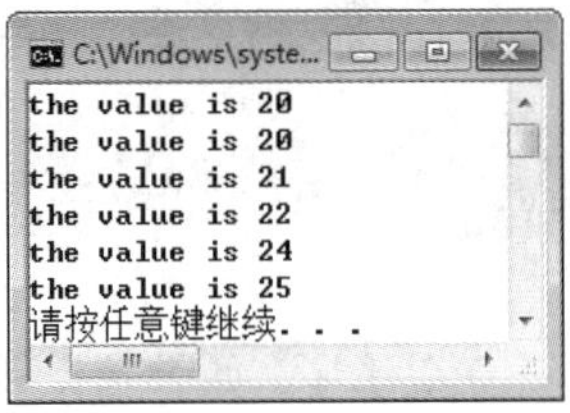

程序的运行结果如图 11.4 所示。

【例 11.6】 用友元重载前自增和后自增运算符示例。

```
#include<iostream>
using namespace std;

class Increase
{
public:
    Increase(int x):value(x){}
    friend Increase & operator++(Increase & );       // 前自增
    friend Increase operator++(Increase &,int);      // 后自增
    void display()
    {
        cout <<"the value is " <<value <<endl;
    }
private:
```

图 11.4　例 11.5 的运行结果

多态性与虚函数

```
        int value;
    };

    Increase & operator++(Increase & a)
    {
        a.value++;                              // 前增量
        return a;                               // 再返回原对象
    }

    Increase operator++(Increase& a, int)
    {
        Increase temp(a);                       // 通过拷贝构造函数保存原有对象值
        a.value++;                              // 原有对象增量修改
        return temp;                            // 返回原有对象值
    }

    int main()
    {
        Increase n(20);
        n.display();
        (n++).display();                        // 显示临时对象值
        n.display();                            // 显示原有对象
        ++n;
        n.display();
        ++(++n);
        n.display();
        (n++)++;                                // 第二次增量操作对临时对象进行
        n.display();

        return 0;
    }
```

程序的运行结果与例 11.5 相同，同图 11.4 所示。

11.2 虚 函 数

在继承中，如果基类和派生类中定义了同名的成员函数，则当用基类指针指向公有派生类的对象后，可以使用虚函数来实现通过基类指针找到相应的派生类成员函数。虚函数允许在运行时才建立函数调用与函数体之间的联系，也就是在运行时才决定如何动作，即所谓的"动态连接"。C++语言运行时的多态性是通过继承和虚函数来实现的。

11.2.1 为什么要引入虚函数

声明为指向基类对象的指针，当它指向公有派生类对象时，只能利用它直接访问派生类中从基类继承来的成员，不能直接访问公有派生类中特定的成员。若想访问公有派生类的特定成员，可以将基类指针显式类型转换为派生类指针来实现。现用例 11.7 来加以说明。

【例 11.7】 为什么要引入虚函数。

```
#include<iostream>
```

```
using namespace std;

class base
{
public:
    void who()
    {cout<<"this is the class of base!"<<endl;}
};

class  derive1:public base
{
public:
    void who()
    {cout<<"this is the class of derive1!"<<endl;}
};

class  derive2:public base
{
public:
    void who()
    {cout<<"this is the class of derive2!"<<endl;}
};

int main()
{
    base baseObject,*p;
    derive1 obj1;
    derive2 obj2;
    p=&baseObject;
    p->who();
    cout<<"-----------------------------"<<endl;
    p=&obj1;
    p->who();
    ((derive1*)p)->who();
    cout<<"-----------------------------"<<endl;
    p=&obj2;
    p->who();
    ((derive2*)p)->who();
    cout<<"-----------------------------"<<endl;
    obj1.who();
    obj2.who();

    return 0;
}
```

程序的运行结果如图 11.5 所示。

程序解析：

例 11.7 中，定义了指向基类的指针变量 p，程序的意图
为，当 p 指向不同的对象时，可以执行不同对象所对应类中
的成员函数。而程序的执行结果与预期不同。使用对象指
针是为了表达一种动态的性质，即当指针指向不同对象时
执行不同的操作，要实现此功能，可以使用强制类型转换，

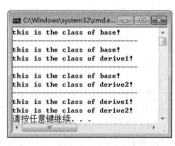

图 11.5　例 11.7 的运行结果

第 11 章

多态性与虚函数

如"((derive1*)p)->who();"，经常使用虚函数来实现运行时的多态性。

11.2.2　虚函数的定义与使用

1. 虚函数的定义

虚函数是一种非静态的成员函数，说明虚函数的方法如下：

virtual 函数返回值类型 函数名([参数表]);

虚函数具有以下三个特征。

（1）虚函数是在基类和派生类中说明相同而实现不同的成员函数。在派生类中重新定义基类中的虚函数时，可以不加 virtual，因为虚特性可以传递。但是，函数原型必须与基类中的完全相同，否则会丢失虚特性。

（2）基类中说明的虚函数具有传递给派生类的性质。

（3）构造函数不能说明为虚函数，而析构函数可以说明为虚函数。

虚函数提供了一种接口界面。在基类中的某个成员函数被声明为虚函数后，这个虚函数就可以在一个或多个派生类中被重新定义。

2. 虚函数的使用

定义一个指向基类对象的指针或基类对象的引用便可使其在需要时指向特定的类对象，并用此指针或引用名去引用该对象所对应的类中已被"虚拟化"的函数，从而可以实现真正的运行时的多态性。

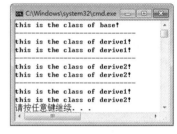

图 11.6　例 11.7 使用虚函数后的运行结果

如把例 11.7 中基类 base 的成员函数 who 定义成虚函数，即函数前加 virtual 关键字。程序的运行结果如图 11.6 所示。

3. 在构造函数和析构函数中调用虚函数

在构造函数和析构函数中调用虚函数时，编译系统采用静态联编，即它们所调用的虚函数是自己的类或基类中定义的函数而不是在任何派生类中重新定义的函数。同样，使用对象调用虚函数也采用静态联编。

【例 11.8】　在构造函数中调用虚函数示例。

```
#include<iostream>
using namespace std;

class base
{
public:
    base(){}
    virtual void vf()
    {cout<<"base::vf() called"<<endl;}
};

class son:public base
{
public:
    son(){vf();}
```

```
    void g(){vf();}
};

class grandson:public son
{
public:
    grandson(){}
    void vf()
    {cout<<"grandson:vf() called\n";}
};

int main()
{
    grandson gs;        // 输出 base::vf()called
    gs.g();             // 输出 grandson:vf()called

    return 0;
}
```

程序的运行结果如图 11.7 所示。

图 11.7　例 11.8 的运行结果

程序解析：

（1）在建立 grandson 类的对象 gs 时，它所包含的基类对象在派生类中定义的成员建立之前已被建立，所以首先调用 base 类中的 vf()函数。

（2）语句"gs.g();"采用静态联编，调用的是 grandson 类从 son 类中继承的 g 函数，g 函数又调用了 grandson 类中的 vf 函数。

析构函数和构造函数的情况一样，即析构函数所调用的虚函数是自己类中或基类中定义的虚函数。这是因为在对象撤销时，该对象所包含的在派生类中定义的成员先于基类子对象撤销。

4. 虚函数与重载函数的关系

重载函数是指几个函数名相同，而函数的形参类型或形参个数必须有所不同的函数。几个重载函数的返回值类型可以相同，也可以不同。而在派生类中重新定义基类中的虚函数时，要求函数名、返回值类型、参数个数、参数类型和顺序都与基类中原型完全相同，不能有任何的不同。若出现不同，系统会根据以下两种情况分别处理。

（1）仅仅返回值类型不同，其余均相同，系统会当作出错处理，因为仅仅返回值类型不同的函数在本质上是含糊的。

（2）函数原型不同，仅函数名相同。此时，系统会将它认为是一般的重载函数，将丢失虚特性。

【例 11.9】 虚函数与重载函数的关系示例。

```
#include<iostream>
using namespace std;

class base
{
public:
```

```
        virtual void f1()                        // 虚函数
         {cout<<"f1 function of base"<<endl;}
        virtual void f2()                        // 虚函数
         {cout<<"f2 function of base"<<endl;}
        virtual void f3()                        // 虚函数
        {cout<<"f3 function of base"<<endl;}
        void f4()
        {cout<<"f4 function of base"<<endl;}
    };

    class derive:public base
    {
        void f1()                                // 虚函数
        {cout<<"f1 function of derive!"<<endl;}
        void f2(int x)                           // 丢失虚特性，成为一般成员函数的重载
        {cout<<"f2 function of derive"<<endl;}
        // int f3()                              // 错误，只是函数返回值的类型不同
        // {cout<<"f3 function of derive"<<endl;}
        void f4()                                // 一般的函数重载
        {cout<<"f4 function of derive"<<endl;}
    };

    int main()
    {
        base obj1,*ptr;
        derive obj2;
        ptr = &obj1;
        ptr->f1();
        ptr->f2();
        ptr->f3();
        ptr = &obj2;
        ptr->f1();
        ptr->f2();
        ptr->f4();

        return 0;
    }
```

程序的运行结果如图 11.8 所示。

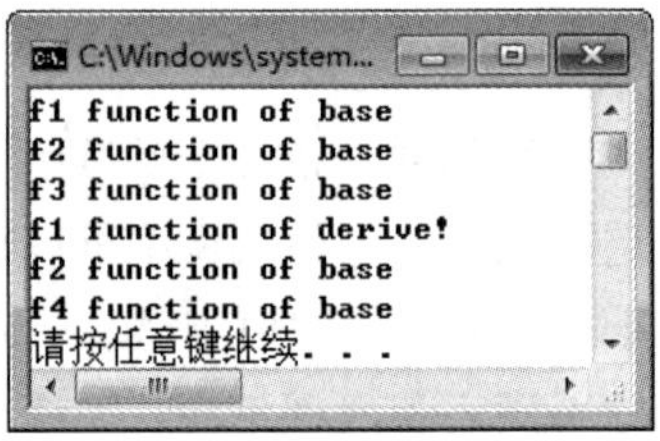

图 11.8　例 11.9 的运行结果

5. 使用虚函数时需要注意的几个问题

（1）引用虚函数只能通过基类对象的指针或引用名来实现，否则会丢失虚特性。

（2）使用虚函数方法后，不得再使用类作用域运算符强制指明要引用的虚函数。因为此法将破坏多态性而使编译器无所适从。

（3）若派生类中没有再定义基类中已有的虚函数，则指向该类对象的指针或引用名引用虚函数时总是使用距离其最近的一个基类中的虚函数。

（4）若在基类的构造（析构）函数中也引用虚函数，则所引用的只能是本类的虚函数，因为此时派生类中构造（析构）函数的执行尚未完成。

11.3 纯虚函数和抽象类

11.3.1 纯虚函数的概念

如果基类只表达一些抽象的概念，并不与具体的对象相联系，但它又必须为其派生类提供一个公共的界面，在这种情况下，可以将基类中的虚函数定义成纯虚函数。纯虚函数是一种没有具体实现的特殊的虚函数。一个基类中有一个纯虚函数时，则在它的派生类中至少有一个虚函数，否则纯虚函数是无意义的。

纯虚函数的定义格式如下：

```
virtual 数据类型 函数名([参数表]) = 0;
```

11.3.2 抽象类的概念

1. 抽象类和具体类的概念

如果一个类至少有一个纯虚函数，那么就称该类为抽象类。能够建立实例化对象的类称为具体类，也就是不含纯虚函数的类为具体类。

抽象类的主要作用是为其所组织的继承层次结构提供一个公共的基类，它反映了公有行为的特征，其他类可以从它这里继承和实现接口，纯虚函数声明的接口由其具体的派生类来提供。

2. 对抽象类的几点规定

（1）抽象类只能作为基类来派生新类，不能建立抽象类的对象。

（2）抽象类不能用作参数类型、函数返回值类型或显式转换的类型。

（3）可以声明指向抽象类的指针和引用，此指针可以指向它的公有派生类，进而实现多态性。

（4）从一个抽象类派生的具体类必须提供纯虚函数的实现代码。

（5）如果基类中含有纯虚函数，而其派生类却并没有重新定义这些纯虚函数的覆盖成员函数，那么这个派生类也是抽象类，因此也不能用来定义对象。但此情况不会影响以后的派生类。

（6）含有纯虚函数的类中可以包含非纯虚函数，但这些非纯虚函数只能通过其派生类的对象才能被引用。

（7）如果派生类中给出了基类所有纯虚函数的实现，则该派生类不再是抽象类。

（8）在成员函数内可以调用纯虚函数（程序员很少这样做），但在构造函数或析构函数内调用纯虚函数将导致程序连接有错误，因为没有为纯虚函数定义代码。

3. 抽象类举例

【例 11.10】 计算不同形状图形的总面积。

```
#include<iostream>
using namespace std;

class Shape                                          // 抽象类的定义
```

```
{
public:
    virtual float area()=0;
};

class Triangle:public Shape                    // 三角形类
{
public:
    Triangle(float h,float w)
    {height=h;width=w;}
    float area()
    {return height*width*0.5f;}
protected:
    float height,width;
};

class Rectangle:public Triangle                // 矩形类
{
public:
    Rectangle(float h,float w):Triangle(h,w)
    {}
    float area()
    {return height*width;}
};

class Circle:public Shape                      // 圆类
{
private:
    float radius;
public:
    Circle(float r)
    {radius=r;}
    float area()
    {return radius*radius*3.14f;}
};

float total(Shape * s[],int n)                 // 求所有图形的总面积
{
    float sum=0;
    for(int i=0;i<n;i++)
        sum+=s[i]->area();
    return sum;
}

int main()
{
    Shape*s[4];                                // 指针数组
    s[0]=new Triangle(3,4);
    s[1]=new Rectangle(2,4);
    s[2]=new Circle(5);
    s[3]=new Circle(8);
    float sum=total(s,4);
```

```
        cout<<"sum = "<<sum<<endl;

        return 0;
}
```

程序的运行结果如图 11.9 所示。

图 11.9 例 11.10 的运行结果

11.4 虚析构函数

在析构函数前面加上 virtual 关键字，则该析构函数被说明为虚析构函数。

如果一个基类的析构函数被说明为虚函数，则它的派生类的析构函数无论是否使用 virtual 进行说明，都自动成为虚析构函数。

说明虚析构函数的作用在于，使用 delete 运算符删除一个对象时，由于采取动态联编方式选择析构函数，这就可以确保释放对象较为彻底。

当指向基类的指针指向派生类对象，而且基类和派生类都调用 new 运算符申请堆空间时，必须将基类的析构函数声明为虚函数，从而派生类的析构函数也为虚函数，这样才能在程序结束时自动地调用它，从而将派生类对象申请的空间退还给堆。

【例 11.11】 虚析构函数的使用示例。

```
#include<iostream>
using namespace std;

class Base
{
public:
    Base(int sz, char *bptr)
    {
        p = new char [sz];
        strcpy_s(p,strlen(bptr)+1,bptr);
        cout<<"Construct Base"<<endl;
    }
    virtual ~Base()
    {
        delete []p;
        cout << "Destruct Base\n";
    }
private:
    char *p;
};

class Derive: public Base
{
public:
    Derive(int sz1, int sz2, char *bp, char *dptr) : Base(sz1, bp)
    {
        pp = new char [sz2];
        strcpy_s( pp,strlen(dptr)+1,dptr);
        cout<<"Construct Derive"<<endl;
    }
    ~Derive()
    {
        delete []pp;
```

265

```
            cout << "Destruct Derive\n";
            }
private:
        char *pp;
};

int main()
{
        Base *px = new Derive(5 ,7 , "Base", "Derive");
                                    // 指向基类的指针可以指向公有派生类的对象
        delete px;                  // 执行 delete 自动调用析构函数

        return 0;
}
```

程序的运行结果如图 11.10 所示。

如果不使用虚析构函数，则派生类动态申请的内存空间不能正常地退还给堆，程序的运行结果如图 11.11 所示。

图 11.10　例 11.11 的运行结果　　　　图 11.11　例 11.11 不使用虚析构函数的运行结果

习　　题

1. 虚函数和重载函数设计方法上有何相同和不同之处？

2. 什么是纯虚函数？什么是抽象类？抽象类的特性是什么？

3. 给字符串类定义下列运算符重载函数：

（1）赋值运算符 "="。

（2）连接运算符 "+"。

（3）关系运算符 ">" "<" ">=" "<=" "==" "! ="。

4. 现有一个学校管理系统，其中包含的处理信息有三方面，即教师、学生和职工。利用一个菜单来实现对他们的操作，要求使用虚函数。

5. 分析以下程序的输出结果。

```
#include<iostream>
using namespace std;

class fairy_tale{
public:
    virtual void act1()
    {
        cout<<"princess meets frog"<<endl;
        act2();
    }

    void act2()
```

```
    {
        cout<<"princess kisses frog"<<endl;
        act3();
    }

    virtual void act3()
    {
        cout<<"frog turns into prince"<<endl;
        act4();
    }

    virtual void act4()
    {
        cout<<"they live happily"<<endl;
        act5();
    }

    virtual void act5()
    {
        cout<<"the end"<<endl;
    }
};

class unhappy_tale:public fairy_tale
{
    void act3()
    {
        cout<<"frog stays with another frog"<<endl;
        act4();
    }

    void act4()
    {
        cout<<"princess runs away in disgust"<<endl;
        act5();
    }

    void act5()
    {
        cout<<"the not-so-happy end"<<endl;
    }
};

int  main()
{
    char ch;
    fairy_tale * tale;
    cout<<"which tale would you like to hear(f/u)?";
    cin>>ch;
    if(ch == 'f')
        tale = new fairy_tale;
    else
        tale = new unhappy_tale;
    tale->act1();
    delete tale;

    return 0;
}
```

第 12 章　　　　输入输出流

12.1　标准输入输出流

12.1.1　输入输出流的概念

就像 C 语言一样，C++语言中也没有专门的输入输出（I/O）语句。C++语言的 I/O 是以字节流的形式实现的，每一个 C++编译系统都带有一个面向对象的输入输出软件包，这就是 I/O 流类库。其中，流是 I/O 流类库的中心概念。

所谓**流**，是指数据从一个对象流向另一个对象，是从源到目的地的数据流的抽象引用，它是描述数据流的一种方式。C++语言的输入输出系统是对流的操作，也就是将数据流向流对象，或从流对象流出数据。在 C++程序中，数据可以从键盘流入到程序中，也可以从程序流向屏幕或磁盘文件，把数据的流动抽象为"流"。流在使用前需要建立，使用后应该删除，还要使用一些特定的操作从流中获取数据或向流中添加数据。从流中获取数据的操作称为**提取操作**，向流中添加数据的操作称为**插入操作**。

流是 C++语言流库用继承方法建立起来的一个输入输出流类库，它具有两个平行的基类，即 streambuf 类和 ios 类，所有其他的流类都是从它们直接或间接地派生出来的。

在 C++语言系统中所有的流式输入输出操作都是借助 ios 类及其派生类对象实现的。与 cout 和 cin 相关的类名为输出流类 ostream 和输入流类 istream，这两个类都是 ios 类的派生类。cin 是 istream 类的一个对象，cout 是 ostream 类的一个对象。实际上 C++语言所支持的各种流式输入输出的许多保留名都是某个具体类的对象名或对象成员名。

由 ios 类可派生出许多派生类，而每个类的对象也不只是内定的 cin 和 cout，甚至可由用户定义对象用于支持不同要求的流式输入输出。符号"<<"和">>"则是在类（派生类）中定义的重载运算符函数。

12.1.2　C++语言所有输入输出类的继承关系

1. streambuf 类

streambuf 类用来提供物理设备的接口，它提供缓冲或处理流的通用方法，几乎不需要任何格式。

缓冲区由一字符序列和两个指针组成，这两个指针分别指向字符要被插入和被提取的位置。

streambuf 类提供对缓冲区的低级操作，如设置缓冲区、对缓冲区指针进行操作、从缓冲区提取字符、向缓冲区存储字符等。

streambuf 类可以派生出三个类，即 filebuf 类、strstreambuf 类和 conbuf 类，它们都是流类库中的类。

2. ios 类

ios 类及其派生类为用户提供使用流类的接口，它们均有一个指向 streambuf 类的指针。它使用 streambuf 类完成检查错误的格式化输入输出，并支持对 streambuf 类的缓冲区进行输入和输出时的格式化或非格式化的转换。

ios 类作为流库中的一个基类，可以派生出许多的子类。

ios 类有四个直接派生类，即输入流类（istream）、输出流类（ostream）、文件流基类（fstreambase）和字符串流基类（strstreambase），此为流库中的基本流类。

以输入流、输出流、文件流和串流为基础，可组合出多种实用的流，它们是输入输出流（iostream）、输入输出文件流（fstream）、输入输出串流（strstream）、输入字符串流（istrstream）、输出字符串流（ostrstream）、输入文件流（ifstream）、输出文件流（ofstream）等。这些类之间的关系如图 12.1 所示。

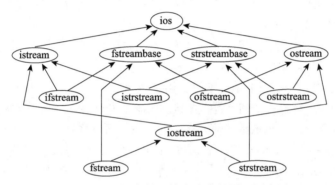

图 12.1   C++语言输入输出流类的派生层次图

3. 标准 I/O 对象

cin：标准输入，默认设备为键盘，是 istream 类的对象。

cout：标准输出，默认设备为屏幕，是 ostream 类的对象。

cerr：标准错误输出，没有缓冲，发送给它的内容立即被输出，默认设备为屏幕，是 ostream 类的对象。

clog：带缓冲的标准出错信息输出，有缓冲，当缓冲区满时被输出，默认设备为打印机，是 ostream 类的对象。

上面四个对象的声明包含在 iostream 标准头文件中。

下面简单说明经常用到的 cout 和 cin 对象。

cout 是 ostream 类的全局对象，它在头文件 iostream 中的定义如下：

```
ostream cout;
```

ostream 类重载了插入运算符 "<<"，用于输出各种类型的值，如：

```
ostream& operator<<(int n);
ostream& operator<<(float f);
ostream& operator<<(const char*psz);
```

如下列语句：

```
cout<<"How old are you ?";
```

cout 是类 ostream 的对象，"<<"是插入运算符，右面是 char*类型，所以应该匹配上面第三个函数。它将整个字符串输出，并返回 ostream 流对象的引用。

同理，cin 是 istream 类的全局对象，">>"是提取运算符。istream 类重载了提取运算符">>"，用于输入各种类型的值，如：

```
istream& operator>>(float &f);
istream& operator>>(int &n);
istream& operator>>(char*psz);
```

4. 输入输出函数

C++语言中，输入输出分为无格式 I/O 和格式化 I/O。无格式 I/O 是指按系统预定义的格式进行输入输出。对于格式化输出，C++语言提供了两种方式，一种是用格式控制符，另一种是用 ios 类对象的成员函数进行格式化 I/O。经常使用的控制符已在第 3 章中介绍过，下面介绍常用的流对象成员函数。

precision(int n)：设置浮点数小数部分的位数（包括小数点）显示小数精度，用于 cout。

width(int n)：设置域宽，用于 cout。

fill(char c)：设置域中空白的填充字符，用于 cout。

get()：读取一个字符或一系列字符，直到输入流中出现结束符或所读字符个数已达到要求的字符个数，用于 cin。cin.get()从输入流中输入一系列字符时不包括回车符，而 getline()却可以包括。单个字符时，cin.get()不跳过空白字符，而"cin>>letter"将跳过任何空白字符。

getline(char *line,int size,char='\n')读取一行字符，用于 cin。其中，第一个参数是字符指针，指向读取的文本，第二个参数是本次读取的最大字符个数，第三个参数是分隔字符，作为读取一行结束的标志，默认为'\n'。

read()：读取一个字符串，用于 cin。

put()：输出一个字符，用于 cout。

write()：输出一个字符串，用于 cout。

【例 12.1】 下面程序将用户的输入显示到屏幕上，输入字母 y 时输出 OK 并结束。

```
#include<iostream>
using namespace std;

int main()
{
    char letter;
    cout<<"请输入字符，当输入 y 时输出 OK 并结束：";
    while (1)
    {
        letter = cin.get();
        if(toupper(letter) == 'Y')
        {
            cout<<endl<<"OK!"<<endl;
            break;
        }
```

```
        cout<<letter;
    }

    return 0;
}
```

图 12.2 例 12.1 的运行结果

程序的运行结果如图 12.2 所示。

程序解析：

当用户输入的字符串为 "how are you!"，如果检测到输入的字符是 y 则输出 "OK!"，退出 while 循环，程序运行结束，而字符 y 和它后面的 "ou!" 并没有输出。

【例 12.2】 下面程序将小写字母及其对应的 ASCII 值输出到屏幕上。

```
#include<iostream>
using namespace std;

int main()
{
    char ch;
    int count = 0;
    for(ch = 'a'; ch <= 'z'; ch++)
    {
        int i = ch;
        cout.put(ch);
        cout.width(4);
        cout<<i<<"\t";
        if(++count % 6 == 0)
            cout<<endl;
    }
    cout<<endl;

    return 0;
}
```

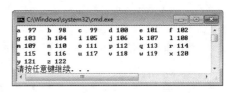

图 12.3 例 12.2 的运行结果

程序的运行结果如图 12.3 所示。

5. 重载插入运算符

由于 C++语言允许重载插入运算符，用户可根据自己的需要为插入运算符赋以新的含义，使它按用户的意愿输出类的内容。例如，下面的程序重载了插入运算符使其能输出人民币 RMB 类的对象。

【例 12.3】 重载插入运算符示例。

```
#include<iostream>
#include<iomanip>
using namespace std;

class RMB
{
public:
    RMB(double v = 0.0)
    {
        yuan = unsigned(v);
        jf = unsigned((v - yuan) * 100.0 + 0.5);
    }
```

271

```
        operator double()                          // 类类型转换函数
        {
            return yuan + jf / 100.0;
        }
        void display(ostream& out)
        {
            out<<yuan<<'.'<<setfill('0')
                <<setw(2)<<jf<<setfill(' ');
        }
protected:
    unsigned int yuan;
    unsigned int jf;
};

ostream& operator << (ostream& ot,RMB& d)
{
    d.display(ot);
    return ot;
}

int main()
{
    RMB rmb(2.3);
    cout<<"Initially rmb = "<<rmb<<"\n";        // 调用重载插入运算符函数
    rmb = 2.0 * rmb;
    cout<<"then rmb = "<<rmb<<"\n";

    return 0;
}
```

程序的运行结果如图 12.4 所示。

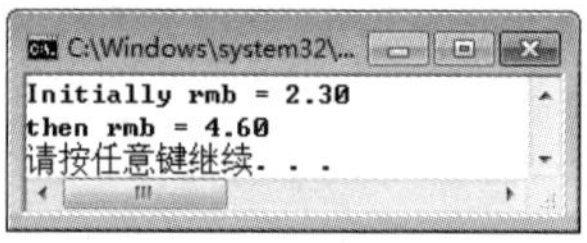

图 12.4　例 12.3 的运行结果

12.2　文件输入输出流

C++语言定义了 fstream 类、ifstream 类和 ofstream 类用于文件处理，它们分别从 I/O 流中的 iostream 类、istream 类和 ostream 类派生。

12.2.1　文件的打开与关闭

C++语言提供了以下两种打开文件的方式。

1. 将文件流对象直接与需要操作的文件相连

这种方式可通过调用输入输出流类的构造函数来完成。以输出流类 ofstream 为例，其中一个常用的构造函数定义如下：

```
ofstream::ofstream(char *fileName ,int openMode=ios::out,int port=filebuf::
openport)
```

第一个参数指定文件路径及文件名字符串，第二个参数说明文件打开方式，第三个参数说明文件保护方式。文件打开方式选择项如表 12.1 所示，文件保护方式选择项如表 12.2 所示。

表 12.1　文件打开方式选择项

标　志	含　义
ios::in	具有输入能力（ifstream 默认）
ios::out	具有输出能力（ofstream 默认）
ios::trunc	若文件存在，则清除文件内容（默认）
ios::ate	文件指针移到文件尾，数据可以写入到文件的任何位置
ios::app	新数据添加到文件尾
ios::binary	以二进制方式打开文件

注意：文件不能连续打开两次，否则读取文件内容时有误。

表 12.2　文件保护方式选择项

标　志	含　义
filebuf::openport	兼容共享方式
filebuf::sh_none	独占，不共享
filebuf::sh_read	允许读共享
filebuf::sh_write	允许写共享

【例 12.4】 下面的程序可由用户输入任意一些字符串并按行保存到磁盘文件中。

```cpp
#include<iostream>
#include<fstream>
using namespace std;

int main()
{
    ofstream myf("d:\\myabc.txt"); // 默认 ios::out 和 ios::trunc 方式
    char txt[255];
    while(1)
    {
        cin.getline(txt,255);
        if(strlen(txt)==0)
            break;
        myf<<txt<<endl;
    }

    return 0;
}
```

注意：

（1）文件名说明其路径时要使用双斜杠，因为 C++编译系统将单斜杠理解为转义字符。

（2）在打开文件时，匹配了构造函数 ofstream::ofstream（char*），只需要一个文件名，其他为默认。打开方式默认为 ios::out|ios::trunc，即该文件用于接收程序的输出。如果该文件已存在，则其内容必须先清除，否则就新建文件。

（3）如果只在文件末尾添加内容，则选择打开方式为 ios::app。

（4）如果要打开一个同时用于输入和输出的文件，则用如下方式：

```cpp
fstream fc("myfile",ios::in|ios::out);
```

【例 12.5】 编程将上面文件内容输出到屏幕上。

```cpp
#include<iostream>
#include<fstream>
using namespace std;
```

```
int main()
{
    ifstream myf("d:\\myabc.txt");
    if(myf.fail())                 // 如果要检查文件是否打开，则须判断成员函数 fail()
    {
        cout<<"con't open the file!"<<endl;
        return 0;
    }
    char txt[255];
    myf>>txt;
    while(!myf.eof())
    {
        cout<<txt<<endl;
        myf>>txt;
    }

    return 0;
}
```

2. 先定义文件流对象，再与文件连接

这种方式是先定义文件流对象，再用 open 函数将其与需要操作的文件相连。成员函数 open 的定义形式如下：

```
void open(const char *filename, int mode, int port=filebuf::openport)
```

其中，filename 是文件名字，它可包含路径说明。mode 说明文件的打开方式，它对文件的操作影响较大，mode 的取值如表 12.3 所示。

对于 ifstream 流，mode 的默认值为 ios::in；对于 ofstream 流，mode 的默认值为 ios::out。

port 决定文件的访问方式，取值为：0，普通文件；1，只读文件；2，隐含文件；4，系统文件。

一般情况下，该访问方式使用默认值。

与其他状态标志一样，mode 的符号常量可以用位或运算符"|"组合在一起，如 ios::in|ios::binary 表示以只读方式打开二进制文件。

此种方式打开的文件需要用户调用 close 函数关闭文件，成员函数 close 的形式为：

表 12.3　open 函数中文件打开方式选择项

标　　志	含　　义
ios::in	打开文件进行读操作
ios::out	打开文件进行写操作
ios::ate	打开时文件指针定位到文件尾部
ios::app	添加模式，所有增加的内容都在文件尾部
ios::trunc	如果文件已存在则清空原文件
ios::binary	二进制文件（非文本文件）

```
close();
```

例如，关闭一个文件，可用下面的语句：

```
ifstream ifile;
ifile.open("myfile.dat", ios::in);               // 打开文件
ifile.close();                                   // 关闭文件
```

打开文件操作并不能保证总是正确的，如果使用构造函数或 open 函数打开文件失败，流状态标志字中的 failbit、badbit 或 hardbit 将被置为 1，并且在 ios 类中重载的运算符"!"将返回非 0 值。通常可以利用这一点检测文件打开操作是否成功，如果不成功则做特殊处理。

12.2.2 文件的读写操作

由于文件流 ifstream、ofstream 和 fstream 是从 istream、ostream 和 iostream 等类继承的，所以在标准 I/O 流类中的输入输出操作仍适用于文件 I/O 操作。

对文件进行读写操作一般包括以下几个步骤：

（1）使用编译预处理命令包含头文件#include<fstream>。

（2）建立文件流对象。

（3）文件流对象和磁盘文件建立关联（打开文件）。

使用 open 函数打开文件后，一般调用 fail 函数测试 open 操作是否成功。

（4）进行读写操作（用于标准 I/O 流的控制符、成员函数等均可用于文件 I/O 流）。

（5）关闭文件（若用构造函数打开文件，则不用关闭）。

以上的第（2）步和第（3）步可以合二为一。

文件的读写可以采用以下两种方式。

（1）使用流运算符直接读写。

（2）使用流成员函数。

常用的文件读写流成员函数如表 12.4 所示。

表 12.4　常用的文件读写流成员函数

标　　志	含　　义
put(char ch)	向文件写入一个字符
write(const char*pch,int count)	向文件写入 count 个字符，常用于二进制文件
get(char)	从文件中读取一个字符
read(char*pch,int count)	从文件中读取 count 个字符，常用于二进制文件
getline(char*pch, int count, char delim='\n')	从文件中读取 count 个字符，delim 为读取时的结束符

下面通过具体实例说明如何对文件进行读写操作。

【例 12.6】 文件复制，即将一个文件的内容输出到另一个文件中。

```cpp
#include<iostream>
#include<fstream>                      // (1)包含头文件<fstream.h>
using namespace std;

int main()
{
    ifstream ifile;                    // (2)建立文件流对象
    ofstream ofile;

    ifile.open("d:\\fileIn.txt");      // (3)打开D盘根目录下的fileIn.txt文件
    ofile.open("d:\\fileOut.txt");

    if(ifile.fail() || ofile.fail())   // 测试打开操作是否成功
    {
        cerr << "open file fail\n";
        return EXIT_FAILURE;           // 返回值 EXIT_FAILURE
```

```
                                          // 用于向操作系统报告异常退出
    }

    char ch;
    ch = ifile.get();                     // (4) 进行读写操作
    while(!ifile.eof())
    {
        ofile.put(ch);                    // 将字符输出到输出文件流对象中
        ch = ifile.get();                 // 从输入文件对象流中读取一个字符
    }
    ifile.close();                        // (5) 关闭文件
    ofile.close();

    return 0;
}
```

说明： 有时用户需要交互式输入文件名，则可使用下面的程序代码段：

```
ifstream ifile;
string fileName;
cout<<"Enter the input file name: ";
cin>>fileName;
ifile.open(fileName.c_str());
```

在提示后输入的文件名将读到字符串变量 fileName 中，并与 ifile 对象关联。函数调用 fileName.c_str 将 fileName 中的字符串转换为 C 语言类型字符串，这种类型不同于 C++语言字符串格式。open 函数需要 C 语言类型字符串作为参数。

【例 12.7】 文本文件的读写操作。请输入 3 个学生的姓名、学号、年龄和住址，并存入文本文件中，然后读出该文件的内容。

```
#include<iostream>
#include<fstream>
using namespace std;

class Student
{
public:
    char name[10];
    int num;
    int age;
    char addr[15];
    friend ostream & operator <<(ostream &out, Student &s);
    friend istream & operator >>(istream &in, Student &s);
};

ostream & operator <<(ostream &out, Student &s)
{
    out<<s.name<<" "<<s.num<<" "<<s.age<<" "
        <<s.addr<<'\n';
    return out;
}
```

```
istream & operator >>(istream &in, Student &s)
{
    in>>s.name>>s.num>>s.age>>s.addr;
    return in;
}

int main()
{
    ofstream ofile;
    ifstream ifile;
    ofile.open("d:\\s.txt");

    Student s;
    for(int i=1;i<=3;i++)
    {
        cout<<"请输入第"<<i<<"个学生的姓名 学号 年龄 住址"<<endl;
        cin>>s;                 // 调用>>运算符重载函数, 输入学生信息
        cout<<"将该学生的信息写入文件"<<endl;
        ofile<<s;               // 调用<<运算符重载函数, 将学生信息写入到文件中
    }

    ofile.close();

    cout<<"\n读出文件内容"<<endl;
    ifile.open("d:\\s.txt");
    ifile>>s;
    while(!ifile.eof())
    {
        cout << s;
        ifile >> s;
    }
    ifile.close();

    return 0;
}
```

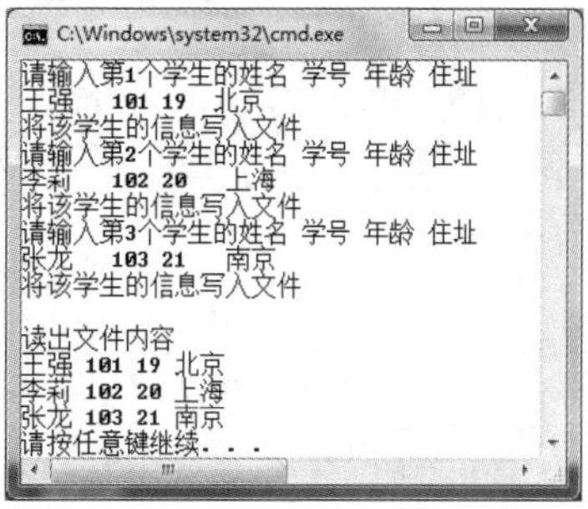

图 12.5　例 12.7 的运行结果

程序的运行结果如图 12.5 所示。

程序解析:

ASCII 码文件又称为文本文件, 它的每一字节存放一个 ASCII 码, 代表一个字符。对于文本文件的读写使用重载运算符 "<<" 和 ">>" 即可。

【例 12.8】 建立一个应用程序, 包括数据输入、存盘、读盘、操作数据后存储。通过随机数产生函数 rand 产生 20 个整数, 逐个将这些数据以二进制方式写入文件 file.dat 中, 然后读出这些数据, 在内存中对它们进行升序排序, 再将排序后的数据以文本方式逐个写入 file.out 文件中。

```
#include<iostream>
#include<fstream>
#include<iomanip>
using namespace std;

void sort(int [],int);
```

```cpp
int main()
{
    fstream dat, out;                          // 定义文件流对象
    int i,a[20],b[20];
    // 为读写打开二进制文件
    dat.open("d:\\file.dat",ios::binary|ios::out|ios::in|ios::app);
    if(!dat)
    {
        cout<< ("cannot open file\n");
        exit(0);
    }
    for(i=0;i<20;i++)
    {
        a[i]=rand();
        dat.write((char*)&a[i],sizeof(int)); // 将二十个数据写入文件
    }
    dat.seekg(0);                              // 将文件指针移至文件头
    for(i=0;i<20;i++)
    {
        dat.read((char*)&b[i],sizeof(int));    // 读出二十个数据
    }
    sort(b,20);                                // 调用排序函数
    out.open("file.out",ios::out);             // 为输出打开文本文件
    if(!out)
    {
        cout<<"cannot open file\n";
        exit(0);
    }
    for(i=0;i<20;i++){                          // 将排序后数据写入文本文件
        out<<b[i]<<' ';
    }
    out<<'\n';
    for(i=0;i<20;i++)
    {
        cout<<setw(10)<<b[i];
        if((i+1)%5==0) cout<<endl;
    }
    out.close();                               // 关闭文件
    dat.close();

    return 0;
}

void sort(int x[],int m)                       // 排序函数
{
    int i,j,k,t;
    for(i=0;i<m-1;i++)
    {
        k=i;
        for(j=i+1;j<m;j++)
            if(x[j]<x[k]) k=j;
```

```
            if(k!=i)
            {
                t=x[i];x[i]=x[k];x[k]=t;
            }
        }
    }
}
```

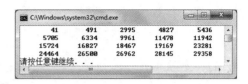

图 12.6　例 12.8 的运行结果

程序的运行结果如图 12.6 所示。

程序解析：

（1）二进制文件不同于文本文件，它可用于任何类型的文件（包括文本文件），读写二进制文件的字符不进行任何转换，读写的字符与文件之间是完全一致的。

（2）文本文件和二进制文件最根本的区别在于进行 I/O 操作时对"\n"字符的解释方式不同，在 C++语言中，这个字符表示 ASCII 码为 0x0A 的字符（换行）。当文件以文本方式打开时，流类在向文件缓冲区中插入字符时，凡遇到代码为 0x0A 的字符，都将其扩展为两个字符，即 0x0D 和 0x0A（即回车符和换行符），这是操作系统对文本文件所要求的格式。

（3）从流中提取一个字符，当流类遇到字符 0x0D 时，流类都将它和其后的字符 0x0A 合并为一个字符"\n"。当文件以二进制方式打开时，所有的字符都按一个二进制字节处理，不再对 0x0A 字符做变换处理。

（4）对二进制文件的读写可采用两种方法：一种是使用 get 和 put 函数，另一种是使用 read 和 write 函数。

（5）使用二进制文件，可以控制字节长度，读写数据时不会出现二义性，可靠性高。

习　题

1. 对于一般的输入输出，C++的输入输出系统如何进行格式控制？

2. 如何对文件进行读写操作？

3. 从键盘输入一个字符串，并将字符串中的字符逐个传送到磁盘文件中，字符串的结束标记为"！"。

4. 类 stu 用来描述学生的姓名、学号、数学成绩和英语成绩，建立一个 student.txt 文件，将若干学生的信息保存在文件中。

附录 A　程序的调试与运行

A.1　程序的编辑、编译、连接、运行和调试

用 C++语言编写的程序称为 C++语言源程序。计算机唯一能够识别的程序是机器语言程序。C++语言源程序必须经过编译、连接之后才能生成可执行文件。

1. 编辑

首先，将编写好的 C++语言源程序输入计算机中以文件的形式保存起来，C++语言源程序的扩展名为".cpp"。C++语言源程序为文本文件，可以用文本编辑器如记事本编辑，也可用 C++集成开发环境中的编辑器编辑。

2. 编译

C++语言源程序经过编译之后生成扩展名为".obj"的目标文件。源程序在编译时，首先进行编译预处理，执行程序中的预处理命令，然后进行词法和语法分析，在分析过程中如果发现有错误，会将错误信息显示在输出窗口中，报告给用户。

3. 连接

源程序经过编译后生成的目标文件再经过连接生成可供计算机运行的文件。在连接过程中，往往还要加入一些系统提供的库文件代码，生成的可执行文件的扩展名为".exe"。

4. 运行

可执行文件无语法错误，但有可能有设计错误，导致结果不正确。可执行文件被运行后，结果显示在屏幕上。

5. 调试

一个源程序在编译、连接和运行中均可能出现错误，在程序调试过程中需将错误排除掉。编译过程中的错误多为词法和语法错误，修改后，再重新进行编译，直到正确。连接错误多为致命性错误，必须进行修改后才能继续连接，直到生成可执行文件。可执行文件运行后，要验证程序的运行结果，如果发现运行结果与设计目的不符，说明程序在设计思路或算法上出了问题。用户需要重新检查源程序，找出问题并加以改正，然后重新编译、连接、运行，直到运行结果正确。

A.2　Visual C++ 2010 学习版集成开发环境

随着新标准的推出和软件技术的发展，Visual C++ 6.0 对新标准和新操作系统的支持问

题愈发明显,微软公司后来推出了多个 Visual C++版本,目前使用比较多的版本是 Visual C++ 10.0,即 Visual C++ 2010。

本书列举的所有程序均在 Visual C++ 2010 学习版环境下调试运行,下面介绍 Visual C++ 2010 学习版集成开发环境。

Visual Studio(简称为 VS)是微软开发的一套工具集,它由各种各样的工具组成,其中 Visual C++就是 Visual Studio 的一个重要组成部分。Visual Studio 可以用来创建 Windows 平台下的 Windows 应用程序和网络应用程序,也可以用来创建网络服务、智能设备应用程序和 Office 插件等。在 Visual Studio 中,除了 Visual C++,还有 Visual C#、Visual Basic 等。Visual Studio 2010 学习版中包含了 Visual C++ 2010 学习版。

A.2.1 Visual C++ 2010 学习版的安装

Visual Studio 2010 有许多子版本,下面讲解 Visual C++ 2010 学习版的安装。具体的安装过程如下。

(1)双击运行 Visual Studio 2010 学习版安装程序"Setup.hta",打开附图 A.1 所示的"Visual Studio 2010 学习版安装程序"窗口。

(2)选择"Visual C++ 2010 学习版",加载完安装组件后,打开附图 A.2 所示的"Microsoft Visual C++ 2010 学习版安装程序"的"欢迎使用安装程序"窗口。

(3)单击"下一步"按钮,打开附图 A.3 所示的"Microsoft Visual C++ 2010 学习版安装程序"的"许可条款"窗口,选择"我已阅读并接受许可条款"单选按钮。

(4)单击"下一步"按钮,打开附图 A.4 所示的"Microsoft Visual C++ 2010 学习版安装程序"的"安装选项"窗口,根据需要选择要安装的可选产品。

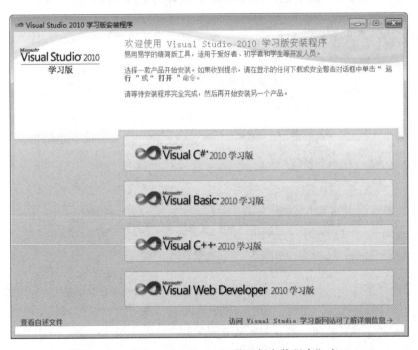

附图 A.1 "Visual Studio 2010 学习版安装程序"窗口

程序的调试与运行

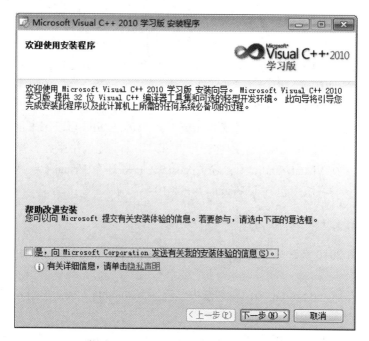

附图 A.2　"欢迎使用安装程序"窗口

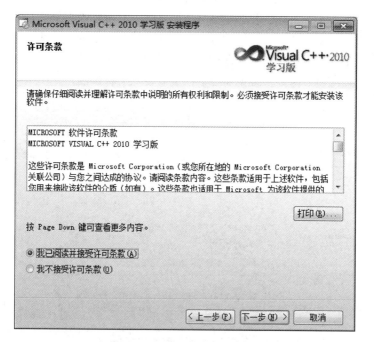

附图 A.3　"许可条款"窗口

（5）单击"下一步"按钮，打开附图 A.5 所示的"Microsoft Visual C++ 2010学习版安装程序"的"目标文件夹"窗口，单击"浏览"按钮，选择要安装的目标文件夹。

（6）单击"安装"按钮，打开附图 A.6 所示的"Microsoft Visual C++ 2010学习版安装程序"的"安装进度"窗口，根据用户的选择进行安装。

（7）安装完成后，打开附图 A.7 所示的"Microsoft Visual C++ 2010 学习版安装程序"的"安装完成"窗口，单击"退出"按钮。

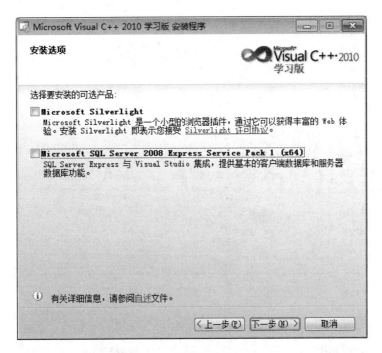

附图 A.4　"安装选项"窗口

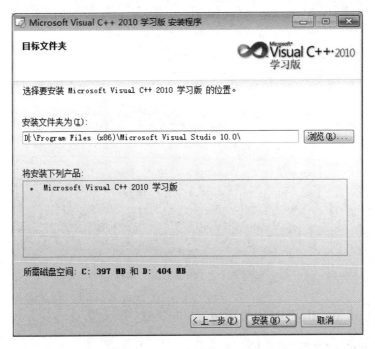

附图 A.5　"目标文件夹"窗口

附
录
A

程序的调试与运行

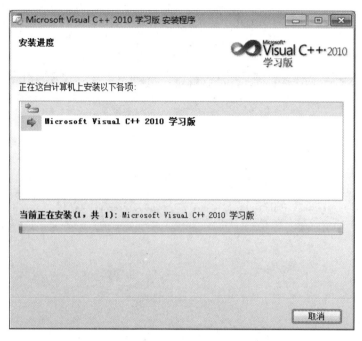

附图 A.6　"安装进度"窗口

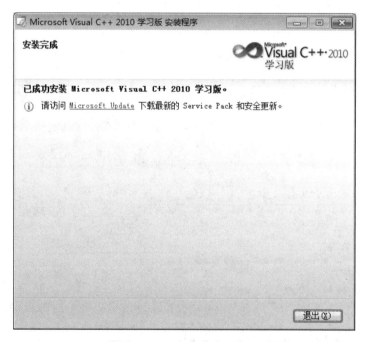

附图 A.7　"安装完成"窗口

A.2.2　Visual Studio 2010 的首次使用及选项设置

1. Visual Studio 2010 的首次使用

单击程序中的"Microsoft Visual C++ 2010 Express"启动 Visual C++ 2010 学习版，打开

附图 A.8 所示的"起始页"窗口。

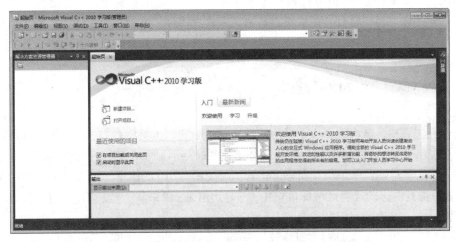

附图 A.8　Visual C++ 2010 学习版"起始页"窗口

通过"文件"菜单中"新建"→"项目"命令可以新建不同类型的项目，如 Win32 控制台应用程序、Win32 项目等。

项目是构成某个程序全部组件的容器，程序通常由一个或多个包含用户代码的源文件，可能还要加上其他包含辅助数据的文件组成。某个项目的所有文件都存储在相应的项目文件夹中，关于该项目的详细信息存储在一个扩展名为.vcxproj 的 XML 文件中，该文件同样存储在相应的项目文件夹中。项目文件夹还包括其他文件夹，它们用来存储编译及连接项目时所产生的输出。解决方案就是存储与一个或多个项目有关的所有信息的文件夹，与某个解决方案中的项目有关的信息存储在扩展名为.sln 和.suo 的两个文件中。当创建某个项目时，如果没有选择在现有的解决方案中添加该项目，那么系统将自动创建一个新的解决方案。本书中创建的各个实例都是其解决方案内的单个项目。

2. Visual C++ 2010 窗口简介

Visual C++ 2010 学习版集成开发环境由菜单栏、工具栏、工具箱窗口、属性窗口、输出窗口、解决方案资源管理器窗口、设计视图等部分组成。

其中，通过解决方案资源管理器窗口可以浏览程序文件，并将程序文件的内容显示在编辑窗口中，也可向程序中添加新文件。可以通过"视图"菜单的"其他窗口"选择要显示的其他窗口。输出窗口显示编译和连接项目时所产生的输出。

菜单栏由多个菜单项组成，菜单包含了用于管理 IDE 以及开发、维护和执行程序的命令。

工具栏中包含了最常用的命令图标，如新建项目、全部保存、启动调试等。将鼠标指针指向某个图标几秒后，会显示该图标的功能描述。

工具箱窗口中分类存放了各种控件，可以将控件拖曳到设计窗体上，实现可视化界面设计。

属性窗口可以显示设计视图中当前所选中控件、代码文件的属性。

设计视图位于整个窗体的中央，它使用一种近似所见即所得的视图来显示用户控件、HTML 页和内容页。通过设计视图，可以对文本和元素进行以下操作：添加、定位、调整大小，以及使用特殊菜单或属性窗口设置其属性等。

注意：在 Visual C++ 2010 应用程序窗口中，一般可以取消窗口停靠。这只需要右击想要取消停靠的窗口的标题栏，并从弹出的快捷菜单中选择"浮动"项即可。本书显示的窗口一般都处于取消停靠的状态。如需将窗口还原到停靠状态，可右击它的标题栏，并从弹出的快捷菜单中选择"停靠"项即可。

3. 设置 Visual C++ 2010 的选项

1）工具栏的设置

通过在工具栏区域内右击，在弹出的快捷菜单中显示工具栏列表，如附图 A.9 所示，可以选择在 Visual C++ 2010 窗口中显示哪些工具栏，当前显示在窗口内的工具栏都带有复选框。列表中工具栏的范围取决于所安装的 Visual C++ 2010 的版本。如果某个工具栏未被选中，那么单击其左边的灰色区域即可选中，并显示出来；单击某个被选中的工具栏的复选框，就会取消选中，并隐藏对应的工具栏。

Visual C++ 2010 的工具栏可以停靠，即可以用鼠标拖曳工具栏，以便放在窗口中某个方便的位置。可以将任何一个工具栏停靠在应用程序窗口 4 个边框中的任意一个边框上。

右击工具栏区域，在弹出的快捷菜单中选择"自定义"项，或执行"工具"菜单中的"自定义"命令，则会显示"自定义"对话框，如附图 A.10 所示。在此对话框中也可以设置显示哪些工具栏。选择要修改的工具栏，单击"修改所选内容"按钮，从下拉列表中选择要将工具栏停靠的位置。

附图 A.9　工具栏列表　　　附图 A.10　　"自定义"对话框—"工具栏"选项卡

2）为菜单栏和工具栏添加、删除命令按钮

系统菜单栏和工具栏中显示了常用的一些命令按钮，用户也可以添加、删除菜单栏和工具栏上的命令按钮。在"自定义"对话框中选择"命令"选项卡，如附图 A.11 所示，选择要重新排列的菜单或工具栏，然后选择相应的控件，执行相应的命令即可。例如，在"生成"

工具栏中添加"开始执行（不调试）"命令按钮，应执行下述操作：选择"生成"工具栏，单击"添加命令"按钮，弹出如附图 A.12 所示的"添加命令"对话框，选择"调试"类别中的"开始执行（不调试）"单击"确定"按钮，返回到附图 A.11 中，单击"关闭"按钮。

附图 A.11   "自定义"对话框——"命令"选项卡

附图 A.12   "添加命令"对话框

3）行号的显示设置

执行"工具"菜单中的"选项"命令，在弹出的"选项"对话框中，选择"文本编辑器"选项中的"所有语言"，在右侧"显示"栏中勾选"行号"复选框，如附图 A.13 所示，单击"确定"按钮，即可显示行号。

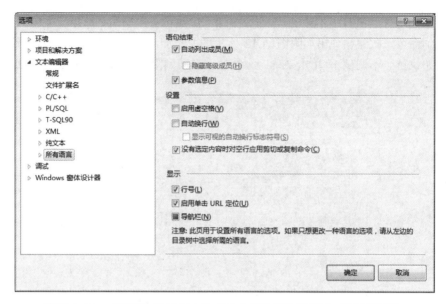

附图 A.13　"选项"对话框中的"文本编辑器"选项之"所有语言"

4）字体和颜色设置

在"选项"对话框中，选择"环境"选项中的"字体和颜色"，如附图 A.14 所示，可以设置不同显示项的前景色、背景色、字体、大小等。

附图 A.14　"选项"对话框中的"环境"选项之"字体和颜色"

A.2.3　Win32 控制台应用程序的创建与执行

Visual C++ 2010 不能单独编译一个.cpp 文件，文件必须依赖于某一个项目。需先创建一个项目，然后在该项目中添加.cpp 文件。

1）新建项目

执行"文件"菜单中的"新建"→"项目"命令，或者单击"标准"工具栏上的"新建项目"按钮，打开如附图 A.15 所示的"新建项目"对话框。选择"Win32 控制台应用程序"，输入项目名称和所在位置，单击"确定"按钮，在 Win32 应用程序向导的第一个页面接受当前设置，单击"下一步"按钮，打开如附图 A.16 所示的"Win32 应用程序向导-Test"对话框

附图 A.15　"新建项目"对话框

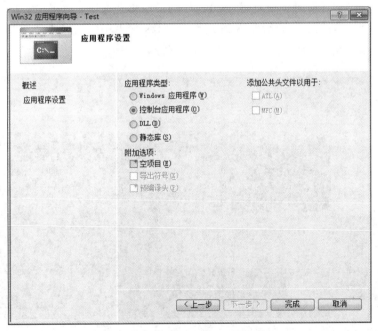

附图 A.16　"Win32 应用程序向导-Test"对话框之"应用程序设置"对话框

程序的调试与运行

之"应用程序设置"对话框，在"附加选项"中选择"空项目"，不选择"预编译头"，单击"完成"按钮。

2）在项目中添加文件

右击"解决方案资源管理器"中的"Test"→"源文件"，执行"添加"级联菜单中的"新建项"，如附图 A.17 所示，或者执行"项目"菜单中的"添加新项"命令，在弹出的附图 A.18 所示的"添加新项-Test"对话框中，选择"C++文件"，输入文件名 area，单击"添加"按钮即可在 Test 项目中添加一个内容为空的 area.cpp 源程序文件。在 area.cpp 源程序文件中输入下述简单代码：

```cpp
#include<iostream>
using namespace std;

int main()
{
        int width=2,length=3;
        cout<<"The area of the rectangle is "<<width*length<<endl;

        return 0;
}
```

按 Ctrl+F5 组合键或者单击"生成"工具栏上添加的"开始执行（不调试）"按钮 ▷，即可运行程序，程序的运行结果如附图 A.19 所示。

注意：

（1）如果按 F5 键或者单击"生成"工具栏上的"启动调试"按钮 ▷，则程序运行完即闪退，看不到运行结果。用户也可在"return 0;"语句前添加"system("pause");"或"system("PAUSE");"语句，使程序运行暂停，当用户按任意键后继续，完整运行程序。

（2）如果运行程序时弹出如附图 A.20 所示的提示信息，则需右击 Test 项目，在弹出的快捷菜单中选择"属性"，打开附图 A.21 所示的"Test 属性页"对话框，在该对话框中选择"清单工具"选项中的"输入输出"选项，将"嵌入清单"的值改为"否"。

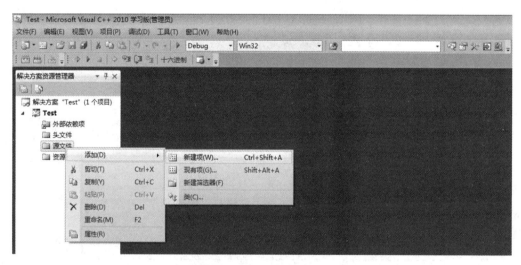

附图 A.17　添加新建项

附图 A.18 "添加新项-Test"对话框

附图 A.19 程序的运行结果

附图 A.20 运行程序提示信息

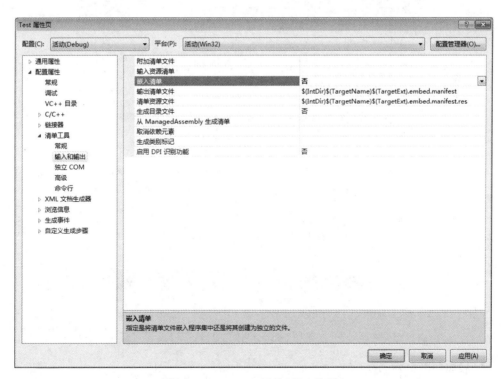

附图 A.21 "Test 属性页"对话框

程序的调试与运行

A.2.4 调试程序

调试程序就是寻找并消除程序中的错误的过程。初学者应尽快学会使用调试工具，这有助于理解 C++语言中的基本概念和计算机程序的运行机理，提高程序设计能力。常见的错误如：变量没有初始化、无效的指针、循环条件错误、没有定义无参构造函数、没有定义拷贝构造函数、没有重载特定的运算符、没有实现类的析构函数等。

借助于 Visual C++ 2010 的调试工具，能让程序在某个位置暂停运行，以便观察程序内部结构和内存状况，快速找到错误产生原因。

Visual C++ 2010 的程序调试器功能强大，可以中断（或挂起）程序的执行以检查代码，查看程序中的变量、寄存器以及查看应用程序所占用的内存空间等。使用编程工具的"编辑并继续"功能，可以在调试时对代码进行更改，然后继续执行。下面列出 Visual C++ 2010 编程环境中调试程序的主要方法。

1. 设置与删除断点

断点是程序中使调试器自动暂停执行的位置，可在程序的多个位置设置断点，以便程序在各个断点处暂停运行，也可在各个断点上查看程序中的变量，并对变量值进行修改。

如附图 A.22 所示，单击程序编辑窗口左侧灰色区域或者移动光标到指定行按 F9 键，出现红色圆点，即设置了断点。删除断点的方法是单击红色圆点或再次按 F9 键或者右击断点，在弹出的快捷菜单中选择"删除断点"选项。

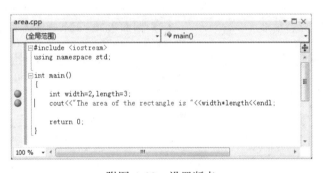

附图 A.22　设置断点

调试工具栏如附图 A.23 所示，常用的命令按钮有开始执行（不调试）、启动调试、停止调试、逐语句、逐过程、跳出等。

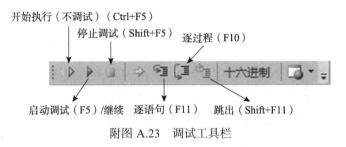

附图 A.23　调试工具栏

2. 启动与停止调试

设置断点后，单击"启动调试"按钮，程序开始运行并在第一个断点处停止，此时局部变量 width 和 length 的值为随机值，如附图 A.24 所示，单击调试工具栏的"继续"按钮（或者按 F5 键，或执行"调试"菜单的"继续"命令），程序运行到第二个断点处，此时局部变量 width 和 length 的值分别为 2 和 3，可以双击变量的值进行修改，如附图 A.25 所示。

附图 A.24　运行到第一个断点处

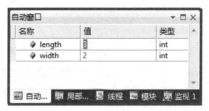

附图 A.25　运行到第二个断点处

程序进入调试状态后，可以通过"自动窗口""局部变量""监视窗口"等来查看程序运行到当前语句时内存中的变量、寄存器等状态。通过执行"调试"菜单"窗口"级联菜单中的相应命令，打开要查看的内容，如附图 A.26 所示。

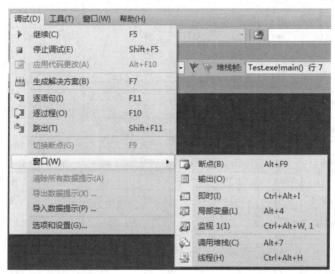

附图 A.26　"调试"→"窗口"级联菜单

注意：自动窗口中显示程序员可能感兴趣的一些变量的值，或者函数返回值，而局部变量基本上就是本过程的一些变量的值。

单击"停止调试"按钮，程序从调试状态退出。

3. 程序跟踪运行

进入调试状态后，通过单击"逐语句"按钮（或按 F11 键）或"逐过程"按钮（或按 F10 键）使程序进入一次执行一行代码的"单步执行"状态。"逐语句"和"逐过程"的差异仅在于它们处理函数调用的方式不同。这两个命令都指示调试器执行下一行的代码，差别在于：如果某一行包含函数调用，"逐语句"仅执行调用本身，然后在函数体内的第一行代码行处停止；而"逐过程"则执行整个函数，然后在函数的下一条执行语句处停止。

如果程序调试位于函数调用的内部，立刻返回到调用函数的方法是使用编译器的"跳出"功能，按 Shift+F11 组合键可调用"跳出"功能。

程序的调试与运行

附录 B 标准字符 ASCII 表

附表 B.1 列出了 0～127 标准字符 ASCII 值及对应的字符，表中 Dec 表示十进制数，Hex 表示十六进制数。32 个控制字符及其说明如附表 B.2 所示。

附表 B.1　标准字符 ASCII 表

Dec	Hex	Char	Dec	Hex	Char	Dec	Hex	Char	Dec	Hex	Char
0	0	NUL	32	20	SPACE	64	40	@	96	60	`
1	1	SOH	33	21	!	65	41	A	97	61	a
2	2	STX	34	22	"	66	42	B	98	62	b
3	3	ETX	35	23	#	67	43	C	99	63	c
4	4	EOT	36	24	$	68	44	D	100	64	d
5	5	ENQ	37	25	%	69	45	E	101	65	e
6	6	ACK	38	26	&	70	46	F	102	66	f
7	7	BEL	39	27	'	71	47	G	103	67	g
8	8	BS	40	28	(	72	48	H	104	68	h
9	9	HT	41	29	)	73	49	I	105	69	i
10	0A	LF	42	2A	*	74	4A	J	106	6A	j
11	0B	VT	43	2B	+	75	4B	K	107	6B	k
12	0C	FF	44	2C	,	76	4C	L	108	6C	l
13	0D	CR	45	2D	-	77	4D	M	109	6D	m
14	0E	SO	46	2E	.	78	4E	N	110	6E	n
15	0F	SI	47	2F	/	79	4F	O	111	6F	o
16	10	DLE	48	30	0	80	50	P	112	70	p
17	11	DC1	49	31	1	81	51	Q	113	71	q
18	12	DC2	50	32	2	82	52	R	114	72	r
19	13	DC3	51	33	3	83	53	S	115	73	s
20	14	DC4	52	34	4	84	54	T	116	74	t
21	15	NAK	53	35	5	85	55	U	117	75	u
22	16	SYN	54	36	6	86	56	V	118	76	v
23	17	ETB	55	37	7	87	57	W	119	77	w
24	18	CAN	56	38	8	88	58	X	120	78	x
25	19	EM	57	39	9	89	59	Y	121	79	y
26	1A	SUB	58	3A	:	90	5A	Z	122	7A	z
27	1B	ESC	59	3B	;	91	5B	[	123	7B	{
28	1C	FS	60	3C	<	92	5C	\	124	7C		
29	1D	GS	61	3D	=	93	5D	]	125	7D	}
30	1E	RS	62	3E	>	94	5E	^	126	7E	~
31	1F	US	63	3F	?	95	5F	_	127	7F	del

附表 B.2　32 个控制字符及其说明

控制字符	说明	控制字符	说明
NUL	空	DLE	数据链路转义
SOH	标题开始	DC1	设备控制 1
STX	正文开始	DC2	设备控制 2
ETX	正文结束	DC3	设备控制 3
EOT	传输结束	DC4	设备控制 4
ENQ	询问字符	NAK	否定
ACK	确认	SYN	空闲同步
BEL	响铃	ETB	信息组传送结束
BS	退格	CAN	取消
HT	横向列表	EM	缺纸
LF	换行	SUB	换置
VT	垂直制表符	ESC	换码
FF	走纸	FS	文件分隔符
CR	回车	GS	组分隔符
SO	移位输出	RS	记录分隔符
SI	移位输入	US	单元分隔符

附录 C 实 验

实验 1 顺序结构程序设计

实验目的

（1）了解和使用 Visual C++ 2010 集成开发环境。

（2）学会完整的 C++程序开发过程（编辑、编译、连接、调试、运行和查看结果）。

（3）掌握简单的 C++程序结构。

（4）掌握顺序结构程序设计方法。

（5）掌握基本输入输出的方法。

实验内容

（1）输入三角形的三条边长，求其周长和面积。

（2）输入圆柱体的底面半径和高，求其体积；输入球半径，求其表面积；输入长方体的长、宽和高，求其体积。

（3）输入一个华氏温度，要求输出其摄氏温度。公式为 $C = 5/9(F − 32)$，输出要有文字说明，取两位小数。

（4）从键盘上输入一个字符，输出其对应的 ASCII 值。

实验 2 选择结构程序设计

实验目的

（1）理解程序的选择结构。

（2）掌握实现选择结构的几种方法。

（3）了解数据类型在内存中所占的字节数和表示范围。

（4）掌握常用表达式，尤其是关系表达式和逻辑表达式在条件判断中的作用。

（5）能恰当利用注释，使用具有一定含义的变量名，提高程序的可读性。

（6）进一步掌握程序的调试方法。

实验内容

（1）从键盘上输入一个数，判断该数是否为素数。

（2）现有一分段函数，试写一程序，输入 x 的值，输出相应 y 的值。

$$y = \begin{cases} x & (x < 1) \\ 2x - 1 & (1 \leqslant x < 10) \\ 3x - 11 & (x \geqslant 10) \end{cases}$$

（3）输入一百分制成绩，要求输出成绩等级。90分以上（含90分）为A，80～89分（含80分）为B，70～79分（含70分）为C，60～69分（含60分）为D，60分以下为E。

（4）输入三个数，按大小顺序输出。

实验 3　循环结构程序设计

实验目的

（1）掌握实现循环结构的几种方法。

（2）进一步学习查找与修改程序错误的方法。

（3）掌握不同数据类型及其变量、常量的使用方法。

（4）学习程序的书写风格。对于循环体、if语句执行体和其他嵌套语句，采用缩进写法。养成锯齿形书写源程序的习惯。

实验内容

（1）分别用三种循环结构（while、do-while、for）编程，求 n 的阶乘 $n!$，n 值从键盘输入。

（2）求100以内的偶数之和。

（3）输出100以内的所有素数。

实验 4　结构化程序设计综合实验

实验目的

选择控制语句和循环控制语句的程序中可以包含任何类型的语句，因为这些语句之间可以任意嵌套，从而形成复杂的控制结构。通过本实验，使学生深入理解针对复杂问题的编程思路，并掌握一些典型的设计技巧，同时也要注重数据输出格式的控制。

实验内容

（1）求1～20的阶乘之和。

（2）求Fibonacci数列的前40个数，并按照一行4列进行输出。

（3）利用下面的公式求 π 的近似值，要求累加到最后一项小于 10^{-6} 为止。

$$\frac{\pi}{4} \approx 1 - \frac{1}{3} + \frac{1}{5} - \frac{1}{7} + \cdots$$

（4）百钱买百鸡问题。假定小鸡每只5角，公鸡每只2元，母鸡每只3元。现在有100元钱要求买100只鸡，编程列出所有可能的购鸡方案。这是一个"穷举法"解题的典型问题，穷举法也称为枚举法或试凑法，即将可能出现的各种情况——测试，判断是否满足条件，一般采用循环来实现。

实验 5 数 组

实验目的

（1）熟练掌握一维数组、二维数组和字符数组的定义、数组元素的使用以及数组的初始化。理解数组在内存中的存放形式。

（2）掌握字符常量和字符串常量的区别及使用方法。

（3）掌握字符数组的不同输入输出方法。

（4）掌握常用的字符串处理函数，注意包含头文件。

实验内容

（1）分别用冒泡法和选择法对 10 个整数进行排序。要求先输出原数据序列，再输出排序后的数据序列。

（2）打印出以下的杨辉三角形（要求打印输出 10 行）。

```
            1
          1   1
        1   2   1
      1   3   3   1
    1   4   6   4   1
  1   5  10  10   5   1
```

（3）求出 4×4 矩阵中最大和最小元素值及其所在的行下标和列下标，再求出两条主对角线元素之和。

（4）编写程序，将字符数组 s2 中的全部字符复制到字符数组 s1 中，不使用 strcpy 函数，复制时，'\0'也要复制过去。'\0'后面的字符不复制。

（5）输入一行字符，分别统计出其中英文字母、空格、数字和其他字符的个数。

实验 6 函 数

实验目的

（1）掌握函数定义、函数原型说明和函数调用的方法。

（2）掌握函数参数传递的机制。

（3）掌握递归函数的编写规则。

（4）了解全局变量、局部变量以及静态局部变量等概念和使用方法。

实验内容

（1）编写 max 函数，它带有 3 个 int 型参数，返回这 3 个数的最大值。在 main 函数中输入 3 个整数，调用 max 函数求 3 个数的最大值并输出。

（2）编写两个函数，分别求两个整数的最大公约数和最小公倍数，用 main 函数调用这两个函数，并输出结果，要求两个整数由键盘输入。

（3）采用递归和非递归两种方法输出斐波那契数列的第 25 项。

（4）一个一维数组中存放 10 个学生的成绩。编写一个函数，求出学生成绩的平均分、最高分和最低分（要求：利用全局变量实现）。

实验 7　指针、指针数组

实验目的

（1）掌握指针的实质含义、指针变量的定义和引用。

（2）掌握指针变量运算符的使用、指针的运算以及通过指针引用数组元素的方法。

（3）了解多级指针，学习指针数组的使用。

实验内容

（1）利用指针实现将 5 个整数输入到数组 a 中，然后将 a 逆序复制到数组 b 中，并输出 b 数组各元素的值。

（2）利用指针比较两个字符串的大小，不能使用 strcmp 函数。

（3）输入 5 个字符串，按英文字母排序，由小到大顺序输出。

实验 8　指针、数组与函数

实验目的

（1）掌握用数组名作为函数参数的编程方法，并了解其意义。

（2）掌握函数指针的用法。了解指针作为函数参数时的实质及参数传递机制。

（3）掌握带指针型参数和返回指针的函数的定义方法。

实验内容

（1）利用数组名作为函数参数编程，实现使用选择法对数组 a 中 10 个整数按由小到大进行排序。

（2）输入 a、b 和 c 三个整数，按大小顺序输出。要求用指针变量作为函数参数。

（3）编写 3 个函数，inputData 函数的功能是输入数据，reverse 函数的功能是将数据逆序存放，outputData 函数的功能是输出数据。在 main 函数中调用了这 3 个函数。

```
void inputData(int *a, int num);
void reverse(int *a, int num);
void outputData(int *a, int num);
void main()
{
    int a[10];
    inputData(a, 10);
    reverse(a, 10);
    outputData(a, 10);
}
```

实验 9 结 构 体

实验目的

（1）掌握结构体类型的定义。

（2）掌握结构体类型变量的定义和使用方法。

（3）学习用指针构造链式数据结构。

实验内容

（1）定义一个表示日期的结构体变量（包括年、月、日），计算某日是当年的第几天，注意闰年问题。

（2）编写一个函数 print，打印输出一个数组的各元素值。该数组中包含五名学生的相关信息：学生学号、姓名和三门课程的成绩。要求在主函数中输入这些信息。

（3）创建一个学生链表，进行链表的插入、删除和查找操作。

实验 10 面向对象程序设计

实验目的

（1）领会面向对象程序设计的方法。

（2）掌握类、成员函数和对象的定义及使用方法。

（3）掌握单一继承和多重继承中构造函数和析构函数的调用顺序。

（4）掌握虚函数的使用方法。

（5）了解抽象类的作用。

（6）了解友元和拷贝构造函数的使用方法。

（7）了解函数重载和运算符重载方法。

（8）了解 C++的输入输出流。

实验内容

（1）定义一个圆柱体类 cylinder。成员中有私有数据半径及高，要求有构造函数、析构函数以及求圆柱体体积的成员函数。定义此类的两个对象，编写一个主函数进行测试。

（2）设计一个大学的类系统。学校中有学生、教师和职工，每类人员都有自己的特性，他们之间有相同的特性。利用继承机制定义这个系统中的各个类及类上必需的操作。

（3）假设车可分为货车和客车，客车又可分为轿车、面包车和公共汽车。请设计相应的类层次结构并加以测试。

（4）现有一个学校管理系统，其中包含的人员有三类，即教师、学生和职工。利用一个菜单来处理对他们的操作，要求使用虚函数。

参 考 文 献

[1] 温秀梅，丁学钧，李建华.C++语言程序设计教程与实验[M].3 版.北京：清华大学出版社，2012.

[2] 温秀梅，高丽婷，宋淑彩.C++面向对象程序设计（Visual C++ 2010 版）[M].北京：清华大学出版社，2020.

[3] 郑莉，董渊.C++语言程序设计[M].5 版.北京：清华大学出版社，2020.

[4] 沈显君，杨进才，张勇.C++语言程序设计教程[M].3 版.北京：清华大学出版社，2015.

[5] 谭浩强.C 语言程序设计[M].4 版.北京：清华大学出版社，2020.

[6] 王敬华，林萍，张清国.C 语言程序设计教程[M].北京：清华大学出版社，2011.

[7] 谭浩强.C++面向对象程序设计[M].3 版.北京：清华大学出版社，2020.

[8] 钱能.C++程序设计教程（通用版）[M].3 版.北京：清华大学出版社，2019.

图 书 资 源 支 持

感谢您一直以来对清华版图书的支持和爱护。为了配合本书的使用，本书提供配套的资源，有需求的读者请扫描下方的"书圈"微信公众号二维码，在图书专区下载，也可以拨打电话或发送电子邮件咨询。

如果您在使用本书的过程中遇到了什么问题，或者有相关图书出版计划，也请您发邮件告诉我们，以便我们更好地为您服务。

我们的联系方式：

地　　址：北京市海淀区双清路学研大厦 A 座 714

邮　　编：100084

电　　话：010-83470236　010-83470237

客服邮箱：2301891038@qq.com

QQ：2301891038（请写明您的单位和姓名）

资源下载：关注公众号"书圈"下载配套资源。

资源下载、样书申请

书圈

图书案例

清华计算机学堂

观看课程直播